国际信息工程先进技术译丛

绿色移动设备和网络：能量优化和收集技术

［印度］瑞诗凯施·文卡塔拉曼（Hrishikesh Venkataraman）

主编

［爱尔兰］加布里埃尔米罗·蒙泰安（Gabriel‒Miro Muntean）

薛建彬 和燕宁 等译

机械工业出版社

本书关注了移动设备和网络的能量管理，详细地介绍了从可替代的环境能源（包括太阳能、声能、动力学、机械振动和电磁波）中收集能量并进行自动优化的各种技术背景、动机和原理，描述了动态实时场景中能量消耗的自动优化的技术挑战，具体而又全面地包含不同专家提出的能量优化和收集技术。为了在理论和实践之间取得平衡，本书将不同的概念与相应方案的应用联系起来，通过对电池寿命的持续监测以及不同功能的自动调整（包括数据接收、处理和显示、软件模块的复杂性），将它们与不同的标准建立联系，有助于读者对移动设备能量收集和优化技术的清晰理解。

本书的内容极其丰富、指导性强，既可以作为相关专业研究生、未来工程师和设计者在研究能量优化方面的自学参考用书，也适合作为信息类专业的教材和相关人士自修提高用书。

Green Mobile Devices and Networks: Energy Optimization and Scavenging Techniques/by Hrishikesh Venkataraman and Gabriel – Miro Muntean/ ISBN: 978 – 1 – 4398 – 5989 – 6.

北京市版权局著作权合同登记 图字：01 – 2015 – 5833 号。

译 者 序

随着信息技术的飞速发展和物联网产业链的不断成熟，手机、无线网卡和便携式计算机等无线设备，已成为大众的通信工具，无线通信技术在深刻地影响着每个人的生活。功能迥异的应用程序正在源源不断地添加到无线设备中，支持这些服务所需的数据速率也显著增加。这些现象意味着无线设备的传输，特别是无线设备的接收需要更高的能量。然而过去几年每年的功率提升只有6%，显然这样的增长速率尚未与通信的处理技术的发展速度相一致，严重地影响了移动设备的实际使用，特别是当移动设备访问丰富的媒体服务时，需要消耗大量的能量。为了满足用户对任务的能量需求，移动设备的硬件机制和软件策略必须进行重大改革，甚至可以从环境中自动启用充电机制。

从环境中收集能量会对目前无线网络的工作模式产生深远的影响。本书关注了移动设备和网络的能量管理，详细地描述了无线设备和网络中不同的能量优化技术和能量收集机制。具体而又全面地包含不同专家提出的能量优化和收集技术是本书的一大特点。本书为读者提供了一个学习能量优化和收集技术的独特平台。全书共分为两部分：第1部分描述了各种能量优化技术；而第2部分则介绍了能量收集技术。第1部分共分为7章（第1~7章），集中介绍了能量优化技术。其中，前3章着重于"设备的能量优化"，后面的4章则专注于"无线网络的能量优化"。本书的第2部分包括6章（第8~13章），集中于描述移动设备的能量收集技术。鉴于开展无线设备能量收集技术研究的重要性，其中前4章致力于研究无线设备的不同能量收集方案因素和机制，最后两章讨论了无线网络中常见的能量收集技术。

本书的内容极其丰富，基于国际信息工程先进技术，利用大量的图表公式，通过清晰具体的描述，便于读者理解并掌握。本书指导性强，有利于提高读者关于移动设备能量收集和优化技术的知识，为进一步优化移动设备和网络的设计、分析以及实施奠定良好的基础。本书既可以作为相关专业研究生、未来工程师和设计者在研究能量优化方面的自学参考用书，也适合作为信息类专业的教材和相关人士自修提高用书，同时对未来研究下一代通信系统从环境中收集能量的人们具有更深层次的指导意义。

本书由薛建彬、和燕宁组织翻译，陈一鸣、魏素盼、王丹、陈谱滟、姬雨、廖晓明、李俞虹、张龙、秦立静、文兵、梁艳慧、朱恒、孙倩、刘昊、张玺君和马维俊共同完成了本书的翻译工作，本书的翻译工作受到兰州理工大学研究生重点学位课程支持，在此一并感谢。

译者在翻译过程中，对原书存在的一些错误进行了注释，以便读者参考学习。如果书中仍然存在疏忽与错误之处，恳请读者批评指正。

译者

原 书 前 言

无线通信正在朝着"超第三代（B3G）和4G移动通信系统"的方向蓬勃发展。同时，多媒体传输、视频点播、游戏等已经受到越来越多的用户欢迎。此外，在过去的几年中，多媒体通信需求，尤其是手持移动设备对视频流的需求更是迅猛增长。截至2013年，手机和其他具有浏览器功能的移动设备将会取代个人计算机成为全球最常见的接入设备。随着技术的不断进步，为用户的无线设备如智能手机、苹果手机、个人数字助理（PDA）等提供了大量的备受欢迎的功能并支持日益复杂的应用。在过去的每一年里，移动设备的功能和计算能力呈指数形式增长，并且越来越多的应用程序和通信技术正在源源不断地添加到用户的手持无线设备中。支持这些服务所需的数据速率也显著增加。这些现象意味着无线设备的传输，特别是无线设备的接收需要更高的能量。然而过去几年每年的功率提升只有6%，显然这样的增长速率尚未与通信的处理技术的发展速度相一致，严重地影响了移动设备的实际使用，特别是当移动设备访问丰富的媒体服务时，需要消耗大量的能量。例如，苹果4S在访问3G网络时，其电池的使用时间仅为5h。

考虑到移动设备电池供电的严格要求和当前的局限性，不仅需要努力提高电池的质量，而且还应在电池寿命的延长方面下功夫。为了移动技术在未来几十年取得更大成功，必须彻底地更新电池可重复充电的概念。当然，这说起来容易做起来难。对于研究人员、手机生产商或者网络运营商而言，需要他们仔细研究和给他们带来挑战的一个重要问题是，如何在不显著影响手机整体性能的情况下对手机电池进行改进？这是一个非常有趣但又非常困难的命题。最近，人们已经着手优化设备和网络的能量损耗。设备通过无线网络接收视频内容，其接收内容的效果可根据当前设备电池的能量状态、内容的比特率、帧速率和颜色深度进行无缝地改变。因此，周期的动态自适应机制将极大地优化电池的功耗。值得深思的一个重要问题是，能量优化方案只能减少设备的能耗，对电池的寿命增加则显得杯水车薪。应该提出或者使用替代机制，以提高设备的自适应性或者至少通过生产或从环境中收集能量显著地延长设备的电池寿命。一个有趣但富有挑战性的方面是查看在无线手机设备和网络中所使用的不同能量收集技术及其适应性。为了满足用户对任务的能量需求，设备的硬件机制和软件策略必须进行重大改革，甚至可以从环境中自动启用充电机制。

重要的是，所有的技术平台和手机的核心是网络和射频通信，基站、路由器、设备通过网络通信支持丰富的媒体服务。无论用户处于哪个物理位置，都可以通过网络获取媒体信息。随着用户对无线网络上高速互联网浏览和多媒体传输的最新需求的不断增加，移动网络的焦点主要集中于提高数据速率和系统的处理能力。然而数据速率的提高和吞吐量的最大化已不再是下一代无线系统的唯一目标，而且这种趋势目前愈来愈明显。未来的网络应该是性能和能量效率方面达到更优。在性能和能量两方面进行优化的网络应该采用与之前完全不同的设计和架构，以满足未来更高数据速率通信所需的可持续发展要求。为了极大地减少目前无线网络的能量消耗，需要启用一种全新的方法。因此，下一代的高效网络不再是单纯地像传统研究那样集中在单一方面，如对物理层的研究，而是需要全面、系统、突破思维地挑战以前的基本假设。

从环境中收集能量会对目前无线网络的工作模式产生深远的影响。能量收集可以在发送器、接收器、路由器等设备中进行。然而与其他设备的能量收集相比，网络或基站等能量收集仍然处于萌芽阶段，这主要是由以下两个原因导致的。首先，无线网络所需能量的数量是巨大的，不可能在短时间内通过能量收集而获得。其次，网络或基站位于某一个固定的地方，并通过大公司的移动网络运营商对其运维操作。因此，通过现有的电网比从环境中收集能量更容易为基站供电。与此同时，鉴于计算复杂度的增加和基站功率的要求，从环境中收集能量为基站的运行来供电是未来几十年一个极其关键的问题。事实上，在传感器网络领域，考虑到传感器节点的功率要求，已经为此提出了很多的能量收集技术。如何将传感器网络的能量收集技术推广到无线蜂窝网络的能量收集是一项很有意思且极具挑战性的研究。

设备的能量收集是一项相对容易的挑战，这主要是因为无线设备的低功耗要求而造成的。此外，无线设备暴露在不同的能源环境中，如热、光、机械键、电磁波、音频等。因此，整体的方法是首先采用单一机制优化能量收集技术，然后再将这些不同的方面整合起来。

本书关注了移动设备和网络的能量管理。详细地描述了无线设备和网络中不同的能量优化技术和能量收集机制。具体而又全面地包含不同专家提出的能量优化和收集技术是本书的一大特点。本书为读者提供了一个学习能量优化和收集技术的独特平台。全书共分为两部分：第1部分描述了各种能量优化技术；第2部分则介绍了能量收集机制。

第1部分共分为7章，集中介绍了能量优化技术。其中，前3章着重于"设备的能量优化"，后面的4章则专注于"无线网络的能量优化"。第1章讨论了具有定位服务的移动设备能量管理和能量优化。第2章阐述了移动设备的高效供电机制。第3章为无线设备/手机的不同应用建立能量消耗模型，是对同一领域中之前所做研究的进一步扩展。在无线网络情况下，跨越不同无线网络的组件所消耗的能量是相同的，然而能量消耗的模式会随着网络类型的不同而不同。鉴于蜂窝网络语音通信的重要性，第 4 章利用人类语言的开 - 关特点，探索基于 WiMax（全球微波互联接入）系统的能量优化。此外，考虑到互联网协议电话（VoIP）服务的质量，第 5 章深入研究了无线局域网中 VoIP 服务的能量优化技术。值得注意的是，此研究是通过部署的一个分布式 Ad Hoc 网络场景来实现的。此外，第 6 章解释了在移动 Ad Hoc 网络中考虑多重标准（最小能量、多个继电器等）的重要性，并对该领域之前的研究工作进行延伸和扩展。最重要的是，针对无线传感器网络，研究人员已经提出了很多种能量优化技术，因此第 7 章全面概述了无线传感器网络能量优化技术，并介绍了如何将这些技术推广至无线网络。

本书的第 2 部分包括 6 章，集中于描述移动设备的能量收集技术。鉴于开展无线设备能量收集技术研究的重要性，其中前 4 章致力于研究无线设备的不同能量收集方案因素和机制。最后两章讨论了无线网络中常见的能量收集技术。第 8 章评估 CMOS（互补金属氧化物半导体）射频直流整流器在移动设备电磁能量收集过程中的性能。第 9 章使用归纳法详细描述了能量收集技术，而第 10 章则讨论了能量收集系统中混合信号的低功耗技术。在第 11 章，介绍了由具有感知能量的智能中间件构成无线传感器的设计，以及如何将它们运用到未来的无线设备中。同样地，本书的最后两章，即第 12 章和第 13 章分别针对无线传感器网络的能量收集和无线传感器网络中射频能量收集/管理，提出了一种能量消耗方案。

本书可以作为相关专业研究生、未来工程师和设计者在研究能量优化方面的参考用书，同时对未来研究下一代通信系统从环境中收集能量具有更深层次的指导意义。

编者在这里谨祝读者们能够度过愉悦而又美好的阅读时间，并非常乐意收到读者们对有关本书的任何质疑。

Hrishikesh Venkataraman

Gabriel – Miro Muntean

关于作者

本书主编

　　Hrishikesh Venkataraman 博士是爱尔兰国家研究中心性能工程实验室—爱尔兰都柏林城市大学（DCU）RINCE 研究所的高级研究员和爱尔兰企业署（EI）的首席研究员。于 2007 年在德国不来梅雅各布大学获得博士学位，从事的研究是无线蜂窝网络。2004 年获得坎普尔印度理工学院（IIT）硕士学位，从担任德累斯顿工业大学的沃达丰移动通信部门主席期间开始他的硕士研究论文，并获得 2003 ~ 2004 年度德意志学术交流中心（DAAD）奖学金。他的主要研究方向包括移动多媒体、无线通信和无线能源。Venkataraman 博士已经在期刊、国际会议以及书籍上发表了 30 多篇论文，并且在 2009 年 10 月加利福尼亚伯克利大学的国际会议上赢得最佳论文奖。目前，Venkataraman 博士是 European Transactions on Telecommunications（ETT）期刊的一名执行编辑以及美国电气电子工程师学会（IEEE）车辆技术学会的 UKRI（英国/爱尔兰共和国）的创始成员。

　　Gabriel – Miro Muntean 博士在异构无线环境的面向质量和性能感知自适应多媒体流以及数据通信领域取得了良好的业绩。自 2003 年以来，Muntean 博士一直担任着由 10 个人组成的研究实验室的主管，这个实验室位于都柏林城市大学最先进的工程大楼，并且其设施齐全，可用于多媒体交付研究。他已经成功地培养了 3 位博士生和 3 位硕士研究生，目前正在指导 7 位在读硕士研究生和 1 位博士后研究员。Muntean 博士已经争取到 100 多万欧元的资金，他曾经是 2 个 EI（爱尔兰企业署）、1 个 SPI（爱尔兰科学基金会）和 5 个 IRCSET（爱尔兰科学、工程和技术研究理事会）基金的主要研究员，以及其他两个爱尔兰基金的合伙人。此外，他一直是三星公司和微软公司提供赞助的研究项目的负责人。Muntean博士是一本书的作者和两本书的合著人，并且在杂志上发表了 25 篇文章以及 60 多篇会议论文。他的论文获得过 4 个最佳论文奖，而且他是 IEEE Transactions on Broadcasting 的副编辑。

本书参编

　　Mehran Abolhasan 博士是悉尼科技大学计算机与通信学院工程和信息技术（FEIT）专业的一名高级讲师。他已经在国际性刊物上撰写了 50 多篇论文，并且在过去的五年里获得了 100 多万美元的研究经费。他目前的研究方向是无线网、第四代协作网络以及身体区域和传感器网络。

　　Johnson Ihyeh Agbinya（拉筹伯大学博士）是澳大利亚墨尔本拉筹伯大学

遥感系统工程学院的副教授。同时他还是西开普大学（南非开普敦）计算机科学系特聘教授，以及南非比勒陀利亚的茨瓦尼科技大学（法国南非技术学院）电信系的特聘教授。在 2000～2003 年，他是澳大利亚沃达丰公司的首席工程师，负责管理沃达丰在移动通信领域的研究。1993～2000 年，Agbinya 博士是电信和工业物理组织（CSIRO ICT）CSIRO 分部的高级科学家。在 CSIRO，他专注于生物识别研发，特别是面部、语音和指纹识别和包括 VoIP 的压缩系统。他已经在期刊和会议上发表了 200 多篇论文，其中有些论文得到同行的高频率检索，有些论文是与别人合著发表，他还是关于电信和传感器方面的 6 本书的作者。他是非洲通信和信息技术（AJICT）期刊的编辑以及创始人。他也是各种会议的奠基者，包括 Auswireless、BroadCom 和 IB2Com，以及机械电子学、SETIT 和 Afro-Com 国际会议的国际委员会成员。他目前的研究方向包括远程和短距离通信和传感、纳米网络、电子通信和雷达中超材料的应用、个人区域网、感应嵌入式医疗设备和无线功率传输。

Li - Minn Ang 教授目前在埃迪斯科文大学的通信工程研究中心工作。分别于 2001 年和 1996 年获得澳大利亚埃迪斯科文大学的博士学位和硕士学位。他曾是莫纳什大学（马来西亚校区）的讲师和诺丁汉大学（马来西亚校区）的副教授。他的研究领域是视觉信息处理、嵌入式系统和无线传感器网络。

Yassine Hadjadj Aoul 博士是法国雷恩第一大学的副教授，还是 IRISA 实验室的成员之一。1999 年在阿尔及利亚的奥兰穆罕默德 Boudiaf 大学赢得高等荣誉，获得计算机工程专业学士学位。分别于 2002 年和 2007 年在法国凡尔赛大学获得硕士学位和博士学位。在 2005～2007 年担任凡尔赛大学助理教授期间，参与了多项国家和欧洲项目，例如 NMS、IST - ATHENA 和 IST - IMOSAN。他还是里尔第一大学的博士后研究生，以及国立都柏林大学 EUFP6 EIF 居里夫人计划的研究员，他参与了 DOM' COM 和 IST - CARMEN 项目，这些项目旨在开发混合型 Wi - Fi/WiMAX 无线网格网络以支持电信级服务。他的主要研究领域涉及无线网络、多媒体流、拥塞控制和 QoS 保障以及卫星通信。关于多媒体和无线通信方面的研究，他在期刊和国际会议上已经发表了超过 25 篇科技论文。

Labros Bisdounis 教授于 1970 年出生在希腊的阿格里尼奥。分别于 1992 年和 1999 年获得希腊帕特雷大学电气与计算机工程系电气工程专业文凭和博士学位。2000～2008 年上半年，担任希腊雅典的 INTRACOM S. A.（INTRACOM TELECOM S. A.，从 2006 年 1 月起）研究与开发部欧洲和国家研究项目的项目经理，主要负责 VLSI 电路和电信应用的嵌入式系统设计和开发。目前，他是希腊帕特雷技术教育研究所电气工程系副教授和主任，同时他还是电子和测量技术实验室主任。此外，从 2007 年 9 月开始，他成为希腊远程教育大学科学与技术学院的外聘导师。他的主要研究方向是关于电子电路和系统的各个方面：低功率和高速率数字电路和嵌入式系统设计、系统芯片设计、CMOS 电路定时分析和功率损耗建模以及传感器。Bisdounis 教授在国际期刊和会议上发表了超过 25 篇论文，以及书籍、教学笔记和关于上述领域的技术报告，而且其论文引用次数高达 350 多次。他是 IEEE 和希腊技术学会的成员。

Sonali Chouhan 于 2009 年获得印度理工学院（位于印度德里）电子工程专业博士学位。自 2010 年 3 月起，她一直在印度理工学院古瓦哈提校区的电子与电气工程系任教，现在是一名助理教授。她的研究方向包括无线传感器网络、差错控制编码、能量优化、嵌入式系统和遗传算法。最近，Chouhan 博士获得 2010 年度微软杰出青年教师称号。

Gianluca Cornetta 教授于 1995 年获得都灵理工大学（意大利）电子工程专业硕士学位，并于 2001 年获得加泰罗尼亚大学（西班牙）电子工程专业博士学位。在 2003 年，加入位于西班牙马德里的圣帕布洛大学，目前是副教授。在进入圣帕布洛大学之前，他已经成为加泰罗尼亚大学（西班牙）电子工程系的一名讲师，还是 Infineon 科技公司（德国）的一名数字电路设计人员以及 Tecsidel SA（西班牙）关于实时嵌入式系统领域的 ICT 顾问。2004 年创建电子系统工程与电信系，并一直担任该系的主席直到 2008 年 2 月。他还是布鲁塞尔大学的研究员以及巴黎高等电子学院（ISEP）的应邀教授，在此期间，他为研究生讲授通信环境发展中无线系统的设计课程。他目前的研究方向包括无线传感器网络的 RF 电路设计特别是对 IEEE 802.15.4（ZigBee）协议的研究、数字通信电路、软件无线电和分布式实时嵌入式系统。

Swades De 教授于 1993 年获得印度加尔各答大学放射性物理和电子专业学士学位，1998 年获得印度理工学院（IIT）德里分校光电子学和光通信学专业硕士学位，并于 2004 年获得纽约州立大学布法罗分校电气工程专业博士学位。在 2007 年进入 IIT 德里分校之前，在 NJIT 担任电气与计算机工程学院的助理教授（2004～2007 年），现在他是电气工程系的副教授。他还在意大利比萨的 ISTI－CNR 担任博士后研究员，并在印度的电信硬件和软件开发方面拥有近五年的行业经验（1993～1997 年、1999 年）。他的研究方向包括性能研究、多跳无线和高速网络的资源效率、宽带无线接入以及光网络的通信和系统问题。

Komlan Egoh 先生于 2001 年在多哥洛美大学获得国立高等工程学院电气工程专业学士学位。在 2005 年获得新泽西理工学院电气与计算机工程系互联网工程专业硕士学位。目前他是这个学院的在读博士。他的研究领域是通信网络、无线网格和 Ad Hoc 传感器网络。在 2001～2004 年和 2007～2008 年在欧洲、非洲和北美的多个技术公司从事软件工程师工作。

Nikolaos Fragoulis 博士于 1995 年获得物理学学士学位，1998 年获得电子与计算机专业硕士学位，并于 2005 年获得微电子学博士学位，所有这些学历都来自于希腊帕雷特大学（UoP）物理系的电子实验室（ELLAB）。他在微电子、模拟和数字信号处理领域担任多项国家和欧洲资助的研发项目的博士后研究员或者项目经理。他曾在私营企业从事软件工程师以及硅基系统工程师工作。Fragoulis博士已经是 30 多篇期刊和会议论文的作者或者合著者，他还写了 3 本著作。目前是希腊 IRIDA 实验室的技术副总裁。

Philipp M. Glatz 先生于 2005 年和 2007 年分别在奥地利格拉茨科技大学获得系统芯片设计和计算智能专业的学士和硕士学位。担任奥地利格拉茨理工大学技术信息学院的大学助教，从事研究和教学工作。目前，他是电气和计算机工程专业的在读博士。他的研究方向包括无线传感器网络中间件和网络编码方面的功率感知、能量收集的能量效率、测量系统和工具链以及开发环境集成。他是 IEEE 的会员，是 20 多个出版刊物的作者及合著者。

Leander B. Hörmann 先生是奥地利格拉茨理工大学技术信息学员电气和计算机工程专业的博士。他在这所学院担任大学助理，教授大学生课程并从事研究工作，分别于 2008 年和 2010 年在奥地利格拉茨理工大学获得信息学和自动化机器人专业的学士学位和硕士学位。他的研究方向包括能量收集无线传感器网络的系统架构、低功率技术以及软件和硬件的仿真。他是 IEEE 的会员。

H. S. Jamadagni 教授于 1970 年在印度班加罗尔大学获得电气工程专业学士学位。在 1972 年和 1986 年分别获得印度班加罗尔大学科学院硕士学位和博士学位。1972 ~ 1974 年，在班加罗尔的印度电话工业（ITI）担任副总工程师。从 1974 年开始，他在印度理工学院从教，自 2001 年以来一直是教授职务。在 1996 年被任命为电子设计与技术（CEDT）IISc 中心主席，直到 2009 年 6 月任期结束。他曾在多个重要的国家和国际合作和赞助的研究项目中担任首席研究员（PI），这些项目包括一些欧盟（EU）框架项目。他的研究方向是电信、VLSI、嵌入式系统、无线传感器网络、教育学、能量收集、认知无线电、电子学习和野生动物保护技术。目前他是印度电信监管局的成员。

Mikkel Baun Kjaergaard 博士是丹麦奥尔胡斯大学计算机科学系的博士后研究员。他目前的研究方向是普遍定位领域：任何地方、任何时间和任何事物的定位。他对这一领域的创新应用研究扩展到诸如能源效率的技术挑战。通过无线电指纹位置进行室内定位研究，以此获得奥尔胡斯大学计算机科学系博士学位。

Adlen Ksentini 博士获得凡尔赛大学电信和多媒体网络专业硕士学位，并于 2005 年取得法国赛尔齐蓬多瓦兹大学计算机科学系博士学位。他的博士论文研究的是基于 IEEE 802. 11 网络的 QoS 保障。自 2006 年以来，他是法国雷恩第一大学的副教授，也是 IRISA 实验室的成员。他的研究方向包括多媒体内容的 QoS 和 QoE 支持、LTE 和绿色网络的拥塞控制。他是 20 多篇科技期刊论文和国际会议论文的合著者。他是 IEEE 的会员。

Xiao‑Hui Lin 教授分别于 1997 年和 2000 年获得电子和信息技术学士学位和硕士学位。在 2003 年获得中国香港大学电机与电子工程系博士。现在他是中国广东深圳大学信息工程学院的副教授。他的研究领域包括移动计算、无线网络和多媒体通信。这些领域里，他在国际一流学术期刊和会议上发表了 40 余篇论文。

Ling Liu 女士于 2008 年获得深圳大学电子工程学学士学位。之后，她在同一所大学开始硕士学习。她于 2011 年获得电信系统学硕士学位。现在她是深圳 UTStarcom 公司的一名系统工程师。她的研究方向包括无线网络、信号处理和信息理论。

Mehrnoush Masihpour 女士于 2007 年在位于伊朗伊斯法罕的纳亚法巴德大学完成她的计算机科学系学士学位，并于 2009 年在澳大利亚悉尼理工大学获得电信网络系研究生证书。她从 2009 年开始攻读悉尼理工大学的博士学位。她的研究方向是无线通信网络、磁感应通信、个人区域网和移动网络的协作通信。她是 14 篇国际出版物的作者。她进入这个行业已有三年多的时间。

Kshirasagar Naik 教授是滑铁卢大学电气与计算机工程系的副教授。他目前的研究方向包括智能手机的能量成本建模和分析、云计算架构的能量成本建模和分析、无线通信系统、智能交通系统、车载网络、传感器网络、通信协议和应用软件。他在高质量的国际会议和期刊上发表了许多研究性文章。他是 2008 年出版的题为"软件测试和质量保证：理论和实践"教科书（由 John Wiley 出版社出版）的合著者。他的第二本著作题为"软件发展和维护"于 2012 年 4 月由 John Wiley 出版社出版发行。他是多个 IEEE 国际会议的程序委员会会员。

Ignas G. M. M. Niemegeers 博士于 1970 年在比利时根特大学获得电气工程学士学位，1972 年获得计算机工程学硕士学位，并于 1978 年在印第安纳州的普渡大学西拉法叶校区取得博士学位。1978～1981 年，他是比利时安特卫普贝尔电话制造公司的分组交换网络设计师。1981～2002 年，评为荷兰恩斯赫德的特文特大学计算机科学与电气工程系教授。1995～2001 年，担任屯特大学远程信息处理与信息技术（CTIT）中心的科技总监一职，该中心是 ICT 和应用的多学科研究所。自 2002 年 5 月起，他在德尔夫特理工大学担任无线与移动通信学院主席，是无线和个人通信中心（CWPC）与电信学院的主任。他参与多项欧洲研究项目，例如欧盟项目 MAGNET 和超出个人网络的 MAGNET、关于 UWB 紧急网络的 EUROPCOM、传感器网络的 eSENSE 和 CRUISE。他是欧洲技术平台 eMobility 和 IFIP TC‑6 网络的专家组成员，还是 HERMES 合作组织的主席，该组织由欧洲领先的电信研究机构和大学组成。他目前的研究方向是 4G 无线基础设施、未来的家庭网络、自组织网络、个人网络和认知网络。

Rajesh Palit 先生分别于 2000 年和 2004 年在孟加拉工程技术大学（BUET）

获得计算机科学与工程学士学位，在曼尼托巴大学获得计算机工程学硕士学位。他现在是加拿大滑铁卢大学电气与计算机工程系的博士生。他还在南北大学（位于孟加拉国达卡）从教两年，具有两年的行业经验。他目前的研究方向包括节能无线网络、普适和绿色计算。

S. R. S. Prabaharan 教授现在是马来西亚诺丁汉大学马来西亚分校的电子学教授。Prabaharan 毕业于美国学院，是一所印度马杜赖卡马拉大学的自治附属院校，他的学位都来自于马杜赖卡马拉大学。1992 年获得固态设备学博士学位。曾在印度班加罗尔的 CSIR 研究实验室（国家航空实验室）工作，利用拉曼光谱学对离子/电子设备进行研究，他还曾经在印度卡拉基迪的 CSIR 实验室工作过。后来，他赢得 DST（科学技术学院）青年科学家研究奖计划的研究科学奖。他还曾在马来西亚大学马来西亚校区任教，之后进入马来西亚国油大学应用科学学院。1999 年，成为多媒体大学工程学院的高级讲师，之后转到马来西亚诺丁汉大学担任副教授。Prabaharan 博士曾被邀请作为高级研究员/科学家访问不同的学术机构，以促进研究和发起与学术/研究机构联合的研究活动，包括巴黎的 UPMC（1998 年）和日本东京理工学院（2003 年）、美国南方大学（2005 年）和英国谢菲尔德大学（2006 年 2 月）。他还是南方大学（位于美国巴吞鲁日）的访问研究顾问，在此期间他被邀请参加美国陆军研究项目。他是 Elsevier、Springer 和 Hindawi 等许多国际期刊的同行审稿人，并且是 Springer（2007 年出版）发行的固态杂志的客座编辑。他的研究方向是超级电容器领域、混合功率源、锂离子电池、清洁能源的纳米技术、固态器件、半导体气体传感器、功率电子电路的建模和仿真（UPS、迷你电网和太阳能光伏 MPP 设备）、用于功率辅助应用的超级电容器。

T. V. Prabhakar 博士于 1983 年在印度班加罗尔大学获得理学学士学位。1987 年，获得物理学硕士学位，并于 2004 年在印度班加罗尔的印度科学院（IISc）取得工程学硕士学位。于 1985 年进入 IISc 并担任各种职务。他目前是班加罗尔 IISc 的电子设计与技术中心（CEDT）高级科学家。他是 CEDT 零能源网络（ZFN）实验室的创始成员。他在由国家和国际合作赞助的多项研究项目中担任技术主管。这些领域包括电信、嵌入式系统、无线传感器网络和教育项目。他还参与了无线传感器网络、嵌入式系统和能量收集领域的多个工业研究/开发项目。他目前的研究方向是通信网络、无线网络、能量收集无线传感器网络、嵌入式系统和应用技术开发以促进应用技术的发展。

R. Venkatesha Prasad 博士于 1991 年和 1994 年在印度迈索尔大学分别获得电子与通信工程学学士学位和工业电子学硕士学位。于 2003 年在印度科学院（位于印度班加罗尔）获得博士学位。在 1996 年期间，在印度科学院 ECE 的 ERNET 实验室担任顾问和项目助理。在攻读博士学位期间，1999 ~ 2003 年，他还担任班加罗尔 IISc 的 CEDT 项目顾问，该项目是北电网络公司赞助项目的一部分，主要研究 VoIP 应用的开发。2003 年，他在班加罗尔的 Esqube Communication-tion Solutions Pvt. 公司领导一个工程师团队，为各种实时网络应用做开发工作。目前，他是 Esqube 的兼职顾问。从 2005 年至今，他是代尔夫特理工大学无线与移动通信小组的高级研究员，负责欧盟资助的项目 MAGNET/超 MAGNET 和 PNP-2008，并指导研究生。他是 TCCN、IEEE SCC41 的活跃成员，并且是许多杂志和期刊的审稿人。他是许多会议的 TPC，包括 ICC、GlobeCom、ACM MM、ACM SIGCHI 等。担任 2007 年、2008 年和 2009 年 CogNet 研讨会的 TPC 联合主席，以及在 IEEE ICC-2010 中 E2Nets 的 TPC 主席。从 2006 年开始与 IEEE CC-NC 一起运作 PerNets 研讨会。担任 CCNC 2009 & 2011 指导联合主席以及 IEEE CCNC 2010 的 Demo 主席。他是 IEEE ComSoc 标准委员会的受邀成员。

Roberto Rojas-Cessa 教授获得纽约大学理工学院（位于纽约布鲁克林）电气工程硕士学位和博士学位。他还在墨西哥的高级研究中心（CIVESTAV）取得电气工程硕士学位。在墨西哥韦拉克鲁斯大学获得电子仪器学学士学位。目前，他是美国新泽西理工学院电气与计算机工程学院的副教授。他还担任纽约大学理工学院电气与计算机工程学院的兼职教授和研究员。参与了用于生物医学应用和高速计算机通信的专用集成电路（ASIC）的设计与实现，以及可扩容分组交换机和可靠交换机的高性能开发。他是新泽西州 Tinton Falls 的 Coree 公司设计一款 40Tbit/s 核心路由器的团队成员之一。他的研究方向包括高速交换和路由、容错、网络的服务质量、网络测量和分布式系统。于 2010 年担任泰国国立政法大学 Rangsit 校区访问教授。他的研究由美国国家科学基金会和工业部资助。2004 年 12 月获得 ECE 部门的研究卓越先驱奖。他曾担任 IEEE 会议的多个技术委员会和 IEEE 期刊的审稿人。他一直是美国国家科学基金会和美国能源部的审稿人和小组成员。在互联网协议和计算机通信课程方面有着 10 多年的代课经验。目前，他是 ECE 部门网络研究室主任以及同一部门的网络研究重点领域小组的协调员。

David J. Santos 教授分别于 1991 年和 1995 年从西班牙维戈大学获得硕士和博士学位。1995~2005 年，一直担任维戈大学的教授以及罗彻斯特大学（美国）和埃塞克斯大学（英国）的访问学者。自 2005 年以来，他是西班牙圣帕布洛大学的副教授，同时他还担任 Escuela Politecnica Superior 工程部门的主席。他的研究方向包括量子信息处理、量子光学、光通信、通信电路、过程建模和优化相关的应用数学问题以及数据挖掘。

Kah Phooi Seng 教授分别于 2001 年和 1997 年在澳大利亚塔斯马尼亚大学获得博士学位和硕士学位（一等荣誉）。她目前是马来西亚洛丁汉大学电气与电子工程学院的副教授。她的研究方向是智能视觉处理、生物识别和多生物特征、人工智能和信号处理。

Ajit Singh 教授于 1979 年在比哈尔工学院（位于印度 Sindri）获得电子与通信学学士学位，分别于 1986 年和 1991 年获得阿尔伯塔大学（位于加拿大埃德蒙顿市）计算机科学专业硕士和博士学位。1980~1983 年，在运营研究组（印度 Sperry Univac 计算机公司的代表处）研发部工作。1990~1992 年，参与了加拿大渥太华贝尔北方研究所的电信系统设计。他目前是滑铁卢大学（位于加拿大安大略省）电气与计算机工程系副教授。他的研究方向包括网络计算、软件工程、数据库系统和人工智能。

Christian Steger 教授分别于 1990 年和 1995 年在奥地利格拉茨技术大学获得 Dipl-lng 学位（相当于美国科学硕士）和电气工程学 Dr. Techn. 学位（相当于美国博士学位）。1993 年 6 月毕业于卡尔弗朗茨格拉茨大学的出口、国际管理与市场营销专业。1989~1991 年，在维也纳 SPC 计算机培训 Ges. m. b. H. 公司担任软件培训师和顾问。1990~1991 年，他是格拉茨技术大学技术信息研究所的研究工程师。自 1992 年以来，担任格拉茨技术大学信息学研究所的助理教授。2002 年的夏季，他是都柏林大学计算机科学系的访问研究员（爱尔兰）。他在技术信息学研究所领导 HW/SW 联合设计小组（8 名博士生）。他的研究方向包括嵌入式系统、硬件/软件共同设计、硬件/软件共同验证、SOC、电源感知、智能卡、UHF RFID 系统、多片 DSP。他目前正与行业合作伙伴合作开发异构系统设计工具，用于 RFID 系统的系统验证和功耗估计/优化。Christian Steger 指导和联合指导了 73 篇硕士论文，联合培养了 8 名博士生，并且是 70 多篇科技论文的作者以及合著者。IEEE 会员和 OVE（奥地利电子技术协会）会员。他是 2001 年、2003 年和 2005 年电信和移动计算会议组织委员会成员。

Christos Iheoharatos 博士于 1973 年出生在雅典。于 1998 年获得物理学学士学位，2001 年获得电子与计算机科学硕士学位，并于 2006 年获得图像处理和多媒体检索专业博士学位，所有这些学位均来自于希腊帕特雷大学（UoP）物理学院的电子实验室（ELLAB）。目前是 IRIDA 实验室的研发经理。他还参与了 EL-LAB-UoP 数字信息处理小组的文档后期研究。在过去的 5 年中，一直担任一些欧洲和国家信号和图像处理、多媒体服务和信息技术领域的技术经理。在其专业领域内发表了 30 多篇期刊和会议论文。主要研究方向包括模式识别、多媒体数据库、图像处理和计算机视觉、数据挖掘和图论。

Abdellah Touhafi 教授于 1995 年从布鲁塞尔大学（比利时）取得电子工程学硕士学位，2001 年获得布鲁塞尔大学（比利时）工程科学学院博士学位。2001 年，成为布鲁塞尔伊拉斯谟大学学院博士后研究员，在此期间他研究的是关于环境的监测系统。2003 年，评为教授，成立了可重构和嵌入式系统研究小组。自 2009 年以来，他是工业科学系的项目协调员。目前的研究方向包括嵌入式实时系统、高性能和可重构计算、用于本地化的环境监测传感器网络、安全、软件定义无线电和数字通信电路。

José Manuel Vázquez 博士从马德里的 Universidad Politecnica 获得硕士和博士学位。在 IT 部门有着 30 多年的经验，为市场主导的公司设计和开发各种创新项目。他的职业生涯中，他在生产、销售、市场营销、通信和管理研发等各个业务领域扮演着不同的角色和职责。目前是马德里 CEU - San Pablo 大学的讲师，还是一家咨询公司的管理合伙人，专注于数字经济中新公司的改革管理和 BPR 的实施。他还负责评估欧盟的研究项目，曾经在与 IT 领域的市场和法规相关的各种国家和国际委员会工作。

Reinhold Weiss 教授是奥地利格拉茨技术大学电气工程学院（技术信息学）的教授和技术信息学研究所的所长。分别于 1968 年和 1972 年在慕尼黑工业大学获得电气工程学 Dipl - Ing 和 Dr - Ing 学位，并且于 1979 年获得实时系统学 Dr - Ing habil 学位。1981 年，在加利福尼亚州圣荷西的 IBM 研究实验室担任访问科学家。1982 ~ 1986 年，聘为德国帕德博恩大学计算机工程学院教授。他是计算机工程中约 170 篇科学和技术出版物的作者和合著者。对于 E&I（Elektrotechnik & Informationstechnik，Springer - Verlag）刊物，他曾多次分别担任技术信息学和移动计算相关的特殊问题的客座编辑。在 2001 年和 2003 年，他组织了两次可穿戴计算的研讨会。他的研究方向集中在嵌入式分布式实时架构（并行系统、分布式容错系统、可穿戴和普适计算）。他是美国期刊"计算机和应用"国际编辑委员会（ISCA）的成员。此外，他是 IEEE、ACM、GI（Gesellschaft fur Informatik，德国）以及 OVE（Osterreichischer Verein fur Elektrotechnik，奥地利）的会员。

Adamu Murtala Zungeru 先生于 2004 年在联邦理工大学（FUT）（位于尼日利亚 Minna）获得电气与计算机工程学士学位，2009 年在尼日利亚 Ahmadu Bello 大学（ABU）的 Zaria 校区获得硕士学位。从 2005 年到目前为止，他是尼日利亚 Minna 联邦理工大学的二级讲师（LII）。他是尼日利亚工程规范委员会（COREN）的注册工程师，还是 IEEE 的会员。目前是诺丁汉大学马来西亚校区电气与电子工程系的在读博士。他的研究方向包括能量效率路由、能量收集、无线和视觉传感器网络的存储和管理。

审稿人名单

1）Leander Hörmann 先生，奥地利格拉茨科技大学
2）Philipp Glatz 先生，奥地利格拉茨科技大学
3）Rajesh Palit 博士，加拿大滑铁卢大学
4）Mikkel Baun Kjærgaard 博士，丹麦奥尔胡斯大学
5）Yassine Hadjadj Aoul 博士，INRIA，法国雷恩第一大学
6）Nikos Fragoulis 博士，希腊 IRIDA 实验室
7）Sonali Chouhan 博士，印度古瓦哈提市的印度理工学院（IIT）
8）Hrishikesh Venkataraman 博士，爱尔兰都柏林城市大学（DCU）
9）Gabriel – Miro Muntean 博士，爱尔兰都柏林城市大学（DCU）
10）Sean Marlow 博士，爱尔兰都柏林城市大学（DCU）
11）Ramona Trestian 女士，爱尔兰都柏林城市大学（DCU）
12）Adamu Murtala 先生，诺丁汉大学马来西亚校区
13）Mehrnoush Mashipour 女士，澳大利亚悉尼理工大学
14）Otto Andersen 博士，挪威西部研究所（WNRI）
15）Ranga Venkatesha Prasad 博士，荷兰代尔夫特科技大学

目　　录

第1部分　优化技术

第7章　WSN 的能量优化技术

第 2 部分　收集技术

第8章　EM 能量收集系统的设计问题

第 1 部分　优化技术

第 1 章 具有定位服务的移动设备能量管理

Mikkel Baun Kjærgaard

1.1 简介

基于位置的服务（LBS）是利用移动设备的位置为用户提供服务，如导航服务、定位搜索、社交网络、游戏、健康和运动跟踪等，这些服务正变得越来越重要。针对此类服务研究人员已经进行了十多年的调查研究，最近他们声称很大份额的移动应用都部署到手机上（Skyhook Wireless，2010），由此可见，此类服务也已具有重要的商业价值。

成功的 LBS 不应过度消耗移动设备的电池。电池容量是移动设备的一种稀缺资源，因为它不会随着越来越多新的应用特性添加到移动设备而以同样的速度增加。如果用户体验到特定的 LBS 会消耗太多的电池电量，他们可能会停止使用该项服务。然而构建低功率损耗的 LBS 并不是一项简单的任务，因为这样的服务大量使用了移动设备的许多能耗特性，例如无线电接收和发送数据、屏幕显示地图或者定位传感器。现在的移动设备包含多个定位传感器，例如内置的 GPS接收器或者可用于定位的 Wi－Fi 无线电。关于定位技术的一般性概述，建议读者可以参考作者 LaMarca 和 Lara（2008）的文章。因此，LBS 应该格外关注如何在保证设备特性前提下最大限度地降低功率损耗，尤其是在服务持续运行时。

在本章，首先，表征基于位置服务的功率损耗，并考虑移动设备功能的能耗分析和模型，这对于功率损耗最小化的大多数方法和对此类方法的评估而言是一种先决条件。然后提出功率损耗最小化的方法，并将这些方法划分为传感器管理策略和位置更新协议。例如，将提出软件系统—EnTracked，该系统可以实现一些传感器管理策略和位置更新协议，以降低许多类型 LBS 的功率损耗，使得连续移动的设备其功率损耗降低 64%，而偶尔移动的设备其功率损耗降低高达 93%。

1.2 能耗和定位服务

节能对于 LBS 而言是非常重要的，其取决于使用模式、电池再充电选择项以及如何使用手机功能服务。在手机上运行的服务预期时间是使用模式相关的一个重要参数。最大限度地降低功率损耗的最重要的 LBS 是那些需要数小时或者数天长时间运行的服务，然而这类服务也为节能方法的应用提供了许多机遇。功率损耗最小化的重要性还取决于用户的充电选择项，如果用户使用服务完成后可以选择为手机充电，则大量的电量足以支持运行这种服务（Banerjee 等人，2007）。出于这样的考虑，可能会出现这样一种情况：服务所消耗的最小功率取决于该服务的重要性。关于手机功能的使用，其功率消耗的影响取决于个人手机功能的功率损耗。后面的内容将描述如何配置个人手机功能的功率损耗以及给出典型手机的一些值。

不同类型 LBS 的功率损耗分类如图 1.1 所示，该图最初由 Kjærgaard 在 2011年提出。受 Bellavista、Küpper 和 Helal（2008）介绍的服务类型启发，从而提出了这种分类类型。图 1.1 根据它们的运行时间和功率损耗进行服务类型的分类。将运行时间划分为秒、分钟和小时/天，功率损耗分为低、中和高；与 0.05W 功率的备用电池相比，给出了一个影响电池寿命的因素。

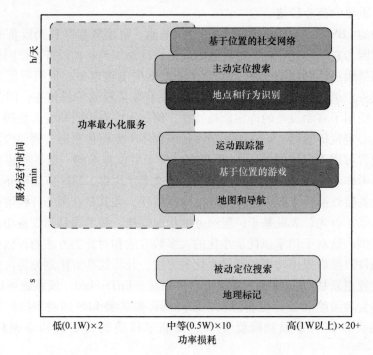

图 1.1　在考虑 0.05W 备用功率损耗相比的多样性因素条件下，根据服务运行时间和功率损耗划分服务类型（引用自 Kjærgaard, M. B. 2011。IEEE 普适计算授权转载。）

图 1.1 显示了两种秒级运行的服务类型。地理标记涵盖了将位置信息附加到其他数字材料上的服务，例如图片等。被动定位搜索服务是指一旦得到服务请

求，则搜索相关用户的位置信息，例如关于最近的地铁站。由于这类服务都使用屏幕、通信和定位功能，因此它们的功率损耗处于中等偏高的水平。此外，使用软件程序很难最大限度地降低此类服务的功率损耗，这就意味着必须进行一项简单且明确定义的任务。然而由于这些服务常常在短时间内进行而非频繁重复，所以它们对电池寿命的影响并不显著。

描述 3 种以分钟级运行的服务类型。地图和导航服务涉及显示人们在地图或者卫星图像上的位置，并提供目标位置的导航方向。基于位置的游戏指使用位置信息作为游戏中的一个元素，例如使用 GPS 定位作为物理缓存的结果，GPS 定位也称为寻宝或者活的小精灵，其中真人跟随怪兽到处跑，试图吸引游戏玩家。运动跟踪器服务是指可以记录你锻炼的时间和地点。同样地，这类服务的功率损耗范围是中等到高，但是由于它们以分钟级运行，所以这类服务对电池寿命的影响比较显著。当服务以分钟级运行时，低功率损耗是它们的一个优势，但是，如果服务完成后用户为手机充电，则这一优势也许显得微不足道。然而用户可能会遇到这样一个问题：他们忘记关闭服务，在他们没有注意到之前为手机再次充电则为时已晚。为了避免出现以上问题，使用功率损耗最小化的方法可以降低功率损耗从而延长电池的寿命。

在图 1.1 中显示了运行数小时或数天的 3 种服务类型。位置和行为识别服务可以记录用户的位置和行为，例如写日记或者计算用户行为的 CO_2 排放量。主动定位搜索服务能够以查询结果的形式给用户推送消息，例如如果用户注册了一条城市免费自行车的搜索，当用户在它们附近时会收到通知。基于位置的社交网络是一项允许用户位置与社交网络连接的服务，例如当附近出现朋友或发生事件会收到提醒通知。同样地，由于这类服务运行的时间是数小时或者几天，其功率损耗范围是中等到高，它们消耗少量的功率这一点非常重要是因为他们对电池的放电速率会产生重大影响，例如它们的功率损耗是待机功率损耗的 20 倍。因此对于长时间运行的服务而言，使用功率损耗最小化方法显得至关重要。

1.3 移动设备的功率损耗分析和建模

如果想要理解移动设备的功率损耗，第一步是可以查阅它们的规范。然而因为一些数值［如中央处理单元（CPU）使用的功率损耗值］的缺失，以及没有考虑动态方面，使得规范不能全面地表征移动设备。由于移动设备的功能不能立即开启或关闭，造成动态方面的不确定性，例如，一个 3G 无线发射器在建立连接之前需要几秒才能开启，关闭时也是如此。因此，发送数据所消耗的功率不能简单地建模成一个单个的功率损耗值。捕捉动态方面的一种解决方案是为分析设备供电。为了利用这些信息主动地减少 LBS 的功率损耗或者评估不同的设计方案，需要建立足够准确的功率损耗模型。本节讨论了移动设备的功率损耗的分析和建模。

为了准确建立手机的功率损耗模型，除了考虑个别功能的功率损耗，还必须考虑动态方面。为了说明这些方面，图 1.2 显示了诺基亚手机（Nokia）N95 和 N97 运行一个 Python 脚本的两种功率损耗曲线，即每隔 60s 调用 GPS 产生一个固定位置，打开服务器与 3G 无线电之间的传输控制协议（TCP）连接，发送固定位置，然后关闭连接。从图中可以看出，单个步骤并未立即执行，GPS 产生一个固定位置并且发送此位置信息需要花费几秒的时间。此外，在发送位置信息后的一段时间，3G 无线电和 GPS 都保持功率消耗状态。最后，不同型号的手机随着功能的不同，其延迟和功率水平也不尽相同。

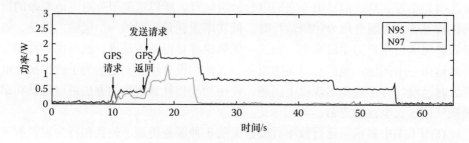

图 1.2　诺基亚 N95 和 N97 手机请求一个 GPS 位置
并发送此位置信息到远程服务器所消耗的功率曲线图

准确建立功率损耗和延迟模型的能力非常重要，原因有三：第一，如果没有模型，无法做出应采取何种措施以降低功率损耗明智的决定；第二，如果不能建立延迟模型，就不知道在保证所需的精度范围内，应在运行时保留多长时间的延迟以更新位置信息；第三，通过在手机上安装软件来评估设计过程中每一个步骤节能的不同选择，模拟真实行为（例如户外徒步旅行）并测量功率损耗显得太费时费力。功率损耗模型作为一种替代方案，它允许对未部署软件的手机功率损耗进行模拟，这极大地加快了开发进程。然而这类模型的缺点是它们依赖于设备相关参数的估计，如图 1.2 所示。因此，为新设备的参数配置所做出的努力是模型的精度与使用该模型的可用性之间的折衷，其中模型的精度与模型应考虑的参数值有关。

1.4　设备模型

下面提出一种设备模型，该模型最初是由 Kjærgaard 等人在 2009 年提出的，它由两部分组成：①功率模型，用于描述手机的功率使用情况；②延迟模型，用来描述手机的延迟，例如当发送一个手机功能请求时，GPS 返回位置信息所花费的时间。该模型考虑了手机功能的一个子集，这些功能与使用 GPS 和惯性传感器位置跟踪相关。如果有需要，还可以通过添加额外变量很容易地对该模型进行扩展，也可以考虑 Wi – Fi，蓝牙（Bluetooth）以及 GSM 定位。此外，假设基本模型无需考虑 CPU 繁重的任务，但它们应将任务的输入规模和产生的功率损耗之间的映射纳入考虑的范畴。对于交互式用户应用而言，还需要考虑手机功能的功率使用量，如应用程序逻辑计算、敲击键盘、照相机使用和屏幕使用等。

在这个模型中，考虑以下手机功能：
- 加速计（a）；
- 指南针（c）；
- GPS（g）；
- 无线电空闲（r）；
- 无线电发送（s）；
- 后台（I_p）

对于每一种功能，引用的变量都由文字之后括号中的符号表示。后台并不是严格意义上的手机功能，而是功率模型中表示手机的后台功率损耗。

功率模型由两个函数构成，公式定义如下：功率函数 power 和功率损耗函数 $c_{d,p}$，其中 d 是手机功能关闭的延迟，p 是它的功率损耗：

$$\text{power}(a_t, c_t, g_t, s_t, c_t) = I_p + c_{gd,gd}(g_r) + c_{rd,sd}(r_t) + c_{rd,sd}(s_t)$$

$$c_{d,p}(x) = \begin{cases} p & x \leqslant d \\ 0 & x > d \end{cases}$$

以上公式针对不同的手机功能使用变量 a_t、c_t、g_t、r_t 和 s_t 表示它们的最后使用量。每一个变量表示在 t 时刻的数值，因为功能关闭需要几秒的时间（如果功能在当前 t 时刻正在使用，则变量为 0）。由于空闲时功率损耗恒定，引入的 i_t 不是变量。此外，参数 a_p、c_p、g_p、r_p、s_p 和 I_p 表示功能的功率损耗值，例如一个诺基亚 N95 手机内置的 GPS 其功率损耗是 0. 324W。参数 a_d、c_d、g_d、r_d、s_d 表示功能在使用后关闭所花费的秒数，例如一个诺基亚 N95 手机内置的 GPS 关闭时间是 30s。不同功能的更多示例值将在之后的诺基亚 N95 手机介绍中给出，也可以从 Kjærgaard（2010）相关文献中找到。

延迟模型包括捕捉任意功能的延迟的函数，这些功能具有较大的延迟特性。如果功能没有延迟或延迟显得微不足道，则当它们执行任务时建立模型。移动电话主要是 GPS 和无线电开启时具有请求延迟，其模型可以用两个函数 $\text{req}_g(g_t)$ 和 $\text{req}_s(s_t)$ 描述 GPS 启用和无线电发送的请求延迟。

1.4.1　举例：诺基亚 N95 手机建模

下面以诺基亚 N95 手机为例，解释如何建立参数化的手机模型并介绍该模型如何很好地符合实际设备的测量值。

诺基亚 N95 8GB 手机是一款 3G 手机，其具有内置的 GPS 模块和三轴加速计，这两个都没有确定的品牌，和一块 1200mAh 的电池。这款手机运行在 Symbian 60 操作系统上，系统版本号为 F1。为了测量手机的功率损耗，采用诺基亚开发的工具—诺基亚能量分析器，版本为 1.1（诺基亚，2011）。由诺基亚开发的能量分析器有助于研发人员分析手机应用的功率损耗，而且它可以支持功率采样速率高达 4Hz。为了测量不同功能的延迟和功率损耗，开发的几种 Python 脚本能够启用和禁用功能并测量出不同的延迟。在 N95 手机上运行的 Python 脚本借助版本为 1.4.4 的 Python 解释器 S60（Pys60 通信，2011），其内置的数据库提供访问手机功能的链接，比如内置的 GPS 和三轴加速计。内置的 GPS 支持 1 Hz 的采样速率，三轴加速计支持大约 35 Hz 的采样速率。为了测量使用手机 3G 无线电发送数据的功率损耗，以 Java 语言实现一个 TCP/IP 服务器，并将该服务器通过一个公网 IP 地址与互联网连接，手机也能与该服务器连接。

通过跟踪具有启用和禁用不同功能的 N95 手机，已经收集了大量的功率损耗，从而确定了功率参数 a_p、g_p、r_p、s_p 和 I_p。在每次跟踪收集和其他的实验开始之前，手机完全充电以防止电池的非线性电压下降产生的影响（Brown 等人，2006）。首先，开启诺基亚能量分析应用，紧接着启动带有 Python 脚本的 Python 解释器，Python 脚本能够在特定时间启用或者禁用某些功能。针对这些测量的脚本运行总时间为 5min。然后关闭 Python 解释器，停止诺基亚能量分析器。将诺基亚能量分析器收集的功率损耗跟踪导出到文件中。当 Python 脚本不再运行和屏幕通电时，修改这些跟踪以删除功率损耗的纪录。从修整过的痕迹计算不同功能产生的平均功率损耗，见表 1.1。在这个模型中，使用参数的平均值。

表 1.1　诺基亚 N95 手机功能的功率损耗

功能	平均功率/mW
后台（I_p）	62
加速计（a_p）	50
GPS（g_p）	324
无线电空闲（r_p）	466
无线电发送（s_p）	645

使用相同的实验装置计算两个函数 req_g（g_t）和 req_s（s_t）建模的请求延迟。首先，针对辅助的 GPS 的请求延迟是发送 GPS 测量请求的时间与位置信息返回的时间差。无线电请求延迟的测量时间为 GPS 时间戳与远程服务器上接收时间戳之差。有关测量的更多、更详细的讨论可以参考 Kjærgaard 等人（2009）的文献。

$$req_g(d) = \begin{cases} 1 & x \leqslant 30 \\ 6 & x > 30 \end{cases}$$

$$req_g(x) = \begin{cases} 0.3 & x \leqslant 6 \\ 1.1 & x > 6 \end{cases}$$

沿用以上类似的实验方法，也可以计算出断电延迟，它是指手机功能在最后使用后关闭时花费的时间，见表 1.2。结果表明，GPS 和无线电空闲的断电延迟大约为 30s，略低于无线电发送的断电延迟的 6 倍。无线电空闲的断电延迟与无线电发送断电后转换为空闲模式的时间有关。

表 1.2　诺基亚 N95 手机功能的断电延迟

功能	平均时间/s
GPS	30.0
无线电空闲	31.3
无线电发送	5.45

为了验证已经提出的设备模型，现在对设备模型测量的周期性跟踪的功率损耗与在 N95 手机上所收集的跟踪功率损耗进行比较。图 1.3 绘制了在 60s 的跟踪周期内所收集的数据，其中包含设备模型的预测功率损耗。从图中可以看到，已提出的设备模型与实际的功率损耗近似匹配。因此，该模型可以用于指导针对功率损耗最小化的跟踪技术的设计。

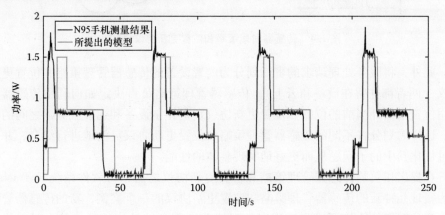

图 1.3　在诺基亚 N95 手机上测量的功率损耗与设备模型测量的功率损耗结果比较。为了提高可读性，设备模型的曲线适时地位移使得与所测量的曲线不直接重叠

1.5　降低功率损耗的方法

本节回顾了 LBS 的功率损耗最小化方法。在讨论最大限度地降低功率损耗的方法之前，应首先考虑服务是如何分布的。图 1.4 描述了一个概念模型，它区分了运行在移动设备的本地服务和运行在云上的远程服务（Hayes，2008）。本地服务通过设备上的应用程序接口（API）请求位置信息，这意味着，定位产生的功率损耗主要与设备内置的传感器和处理有关。这种服务的例外情况是定位方法取决于服务器的辅助功能，例如 A – GPS 和 Wi – Fi 定位。另一方面，远程服务从云中 API 请求位置信息，这意味着定位使用的功率除了内置设备的功率损耗，还有无线连接导致的无线电消耗。因此，区分远程和本地服务是很有意义的，它们还会影响手机的性能，如位置延迟和隐私。如果越来越多的远程服务关注于监控设备的位置，则可能会部署一个专门的跟踪服务，负责监控设备和为其他的远程服务转发位置更新信息。

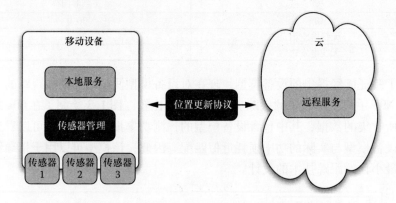

图 1.4　传感器管理策略和位置更新协议概述

此外，将服务处理请求的责任划分为内置设备的传感器管理策略和位置更新协议（两者都驻留在设备和云上）。传感器管理策略负责决定如何利用传感器的可用位置来估计当前的位置。位置更新协议负责控制设备和远程服务器之间的交互。这样的划分将不同的传感器管理策略和位置更新协议灵活地进行组合，并且通过优化其中的子问题从而更好地实现整体的性能。

在提出相关的传感器管理策略和位置更新协议之后，将软件系统 EnTracked 作为实现几种新的传感器管理策略和位置更新协议的一个案例，新的传感器管理策略和位置更新协议可以降低许多类型的 LBS 服务的功率损耗，其中对于持续运行的设备而言，其功率损耗降低 64%，而对于偶尔运行的设备，其功率损耗降低 93%。

1.5.1　传感器管理策略

传感器管理策略可以决定如何利用传感器的可用位置来估计当前的位置。通过考虑相关的性能以实现传感器策略，例如功率损耗，定位的精度，不同环境下定位的可用性（例如，室外与室内）、安全性［例如欺骗攻击（Tippenhauer 等人，2009)］和隐私（例如 Wi - Fi 定位显示目标的存在（Kjærgaard，2007)）。

在本节中，考虑 5 种类型的传感器管理策略，如图 1.5 所示。基本的传感器策略是默认策略，它交付由传感器提供的位置信息。如果传感器的内部管理在降低功率损耗方面已经发挥了很好的作用，这说明与它的策略有关。静态负载周期策略通过在休眠周期内交叉采样以节约电能，之所以能够节约电能是因为传感器在休眠周期内处于断电状态。因此，使用静态阈值 T_{period} 定义休眠周期的长度和所得到的采样频率，单位为 s。与服务相关的这种策略其频率比给定传感器提供的频率更低，但足以满足相应 LBS 的要求。动态负载周期的策略在休眠周期内也要求交叉采样，通过动态增加和减少休眠周期以实现节能，同时保证满足定位精度的服务要求。该策略不断地预测休眠周期内性能的阈值 $T_{estimate}$，单位为 s，例如目标的速度和方向。这种策略与无法选择充足的静态负载周期阈值的情况有关，例如跟踪不断变化运动模式的目标。

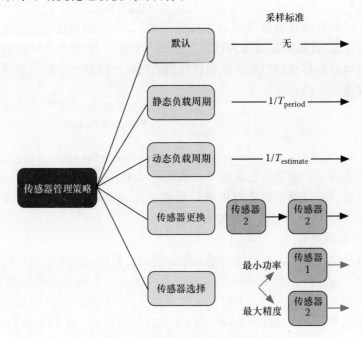

图 1.5　传感器管理策略的概述

传感器更换策略监督高耗能传感器的使用，它通过由简单且低耗能的传感器生成的事件进行监督。例如，当且仅当简单的运动传感器感知运动时才要求使用高耗能的传感器进行定位。这种策略只有在目标已经改变运动模式的情况下启用，其中由很简单且耗能更低的传感器感知运动模式的变化。

传感器选择策略通过传感器和目标之间的切换以节能，它使用最少的功率提供符合定位精度服务要求的位置信息。这种策略只有在服务要求定位精度以及几种传感器可用的情况下有效，如具有不同特性的 Wi – Fi、GSM 或者 GPS 其相应的功率损耗和定位精度。

接下来的内容中，针对动态负载周期、传感器更换和传感器选择策略，将介绍这三种基于位置服务策略的具体方法。

1.5.1.1　动态负载周期

为了应用动态负载周期，需要一个模型考虑如何将定位精度的服务要求与采样频率联系起来。下面提出一个模型涉及所需的定位精度与时间、估计精度和速度相关联。这个模型包括两个步骤：①计算当前精度；②使用当前的精度计算休眠阈值 T_{eatimate} 的估计值。

第一个步骤考虑了传感器的估计精度 a_{pos}、最近位置的采样时间 t_{pos} 和传感器的速度估计值 v_{pos}。然后该模型计算相对于最近交付位置的当前精度 a_{current}，用下式定义：

$$a_{\text{current}} = a_{\text{pos}} + (t_{\text{current}} - t_{\text{pos}}) \times v_{\text{pos}}$$

第二个步骤是根据服务要求的定位精度 a_{service}、当前精度 a_{current} 以及传感器的估计速度 v_{pos}，计算休眠周期阈值 T_{eatimate} 的估计值。使用下式对阈值 T_{eatimate} 进行预测，计算目标移动超出服务限制所花费的时间，将目标最后的交付位置相关的当前精度考虑在内：

$$T_{\text{eatimate}} = \begin{cases} \dfrac{a_{\text{service}} - a_{\text{current}}}{v_{\text{pos}}} & a_{\text{service}} > a_{\text{current}} \\ 0 & a_{\text{service}} \leqslant a_{\text{current}} \end{cases}$$

无论休眠周期动态增加还是减少，系统可以使用这种模型不断预测出一个新的阈值。对现有的其他模型进行扩展以便能够处理延迟，例如 GPS 接收器的首次定位时间（Kjærgaard 等人，2009）。

1.5.1.2　传感器更换

在当前移动设备中，不同的传感器能够使用更简单的传感器对高耗能的传感器进行监督。这里讨论的主要例子是将加速计作为一个简单的传感器来感知运动。包括三轴加速计在内的大多数现代设备提供了三维的加速度测量结果。诺基亚 N95 手机的加速计仅消耗 0.05W 的功率，而与之相比，其 GPS 消耗 0.32W 功率。因此，通过使用加速计感知运动，并且当目标实际运动时使用 GPS，以节约电能。必须根据加速计的读数检测两种运动状态，例如静止和运动。由于检测不应破坏定位的鲁棒性，人们对具有低容差运动的检测方案感兴趣，这确保了检测运动的顺利进行。为了实施这种运动检测，可以使用以下简单的方案。首先，收集 3 个轴的加速度测量值，然后针对每一轴，计算最后 30 个测量值的方差并将这 3 个方差进行求和。最后，将求和所得到的值与阈值进行比较以确定运动是否被感知。为了优化鲁棒性或者功率损耗，选择阈值以证实检测运动状态是运动还是静止。这种方案的缺点是，当一个人手持设备行走时，保持设备稳定并最大限度地降低加速度，则计算所得方差无法达到运动检测的阈值。这个问题只能使用更加灵敏的运动检测方案加以解决，例如，由 Reddy 等人（2010）提出的方案或者由 King 和 Kjærgaard（2008）提出的从无线电信号感知运动。另一种传感器更换策略是使用指南针感知方向的变化（Kjærgaard 等人，2011）。

1.5.1.3　传感器选择

常见的两种定位类型都有着不同程度的功率损耗、覆盖范围和定位精度。因此，根据使用情况，通过选择在运行时最佳的传感器以实现节能。关于诺基亚 N95 手机最近的测量报告指出，GPS、Wi－Fi 和 GSM 的定位精度分别是 10m、40m 和 400m，一块充满电的电池其放电时间分别是 9h、40h 和 60h（Constandache 等人，2009）。如果可能，通过切换精度较低的定位方法就可以节约电能，这一点是显而易见的。关于选择哪一种方法应基于不同的参数，如服务要求的定位精度，例如使用 Constandache 等人（2009）或者 Kjærgaard 等人（2009）提出的计算框架是传感器更换方法之一。

1.5.2　位置更新协议

位置更新协议控制设备和远程服务之间的交互，它必须考虑相关的属性，如服务器端请求的定位精度、功率损耗、数据载体可用性以及隐私。

关于位置更新协议，在这里只讨论 4 种单片机的报告协议，如图 1.6 所示。关于其他类型的协议描述以及它们的精度和通信效率的协议分析可以查阅 Leonhardi 和 Rothermel（2008）的文章。所有协议皆假设由传感器管理策略管理位置传感器以提供源源不断的准确的位置信息，因为这些策略适用于任何本地服务。

每当位置传感器提供新的位置信息时，简单的报告协议会向远程服务发送一份更新报告。该协议的优点是容易实现，但它会产生很多不必要的位置更新。基于时间的报告协议每隔一定的时间 T_{period} 发送一份更新报告，T_{period} 的单位为 s。与简单的报告协议相比，依赖于 T_{period} 的协议减少了更新的次数。然而由于该协议取决于静态时间阈值，无论目标是否运动，此协议都将产生相同数量的更新。

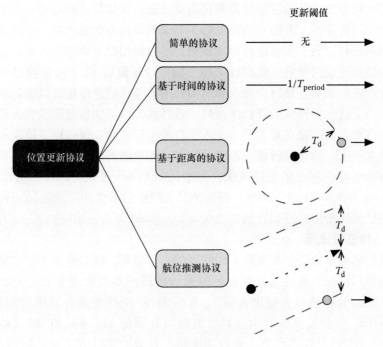

图 1.6 位置更新协议概述

基于距离的报告协议在当前位置和最近报告的位置之间的距离大于给定的阈值 $T_{distance}$ 时发送一份更新报告，$T_{distance}$ 的单位为 m。该协议的优点是它将目标的运动考虑在内，如果设备没有运动则不会产生任何的更新。然而在持续运动过程中，该协议仍然会产生大量的更新。航位推测报告协议是 4 种类型的协议中最复杂的一种，它不仅为远程服务发送当前位置，而且还发送当前速度和航向，对持续运动的报告进行优化。如果更新后的远程服务在任何时候需要目标的当前位置，它应能够从最近发送位置并使用所提供的航向和速度推测出最新的位置。为了保持最新的远程服务信息，当设备当前的位置和从远程服务推测的位置之间的距离远大于给定的阈值 $T_{distance}$ 时，该协议经过设备发送一份更新报告，$T_{distance}$ 的单位为 m。该协议的优点在于可以减少持续运动和静止期间的更新次数，但它的缺点是与其他协议相比它的实现更复杂。在 Civilis、Jensen 和 Pakalnis（2005）的文章中对现有的航位推测协议进行了扩展，例如在车辆跟踪情况下，利用道路网络进一步降低更新的次数。

1.6 举例：EnTracked

在本节中，将考虑以系统 EnTracked（Kjærgaard 等人，2009）为例，旨在以高效节能和鲁棒性方式动态跟踪移动设备。因此，交付给应用的位置更新鲁棒性必须受到特定服务的精度限制，其中精度指的是应用的已知位置和设备的实际位置之间的距离。所实现的系统集中跟踪配备 GPS 设备的活动目标。该系统应用了几种已提出的传感器管理策略并提供了所有的位置更新协议。最近由 Kjærgaard 等人在 2011 年将该系统扩展至轨迹的跟踪和其他的运输模式。

1.6.1　系统描述

为了使用 EnTracked，基于位置的服务必须提供针对目标跟踪定位精度的服务要求。在实践过程中，基于位置的服务并不总是要求尽可能高的定位精度，因为许多服务的相关占用范围是可以计算的。例如，地图服务显示了大量移动设备的位置，使用缩放比例可以确定相关的精度范围（比如街道视图为 25m、郊区视图为 100m 以及市区视图为 200m）。另一个例子是许多类型的社交网络服务，它们专注于设备位置之间的联系，例如检测人们进入邻近地区或者离开的时间。为高效地跟踪设备以显示其位置关系已经提出了许多方法，例如 Küpper 和 Treu 在 2006 年提出的方法。这些方法随着不断变化的精度范围而动态地分配跟踪工作，其中，精度范围是基于目标之间的距离计算得出的。这些方法产生的跟踪精度范围从 10m 到几千米，它们取决于设备之间的距离。

当基于位置的远程服务请求使用 EnTracked 系统时，则执行如图 1.7 所示的步骤。第一，服务发送一个带有精度范围的跟踪设备请求（1）。第二，En-Tracked 的服务器端将该请求传输到 EnTracked 的客户端（2）。第三，客户端发现一个初始位置并且经服务器将此位置信息返回至服务（3）+（4）。第四，EnTracked 客户端逻辑调度传感器管理策略和位置更新协议，在精度范围内交付下一个位置（5）。第五，在某种程度上，EnTracked 确定新的位置，通过服务器必须将此位置信息交付给客户端（6）+（7）。如果多个远程服务请求跟踪相同的设备，EnTracked 配置具有更高精度的跟踪设备以满足所有服务的限制。当本地服务使用 EnTracked 时，可以将请求直接传输到客户端逻辑。

如上所述，每当 EnTracked 客户端接收请求时，客户端处理此请求应该遵循如图 1.8 所示的步骤。为了得到一个初始位置，首先发送一个 GPS 位置请求（1），其次，在远程服务情况下，通过位置更新协议估计是否发送位置更新信息；在本地服务情况下，将位置更新信息直接发送给本地服务（2）。如果分配一个位置更新，则将此信息发送到服务器（3）。然后基于当前的请求，系统

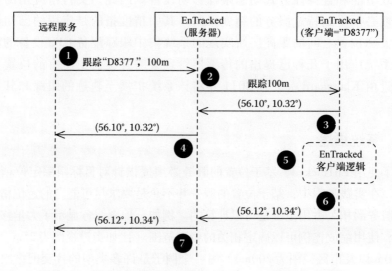

图 1.7　基于位置的服务在使用 EnTracked 时所执行的步骤

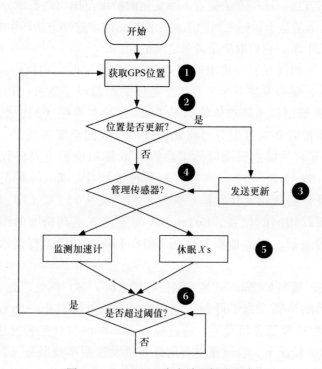

图 1.8　EnTracked 客户端逻辑流程表

应用动态负载周期、传感器选择和传感器更换的传感器管理策略，基于当前的请求安排最低功耗的传感器任务（4）。所安排的传感器任务可能是选择监测加速计或者休眠一段时间（5）。一旦任务确定需要一个新的 GPS 位置，则重新启动这个过程（6）。

1.6.2　结果

本节描述了能够表征节能程度的估计结果，这些结果通过使用不同位置更新协议的 EnTracked 获得，从而更新远程服务。此外，还考虑了关于所需定位精度的鲁棒性。

EnTracked 的之前描述表明任何的开箱即用传感器策略可以与任何协议相结合，然而必须注意在实施过程中遇到的一些陷阱。航位推测协议就是例子之一，它假设如果从移动设备中无法接收到新的更新信息，则服务器可以推测出其位置。在经典协议中，由于默认的传感器管理策略是隐式假设，则需要反复测试阈值。这类协议的问题在于当基于加速计的传感器管理策略不再提供新的更新信息时应该如何是好，因为检测到设备的状态是静止不动的。在这种情况下，服务器将继续推测位置信息，这可能会有悖于阈值。为了解决这个问题，扩展航位推测协议，定期测试服务器预测的位置，如果有悖于阈值，在这种情况下发送一个额外的具有最后报告位置和速度为零的位置更新信息从而中止错误的推断。

基于距离的协议和航位推测协议的另一个问题是所提供的鲁棒性限制，因为它们可能无法保持低于定位精度要求的最大误差，其中该误差由延迟和定位错误引起。利用 GPS 接收器的当前精度 a_{pos} 估计值来提高协议的鲁棒性，其中，a_{pos} 的单位是 m，如果估计值超过协议的阈值，则将该估计值考虑在内，例如，对于基于距离的报告协议而言，其阈值公式变成了：$d_{traveled} + a_{pos} < T_{distance}$，其中 $d_{traveled}$ 是最后报告的位置和当前位置之间的距离。

为了提供在不同位置更新协议条件下 EnTracked 的结果，将考虑以下数据集，在没有站点的市区内对行人运动模式进行收集，这种方法最初由 Kjærgaard 在 2010 年提出。该数据集是通过诺基亚 N95 手机对 3 个行人在市区环境中步行 4.85km 时收集所得，它由地面真实位置和从内置传感器收集的 1Hz GPS 和 35Hz 的加速度测量值组成。地面真实位置是由频率为 4Hz 的高精度 u – bloxLEA – 5H 接收器利用专用天线收集，其中专用天线放置在收集器携带的背包顶端。手动检查地面实际测量值以确保它们跟踪目标的正确路线。诺基亚 N95 手机在市区环境中会产生相对较高的误差，GPS 的平均误差为 29.1m。由于该数据集不包括任何站点的数据，使得节能变得更加困难，这就意味着 EnTracked 不能使用具有加速计的传感器更换策略，只能利用动态负载周期策略节约电能。

运行不同的传感器管理策略和协议组合所产生的功率损耗结果如图 1.9 所示。为了表示所用的位置更新协议，采用以下表示方法——EnTracked：{协议}。从图 1.9 中的结果可以注意到 T_{period} 是如何增加的，与 3 种 EnTracked 组合协议相比，周期：简单协议只提供少量的节能。在 3 种 EnTracked 组合协议中，与简单协议的组合提供最小的节能，与依赖于阈值的周期：简单协议相比，其电能范围是 159 ~ 542mW。EnTracked 与基于距离协议的组合也降低了功率损耗，与周期：简单协议相比，电能范围为 433 ~ 645mW，即节能百分数为 29% ~ 64%。比较基于距离的协议和航位推算协议，它们之间存在着微小差别，航位推算协议在阈值为 10m 时比基于距离协议的功率损耗少几毫瓦，而在阈值为 200m 时多几毫瓦。航位推测协议超越基于距离协议的改进可以忽略不计，其中的一个原因是，如果与地面实际速度和方向的平均精度相比，其估计值低于市区环境给定的阈值，因此服务器预测值通常会导致错误的位置信息。此外，它与市区环境中行人的运动模式有关，市区环境包括许多急转弯。如果航位推测协议包含静止时间，在基于加速计的传感器更换协议帮助下，节约的电能下降 93%。

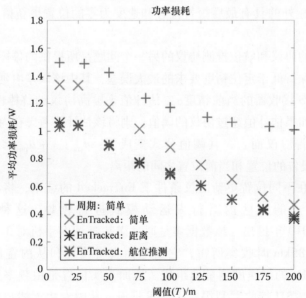

图 1.9 周期：简单（$T = 10\text{m/s} \times T_{period}$）、EnTracked：简单（$T = a_{service}$）、

EnTracked：距离（$T = a_{service} = T_{distance}$）和 EnTracked：航位推测

（$T = a_{service} = T_{distance}$）的功率损耗比较

图 1.10 中鲁棒性示图用以分析系统的鲁棒性，例如评估 GPS 误差大小与阈值大小无关。在这里将时间的百分数定义为鲁棒性，即实际位置和服务器的已知位置之间的距离大于阈值。在所有情况下，周期：简单协议的组合具有最小值，而一半的情况低于 5%。对于更小的阈值而言，其百分数越高是因为 GPS 误差通常足以违反更小的阈值，例如数据集的 GPS 平均误差是 29.1m。比较 3 种EnTracked协议的组合，它们都具有一个更高的误差百分数，但是对于大多数的阈值而言，其差别只有几个百分点。唯一例外的是 EnTracked：简单协议组合，它存在较低的阈值问题。因此可以得出结论，该系统能够节能而不会对其鲁棒性产生严重的影响。

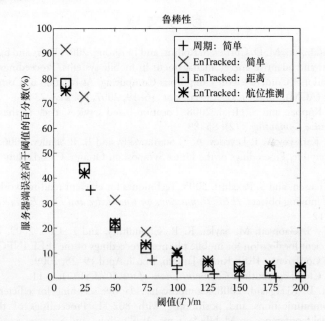

图 1.10　周期：简单（$T = 10\text{m/s} \times T_{\text{period}}$）、EnTracked：简单（$T = a_{\text{service}}$）、

EnTracked：距离（$T = a_{\text{service}} = T_{\text{distance}}$）和 EnTracked：航位推测

（$T = a_{\text{service}} = T_{\text{distance}}$）的鲁棒性比较

1.7　小结

基于位置的服务密切关注它们的功率损耗以便不会耗尽移动设备的电池。在本章，表征了基于位置服务的功率损耗。此外，考虑对移动设备功能的功率损耗进行分析和建模，对于大多数降低功率损耗和评估性能方法而言，这是一个先决条件。之后提出了功率损耗最小化方法，并将这些方法划分成传感器管理策略

和位置更新协议。将一个软件系统作为例子，称为 EnTracked，该系统实现了若干新的传感器管理策略和位置更新协议，这些协议能够降低许多类型的 LBS 的功率损耗，对于持续运行的设备而言其功率损耗降低了 64%，而定期运行的设备功率损耗降低比率高达 93%。

致谢

作者感谢丹麦国家高级技术基金会"伽利略：普通定位平台"项目提供的资金支持，项目编号为 J. nr. 009 – 2007 – 2。

参 考 文 献

Banerjee, N., A. Rahmati, M. D. Corner, S. Rollins, and L. Zhong. 2007. Users and batteries: Interactions and adaptive energy management in mobile systems. Proceedings of the 9th International Conference on Ubiquitous Computing. Association of Computing Machinery (ACM), Innsbruck, Austria, Sept. 16–19, 2007, pp. 217–234.

Bellavista, P., A. Küpper, and S. Helal. 2008. Location-based services: Back to the future. *IEEE Pervasive Computing* 7 (2): 85–89.

Brown, L., K. A. Karasyov, V. P. Levedev, A. Y. Starikovskiy, and R. P. Stanley. 2006. Linux laptop battery life. Proceedings of the Linux Symposium Ottawa, Canada, July 19–22, 2006.

Civilis, A., C. S. Jensen, and S. Pakalnis. 2005. Techniques for efficient road-network-based tracking of moving objects. *IEEE Transactions on Knowledge and Data Engineering* 17 (5): 698–712.

Constandache, I., S. Gaonkar, M. Sayler, R. R. Choudhury, and L. Cox. 2009. EnLoc: Energy efficient localization for mobile phones. Proceedings of the IEEE INFOCOM 2009 Mini Conference. IEEE Rio de Janiero, Brazil, April 19–25, 2009.

Hayes, B.. 2008. Cloud computing. *Communications of the ACM* 51 (7): 9–11.

King, T., and M. B. Kjærgaard. 2008. Composcan: Adaptive scanning for efficient concurrent communications and positioning with 802.11. Proceedings of the 6th International Conference on Mobile Systems, Applications, and Services. Association for Computing Machinery (ACM), pp. 67-80.

Kjærgaard, M. B., 2007. A taxonomy for radio location fingerprinting. Proceedings of the Third International Symposium on Location- and Context-Awareness. Berlin/Heidelberg: Springer Publishing, pp. 139–156.

Kjærgaard, M. B., 2010. On improving the energy efficiency and robustness of position tracking for mobile devices. Proceedings of the 7th International Conference on Mobile and Ubiquitous Systems: Computing, Networking and Services. Berlin/Heidelberg: Springer Publishing.

Kjærgaard, M. B.. 2011. Minimizing the power consumption of location-based services on mobile phones. (Forthcoming) *IEEE Pervasive Computing*.

Kjærgaard, M. B., S. Bhattacharya, H. Blunck, and P. Nurmi. 2011. Energy-efficient trajectory tracking for mobile devices. Proceedings of the 9th International Conference on Mobile Systems, Applications, and Services. Association for Computing Machinery (ACM). Bethesda, MD, U.S. June 28–July 1, 2011, 307–320.

Kjærgaard, M. B., J. Langdal, T. Godsk, and T. Toftkjær. 2009. EnTracked: Energy-efficient robust position tracking for mobile devices. Proceedings of the 7th International Conference on Mobile Systems, Applications, and Services. Association for Computing Machinery (ACM), Krakow, Poland, June 22–25, 2009, pp. 221–234.

Küpper, A. and G. Treu. 2006. Efficient proximity and separation detection among mobile targets for supporting location-based community services. *Mobile Computing and Communications Review* 10 (3): 1–12.

LaMarca, A., and E. de Lara. 2008. Location systems: An introduction to the technology behind location awareness. Bonita Springs, FL: Morgan and Claypool Publishers.

Leonhardi, A., and K. Rothermel. 2001. A comparison of protocols for updating location information. *Cluster Computing* 4 (4): 355–367.

Nokia. Nokia–Energy Profiler. 2011. Online at: http:/www.nokia.com (accessed January 18, 2011).

Pys60 Community. Python for S60. 2011. Online at: http://sourceforge.net/projects/pys60 (accessed January 18, 2011).

Reddy, S., M. Mun, J. Burke, D. Estrin, M. H. Hansen, and M. B. Srivastava. 2010. Using mobile phones to determine transportation modes. *ACM Transactions on Sensor Networks* (TOSN) 6 (2).

Skyhook Wireless. 2010. Online at: http://www.skyhookwireless.com/locationapps (accessed January 18, 2011).

Tippenhauer, N. O., K. B. Rasmussen, C. Pöpper, and S. Capkun. 2009. Attacks on public WLAN-based positioning systems. Proceedings of the 7th International Conference on Mobile Systems, Applications, and Services. Association for Computing Machinery (ACM), Krakow, Poland, June 22–25, 2009, pp. 29–40.

第2章 移动设备的高效供电机制

Leander B. Hörmann、Philipp M. Glatz、Christian Steger 和 Reinhold Weiss

2.1 简介

高效的供电机制是延长移动设备的电池寿命甚至是其永久操作的关键。因此，必须分析移动设备的功率需求以适应设备的能源供应。

本章引入一个层模型用于描述普通电池、可充电电池或者能量收集系统（ESS）的能量供应单元（ESU）。该模型将硬件划分为具有特殊功能的 5 层：设备层、测量层、功率控制调节层、存储访问层以及能量存储层。每一层与相邻层之间相互适应以确保高效的潮流。该模型进一步加深对 ESS 的理解以及设计与能量效率实现均衡。

与能量效率有关的最重要的一层是功率控制调节层。通常情况下，储能元件（ESC）的电压电平取决于其电荷状态（SOC）。然而大多数移动设备需要特定的电源电压。因此调节元件必须嵌入到移动设备的电池中，将电池终端电压转换为所需的电源电压。本章介绍了 3 种不同的电压转换技术。

移动设备的电源电压范围取决于嵌入式有源元件。因此，可感知的动态电压调节元件（CADVS）用于节省大量能量。CADVS 背后的原理是，根据有源元件将电源电压设置为尽可能低的电压。开发并且实施一个具有 6 种不同的电压转换电路的应用场景和原型用于评估 CADVS。测量结果证明原型功能的准确性并且表明在引入的场景中使用 CADVS 可能节省 38.7% 的能量。

2.2 相关工作

移动设备应尽可能高效节能，是因为它们可用的能量总是很有限。正如它们的名字所说，移动设备缺乏有线的基础设施，而且每一个元件都需要各自的 ESU。主要有 3 种可能的方法为移动设备供电。第一，通过普通电池（碱性电池）供电。它们运行一段时间之后需手动更换。第二，由可充电电池［镍镉（NiCd）、镍－金属氢化物（NiMH）、锂离子聚合物（LiPo）］供电。在运行一段时间之后，它们必须手动充电。第三，通过 ESS[1-3]。这些系统利用能量收集设备将环境能源转换成电能。鉴于环境能源通常具有不可预知性、不连续性和不稳定性这一事实[4]，则每一个 ESS 都需要 ESC。然而事实证明，如果可以用特定的方式对环境能源进行建模，并且移动设备的平均功耗低于能量收集设备的平均输出功率，则使用标准尺寸的 ESC 可以使得移动设备一直运行[5]，这就是所谓的永久操作[5]。典型的 ESC 是可充电电池和双层电容器（DLC）。为了保持设备的移动性，应限制移动设备的尺寸和重量。因此，ESC 的尺寸和重量也应受到限制且其容量的高效利用也是非常重要的。

为了延长移动设备的运行时间或者达到永久操作的效果，精心设计一款高效节能的 ESU 是很有必要的。ESU 的设计取决于能量收集设备和设备本身的电力需求。通过使用一个 ESS 的层模型支持 ESU 的设计。引入 Hörmann 等人[6]介绍的模型，利用电池和能量收集技术对 ESU 进行描述。该模型包含 5 个不同的层：设备层、测量层、功率控制调节层、存储访问层和能量存储层。每一层由一个或多个元件构成，这些元件用于完成其所必需的功能。通过调整层与层之间以及每一层的元件进而优化 ESU 的整体效率。

表 2.1 显示了 6 种不同类型的 ESC 用于为移动设备供电。启动电压和终端电压之间的差是 ESC 的工作范围[7-9]。从文献［7］中可以获得 DLC 值。

表 2.1　6 种不同类型的 ESC 以及为移动设备供电的特征值

电池类型	启动电压/V	终端电压/V	平均放电电压/V	再充电	能量密度/(Wh/kg)	耐过充电能力
碱性	1.50	0.7	≈1.20	否	≈145	—
NiMH	1.38	0.8	≈1.25	是	≈75	低
NiCd	1.48	0.8	≈1.26	是	≈35	中等
锂	4.10	2.5	≈3.76	是	100～158	非常低
LiPo	4.10	2.8	≈3.80	是	136～190	非常低
DLC[7]	2.70	0.0	≈1.35	是	达到 5	非常低

来源：D. Linden and T. B. Reddy. 2002. Handbook of batteries, 3rd ed. New York：McGraw – Hill；C. Kompisand S. Kompisand S. Aliwell. 2008. Energy harvesting technologies to enable remote and wireless sensing. Online at：http：//host. quid5. net/ koumpis/pubs /pdf/ energyharvesting08. pdf. 授权转载。

大多数移动设备由一个或多个电子元件构成，其中包括数字互补型金属氧化物半导体（CMOS）电路。这种类型的电路具有静态和动态功率损耗[10]。静态功率损耗由漏电和偏置电流引起。功率损耗超过 1 mW 的大多数系统是可以被忽略的。动态功率损耗的计算如下：

$$P_{\text{Dynamic}} = C f V_{\text{Supply}}^2 \tag{2.1}$$

假设单栅 CMOS 电路的容量可以合并成一个常见的电容 C。从式（2.1）中可以看出，动态功率损耗与时钟频率 f 和电源电压 V_{Supply} 的二次方成线性关系。因此，如果移动设备的电源电压尽可能地减少至最小的电源电压，则可以节约能量。这是动态电压调节（DVS）的主要思想[11-14]。DVS 根据处理器的时钟频率调节电压。时钟频率取决于当前处理器的当前工作负载。因此，在工作负载较低时处理器的整体功耗得到显著降低。在 Powell、Barth 和 Lach[15] 的文献中，他们已经实施了一个 MSP430 微控制器平台，该平台能够调节 MSP430 的时钟频率和电源电压以适应其工作负载。但是他们却没有考虑 MSP430 的漏电流以及它的低功率状态（休眠状态）。

为了节约能量可以彻底地关闭未使用的硬件组件。移动设备的控制器负责切换组件的电源，例如传感器、通信模块和显示器。这里已经描述了 Hörmann 等人[16] 的这种想法。

CADVS 引起组件中有源电压的切换和电源电压的最小化。这里已经介绍了 Hörmann 等人[17] 的这种低功率想法。

本章的其余部分安排如下：2.3 节介绍层模型并且对每一层进行详细描述；2.4 节给出了移动设备高效节能的原理，同时描述了 3 种不同的电压转换技术以及 CADVS；2.5 节讨论了移动设备的软件效果；2.6 节引入一种场景，用于评估 CADVS 并给出其测量结果；最后，2.7 节总结本章的内容。

2.3 ESS 的层模型

本节介绍了层模型并详细描述了 5 层模型的每一层。该模型的一般结构如图 2.1 所示。

每一层提供一种特殊的功能并与相邻层之间进行交互，这里的交互意味着潮流。潮流的两个可能的方向是从外层流向内层，反之亦然。第一个方向代表输入潮流入能量收集设备提供的 ESS。第二个方向表示 ESS 的输出功率为移动设备供电。层模型的基本思想是封装所必需的特殊功能并通过层模型提供安全的潮流。这些封装的功能构成模型的每一层。功能举例是测量、切换或者转换潮流。

输入级由输入测量值、电源开关、最大功率点跟踪器（MPPT）和充电元件组成。这一级的功能是对能量收集设备提供的功率进行测量和控制，以及 ESC 的优化和安全充电。输出级包括放电元件、电压转换器、电源开关以及输出测量。其中，ESC 的安全放电、输出电压转换为恒定电平以及输出功率的控制和测量是这一级的功能。

从控制器到一些元件的虚线箭头表示所使用控制器的可控性，通过层模型来影响潮流，因此系统的效率得以提高。例如，能量收集设备的操作点可以通过改变 MPPT 的工作点进行调整。从一些元件到控制器的破折号虚线箭头代表与潮流或 ESC 的 SOC 有关的测量信息流。测量元件测量流经它们的输入和输出功率。ESC 的 SOC 由控制器进行测量。这些控制和测量信息的线条通常是不必要的。

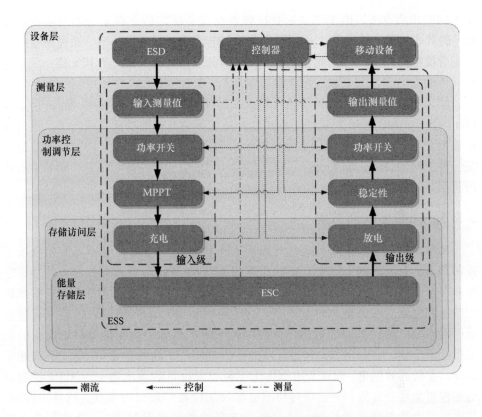

图 2.1　能量收集系统的层模型

应该注意 ESS 的两种特殊情况。第一，如果控制器无法控制任何元件，则 ESS 的行为不能发生改变，因此它是一个固定的 ESS。然而为了系统能够准确运行，必须精心地设计系统。第二，如果没有测量信息提供给控制器，则无法确定 ESS 的当前状态。此时它是一个盲目的 ESS。

如上所述，每一层都有自己的功能。下面将详细地描述 5 层模型。

2.3.1　设备层

设备层是模型的外层。它包含能量收集设备和移动设备。这一层负责输入功率的收集和输出功率的消耗。因为控制器既可以是移动设备的一部分，也是 ESS 的一部分，所以将控制器放置于 ESS 的边界。

2.3.2　测量层

测量层的任务是测量 ESS 的输入和输出功率。ESS 将此信息转发至控制器，利用它预测能量收集设备未来的输入功率。Bergonzini、Brunelli 和 Benini[18]描述了不同的预测方法。由于测量层直接放置在设备层之后，在运行期间可以确定ESS的效率。通常情况下，通过测量电压和电流就可以确定功率。通过测量一个小型分流电阻的电压降来测量电流，因此所测量的元件一般是有损元件，例如这种元件的输出功率低于输入元件的功率。

如果省略测量层，则只能估计输入和输出功率。虽然Dunkels等人[19]以及Glatz、Steger和Weiss[20]描述了利用软件估计移动设备的功耗是可行的，通过利用输出功率的估计值和ESC所测量的SOC变量可以估计出输入功率。但是这只是一种粗略的估计，如果仍有必要得出输入和输出功率的详细信息，则不能取代测量层。

2.3.3 功率控制调节层

功率控制调节层主要负责优化流经ESS的功率。电源开关和转换元件用于控制潮流。在简单的ESS中，电源开关对ESC的SOC进行有源控制。此外，它可以完全关闭能量收集设备或者移动设备。输出级的转换元件为移动设备提供恒定的电源电压。在更复杂的ESS中，这一层可以绕过ESS将输入级功率直接传输至输出级以减轻ESS的负担，从而延长ESS的寿命。为了使得移动设备的功率损耗最小化，在输出级，转换元件的输出电压应不断发生变化。2.4节描述了移动设备的高效供电。MPPT用于优化能量收集设备的输出功率。MPPT控制具有两种可能性：首先，它能通过检测能量收集设备的最大功率点进行自主控制；其次，它由控制器进行控制。这种解决方案的优点在于MPPT元件的复杂度降低，但控制器必须持续地跟踪输入功率并对MPPT进行调整是该方案的一大缺点。

2.3.4 存储访问层

存储访问层的任务是监督并管理ESC的充电和放电。因为某些类型的ESC对过电压、欠电压、过高电流很敏感，因此该层是必要的。充电元件的过量充电保护可以防止对ESC的破坏。过量充电保护的重要性取决于ESC的类型，见表2.1。一些类型的ESC需要深度放电保护是因为它们对低电压敏感，例如锂电池和LiPo电池。这已经在放电元件中实现。为了防止破坏ESC，对充电和放电电流进行限制也是非常重要的。这些电流值可能取决于环境的温度。此外，应调整控制线以适应所允许的最大充电和放电电流值。

2.3.5 能量存储层

能量存储层属于模型的最里层，这一层包括ESC并负责能量的存储。正如前面在简介中提到的，这种能量缓冲器是必需的，以平衡能量收集设备中过低的输入功率。在复杂的 ESS 中，不同类型的 ESC 可以用来缓冲能量。普罗米修斯模块[21]是这样一个系统的例子。它使用一个 DLC 和 LiPo 电池缓冲能量。其主要的缓冲器是 DLC。鉴于它的能量存储能力较低，它只能缓冲较短时间内的能量。二级缓冲设备是 LiPo 电池。如果主缓冲器的 SOC 过低，只能依靠 LiPo 电池放电。这种结构的优点是减少了 LiPo 电池的充－放电循环的次数。因此，ESS 的寿命得以提高。

2.4 移动设备能源的高效供应

鉴于移动设备的可用能量有限这一事实，移动设备的能源高效供应则显得至关重要。为了降低整体的能量损耗，2.4.1 节阐述了不同的电压转换技术，这些技术是不可或缺的；2.4.2 节详细地描述了 CADVS。

2.4.1 电压转换技术

本节主要介绍 ESS 输出级的调节元件。正如概述中所提到的，大多数的移动设备在运行期间需要一个恒定的电源电压。为了提高供电效率，这个电压应尽可能低。ESC 终端电压的变化和移动设备的电源电压要求导致对电压转换元件的需要。下面将描述通常的 3 种不同可能性。

2.4.1.1 线性稳压器

线性稳压器通过调节内部电阻提供恒定的输出电压，因此电池和供电设备之间的电压差是稳压器的电压降［见式（2.2）］。低压差（LDO）稳压器是一种特殊类型的线性稳压器，它能够以非常低的电压差运行。

$$V_{\text{Battery}} = V_{\text{LDO}} + V_{\text{Device}} \qquad (2.2)$$

稳压器的平均输入电流等于供电设备的平均输入电流［见式（2.3）］。在这里不考虑静态电流和漏电流。

$$I_{\text{LDO}} = I_{\text{Device}} \qquad (2.3)$$

利用式（2.1）可以计算出整个系统（移动设备和稳压器）的功率损耗，如式（2.4）所示：

$$P(V_{\text{Device}}) = I_{\text{Device}}(V_{\text{Device}}) V_{\text{Battery}} = Cf V_{\text{Device}} V_{\text{Battery}} \qquad (2.4)$$

由此可以看出，设备的电源电压V_{Device}与系统的总功耗成线性关系。

2.4.1.2 降压型电压转换器

降压型电压转换器也称为降压变换器，即使用内部开关元件转换电压电平。电容器或电感器与这些开关元件进行组合是很必要的。通过改变降压转换器的这些定时开关以提供恒定的输出电压（脉冲宽度调制）。在这个转换器上的电压降是电池的端电压和供电设备之间的电压差［见式（2.5）］。

$$V_{\text{Battery}} = V_{\text{Buck}} + V_{\text{Device}} \tag{2.5}$$

转换器的平均输入电流不等于其平均输出电流，因此也不等于供电设备的平均输入电流［见式（2.6）］。

$$I_{\text{Buck, Input}} \neq I_{\text{Buck, Output}} \neq I_{\text{Device}} \tag{2.6}$$

理想情况下，降压转换器的输入功率与输出功率相等。利用式（2.1）计算整个系统（移动设备和电压转换器）的功耗，如式（2.7）所示。在这里不考虑静态电流、漏电流和转换效率。

$$P_{\text{Buck, Input}}(V_{\text{Device}}) = P_{\text{Buck, Output}}(V_{\text{Device}}) = Cf V_{\text{Device}}^2 \tag{2.7}$$

由式（2.7）可以看出，系统的总功耗与设备的电源电压的二次方成线性关系。

2.4.1.3　升压型电压转换器

升压型电压转换器也称为升压转换器，能够产生高于输入电压的输出电压。它们也使用内部开关元件与电容器或电感的组来转换电压电平。定时开关设置升压转换器的输出电压（脉冲宽度调制）。同样的考虑对降压转换器也有效。因此，设备的电源电压V_{Device}与系统总功耗成平方关系。

2.4.2　多重电源电压

移动设备的硬件由许多不同的组件构成，每个硬件组件都有自己的电源电压范围。通常情况下，组件的电源电压范围重叠并且可以找到一个可为所有组件供电的公共电压，然而有时候单个组件的电压范围并没有与其他组件重叠。多重电压是为硬件供电的一种解决方案。该方案的缺点是硬件的复杂度不断增加，每个电压电平需要自己的电压转换器。此外为了不同电源电压的组件之间能够通信，需要一个电压电平移位器电路。然而，在某些情况下，这是唯一可能的解决方案。例如，如果微处理器的最大电源电压低于传感器的最小电源电压，则应该由微处理器进行访问。在其他情况下，CADVS用于避免这样的多重电源电压，例如如果两个传感器的两种电源电压范围无法重叠，但是当微处理器想要读取传感器信息时，这两种传感器的电源电压范围与微处理器的电源电压范围重叠。

2.4.3　感知组件型动态电压调节

移动设备的硬件组件（如温度传感器、收发器模块）通常由应用程序访问以实现特定的功能，例如感知温度。一般地，这些应用程序随着时间的推移访问不同的硬件组件，因此这些有源的硬件组件随着时间的变化而变化。CADVS根据这些有源的硬件组件不断地改变移动设备的电源电压，关闭未使用的组件并且尽可能地降低电源电压。这使得设备总功耗以两种方式减少。首先，关闭不用的组件可以消除其余休眠的组件对备用电源的损耗。只保留开关组件的非常小的静态功率，通常远低于组件的休眠或待机功率。其次，根据式（2.1），电源电压的动态最小化使得硬件组件的功率损耗降低。

有源组件的信息存储在列表 L 中，该表取决于运行在移动设备上的软件而且它随着时间的变化而变化。每个硬件组件都有自己的电源电压范围，在这个范围内，组件具有完整的功能。每个有源的硬件组件其可能的最小电源电压（LPSV）存储在列表 L_{LPSV} 中。使用 CASVS 测量的移动设备所有组件的电源电压基本上都相同。正如前面提到的，电源电压应尽可能地小以便节省尽可能多的能量。因此，使用下式可以确定移动设备的最小电源电压：

$$V_{Device} = \max \left(L_{LPSV} \right) \tag{2.8}$$

有源硬件随时间的变化而变化，因此列表 L_{LPSV} 和移动设备的电源电压 V_{Device} 也随着时间的变化而不同。

2.5　移动设备的软件影响

本节讨论了层模型和移动设备上软件 CADVS 的影响。移动设备的软件复杂度的增加速度越来越快。因此，新功能的智能化集成对于保持尽可能高的软件质量是必不可少的。

运行在移动设备或无线传感器网络（WSN）节点上的应用程序通常并不关注能量收集系统具体硬件的细节，它只想获得 SOC 的信息或输入功率。因此具体的硬件细节应抽象成操作系统的设备驱动，该应用程序能够很容易地访问所需的信息。此外，根据当前所访问的硬件组件，操作系统应自动应用 CADVS。

2.5.1　层模型的影响

ESS 的集成主要取决于它的复杂度。例如，盲目的 ESS 和固定的 ESS 都不提供输出测量值并且不受控制。将这样的系统与软件集成是非常容易的，因此没有必要进行集成。

从根本上说，将 ESS 相关的软件封装成一个独立的软件模块是有效的。ESS 软件通过良好定制的接口完成对更高软件层的访问，这样就保证了高度的灵活性。

一旦软件能够控制 ESC 的充电和放电，则该软件的开发必须受到高度重视。软件故障会导致对 ESC 的破坏。

ESS 的物理量测量一般不会产生有害影响。最重要的信息是 ESC 的 SOC。它可以有效地预测剩余的运行时间，通过推算 SOC 历史信息进行预测。因此大多数 ESS 为移动设备提供这种信息。输入和输出功率的测量用于提高预测的准确度。对于移动设备的用户和 WSN 的管理人员而言，这样的预测显得至关重要。在电池供电设备中，电池应在电量用完之前更换或者再充电。在能量收集设备中，如果有某种东西妨碍能量收集过程，则应及早检查。

2.5.2　CADVS 的影响

因为只有软件才了解需要哪种硬件组件，因此 CADVS 需集成到移动设备的软件中。CADVS 的功能基本上都隐藏于应用软件上。当 CADVS 访问具体的硬件组件时，移动设备的操作系统应自动控制电源。将 CADVS 集成到移动设备的软件和硬件的示意图如图 2.2 所示。

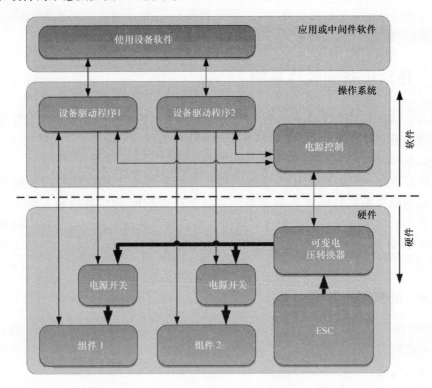

图 2.2　CADVS 集成为软件和硬件。粗线表示潮流，细线表示信息流

应用软件或中间件通过操作系统的接口访问设备（例如传感器）。设备驱动程序负责通知电源控制器所需的硬件组件或设备的电源电压。电源控制器将电源电压设置为最小值，此后设备驱动程序打开组件的电源，然后应用软件经设备驱动程序与组件进行通信。在组件完成功能后，关闭其电源和电源控制器是明智之举。

2.6　CADVS 举例

本节阐述了如何将 CADVS 应用到无线传感器节点。无线传感器网络（WSN）用于没有有线的基础设施的应用领域。精准农业[22,23]、野生动物监测[24,25]、人类医疗[26]和结构化健康监护[27]只是 WSN 应用的几个例子。由于缺少有线的基础设施，每个传感器节点需要自己的电源。ESS 可以延长无线传感器节点的运行时间或者使得无线传感器节点能够持续运行。本节描述了使用 CAD-VS 为 WSN 节点高效供电：2.6.1 节介绍场景；2.6.2 节说明了测量装置；2.6.3 节呈现并讨论了测量结果。这个 CADVS 例子的结果也适用于其他类型的移动设备。

2.6.1　场景

保持无线传感器节点的任务很简单以便获得有意义的结果。它需测量温度并且通过网络发送该温度信息，因此传感器节点包括温度传感器、微控制器和无线收发模块。表 2.2 列出了硬件组件和其电源电压的范围。

表 2.2　硬件组件和它们的电源电压范围

硬件组件	名称	制造商	电源电压范围/V
微控制器	MPSP430F1611[28]	德州仪器公司	1.8 ~ 3.6
温度传感器	TMP05B[29]	模拟器件公司	3.3
收发模块	MRF24J40MB[30]	微芯片公司	2.4 ~ 3.6

温度传感器的电源电压范围必须控制在 3.135 ~ 3.465V 以达到指定的精度[29]。为了尽可能地准确，测量阶段的电源电压设置为 3.3V。

为了将 CADVS 应用到传感器节点，温度传感器和收发模块的电源电压是可切换的，并且使用可变的电压转换器。微处理器的时钟频率设置为 4MHz，从而利用其完整的电压范围。传感器节点的结构如图 2.3 所示。

在这种场景中不需要连续地测量温度，因此在两个测量值之间的时间间隔内将传感器节点可以设置为休眠状态。测量间隔 T 包括 4 个不同的阶段：休眠阶段、测量阶段、计算阶段和通信阶段。表 2.3 列出了这些阶段、每一阶段期间的有源组件列表、最小电源电压列表以及所计算的电源电压。图 2.4 显示了间隔 T 的时间序列。只要有能量为传感器供电则间隔不断重复。

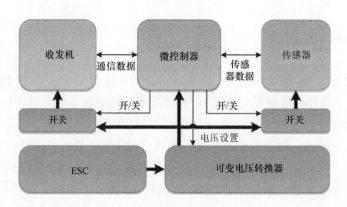

图 2.3 无线传感器节点的结构（引用自 Puccinelli 和 Haenggi 的文献 [31]）。
由组件的可切换电源电压和可变的电压转换器启动 CADVS

表 2.3 间隔 T 的 4 个阶段和有源的硬件组件

阶段	有源硬件组件 L	电源电压的最小值 V_{Device}/V	L_{LPSV}/V	持续时间（%）
休眠	［微控制器］	［1.8］	1.8	T 的 85%
测量	［微控制器，温度传感器］	［1.8，3.3］	3.3	T 的 5%
计算	［微控制器］	［1.8］	1.8	T 的 5%
通信	［微控制器，收发机］	［1.8，2.4］	2.4	T 的 5%

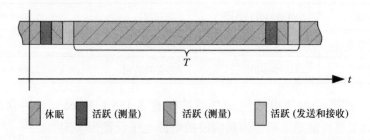

图 2.4 间隔 T 的时间序列

占空比是指活跃时间占全部间隔时间的比例。在这个场景中，测量阶段、计算阶段和通信阶段属于活跃时间。休眠阶段属于非活跃时间。因此，根据式 (2.9) 计算占空比如下：

$$占空比 = \frac{t_{\text{active}}}{T} = \frac{t_{\text{means}} + t_{\text{comp}} + t_{\text{comm}}}{t_{\text{means}} + t_{\text{comp}} + t_{\text{comm}} + t_{\text{sleep}}} \quad (2.9)$$

5 种不同的电压转换电路实现了对引入的无线传感器节点的评估。假设电池的终端电压高于传感器节点的最大电源电压，因此只能评估线性稳压器和降压转换器。图 2.5 显示了这些电路的电路图。

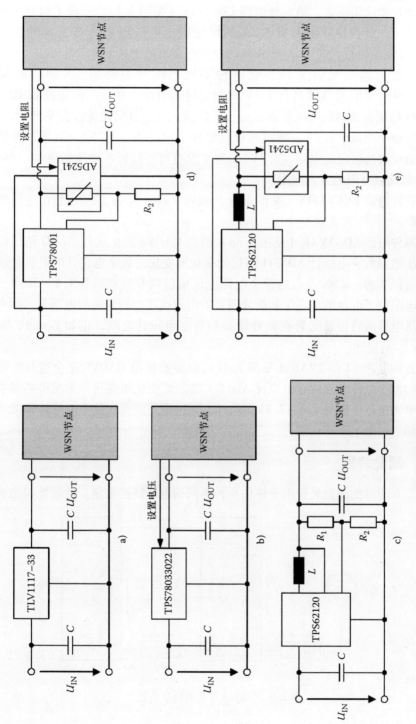

图 2.5 5 种不同的电压转换器电路以评估为 WSN 节点供电的 CADVS

对于这个应用而言，第一种电路 LDO1FIX（见图 2.5a）实现了对电压转换器进行表征。线性稳压器具有 3.3V 的恒定输出电压和 5mA 非常高的静态电流[32]。在完全运行模式下，MSP430 的电源电流略低于这个静态电流。

第二种电路（见图 2.5b）在两种不同的配置中使用。在第一种配置 LDO2FIX 中，LDO 稳压器具有 3.3V 的恒定输出电压。在第二种配置 LDP2VAR 中，LDO 稳压器的输出电压在 2.2 ~ 3.3V 切换。如果移动设备或者 WSN 节点的电源电压最小值低于 2.2V，则将其设置成较小的电压（2.2V）。否则，电源电压最小值设置为较高的电压（3.3V）。鉴于没有可行的较小电压措施这一事实，CADVS 只能以有限的方式应用。

第三种电路 BUCK1FIX（见图 2.5c）实现了具有 3.3V 的恒定输出电压的降压转换器。

第四种电路 LDO3VAR（见图 2.5d）使得 CADVS 完全运行。LDO 稳压器的输出电压随着数字电位计 AD5241 阻抗的变化而变化，数字电位计的阻抗是通过模拟设备调节的。WSN 节点的整个电源电压可以调节的范围是 1.8 ~ 3.3V。为了调节电阻处于电池的端电压和微处理器的电源电压之间较高的电压差，则有必要将电压电平的转换器部署在微处理器和数字电位计之间，正如 Powell、Barth 和 Lach[15] 所描述。

第五种电路 BUCK2VAR（见图 2.5e）也能够使得 CADVS 完全运行。降压转换器的输出电压随着数字电位计 AD5241 的阻抗变化而变化。无线传感器节点的整个电源电压范围是 1.8 ~ 3.3V。此外，这种电路需要在数字电位计和微处理器之间部署一个电平移位器。

2.6.2 测量装置

图 2.6 所示的测量装置用于评估 6 种不同的电压转换电路。此装置与之前表

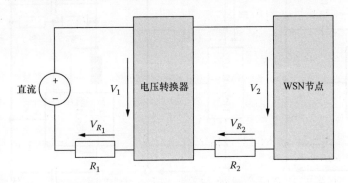

图 2.6　CADVS 评估的测量装置

征 ESS 的测量装置类似，关于 ESS 的内容详见 Glatz 等人[33] 的文献。美国国家仪器（National Instruments）公司的测量设备 NI PXI – 6221 DAQ 用于电压的采样。

两个并联电阻的阻值是 4Ω。电压转换器和 WSN 节点的输入功率可以用下式进行计算：

$$P_{\text{conv,input}} = V_1 \frac{V_{R_1}}{R_1} P_{\text{node,input}} = V_1 \frac{V_{R_2}}{R_2} \tag{2.10}$$

这个装置的缺点是无法测量休眠电流毕竟它太小。因此，使用精准的万用表 Fluke 289 测量直流电流，其分辨率为 0.01μA，精度为 0.075% + 20。

2.6.3 测量结果

本节介绍并讨论了所评估硬件的测量结果。为了表征可能的节能，通过使用 CADVS 已经完成了 3 种不同的测量：在没有电压转换器的条件下 WSN 节点输入电流和功率的测量、转换器输出电压的测量以及依赖于设备占空比的节能的测量。在这个场景中，WSN 节点的占空比通过改变休眠阶段的持续时间进行调整。

2.6.3.1 直流电源

第一种测量表明，在没有电压转换器的情况下 WSN 节点其输入电流和功率取决于输入的电压。输入电压在 1.8 ~ 3.6V 变化。在时间间隔的每一个阶段完成这个测量。

图 2.7a) ~ d) 分别显示了休眠阶段、测量阶段、计算阶段和通信阶段的电流和功率损耗。测量阶段、计算阶段和通信阶段的曲线显示了在允许的范围内电源电流与电源电压成线性比例关系。因此式（2.1）的假设在这些情况下也是有效的。休眠阶段的电流与电源电压范围成非线性依赖关系。然而这种情况是由于其他因素如漏电流和 WSN 节点非常低的电源电流造成的。

此外，这种测量说明了电源电流具有较高的动态范围。它的范围是 1μA ~ 30mA。应仔细选择电压转换器以便其在整个范围内得到高效利用。

2.6.3.2 转换器的输出电压

第二种测量给出了 6 种不同转换器电路的输出电压。图 2.8a ~ d 分别显示了休眠阶段、测量阶段、计算阶段和通信阶段转换器的输出电压。

从图 2.8 中可以看出，LDO1FIX 稳压器运行时需要一个较高的电压，该电压是输入电压和输出电压的差，值大约是 0.9V。由于它的静态电流过高，因此不建议采用这种测量方法，而且在之后的结果中也不予考虑。

LDO2VAR 转换器有两个可能的输出电压：2.2V 和 3.3V。在休眠阶段和计算阶段允许较低的电压。而在其他阶段，输出电压设置为 3.3V。

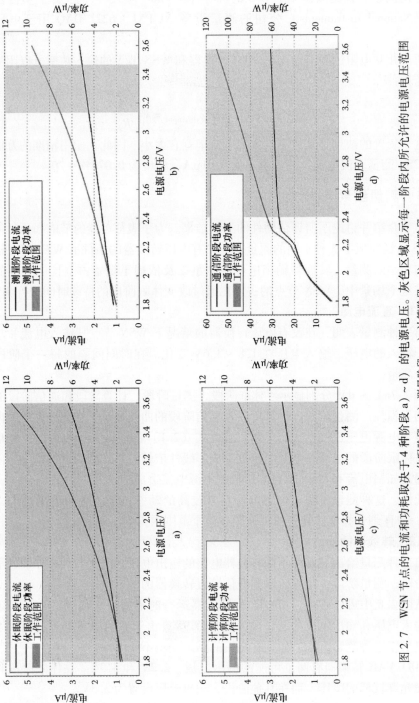

图 2.7 WSN 节点的电流和功耗取决于 4 种阶段 a) ~ d) 的电源电压。灰色区域显示每一阶段内所允许的电源电压范围
a) 休眠阶段 b) 测量阶段 c) 计算阶段 d) 通信阶段

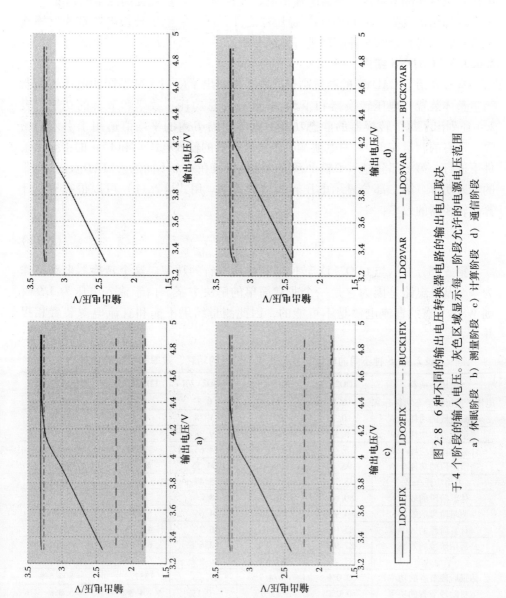

图 2.8 6 种不同的输出电压转换器电路的输出电压取决
于 4 个阶段的输入电压。灰色区域显示每一阶段允许的电源电压范围
a) 休眠阶段 b) 测量阶段 c) 计算阶段 d) 通信阶段

LDO3VAR 转换器和 BUCK2VAR 转换器可以设定这个场景所需的 3 种不同的电源电压：1.8V、2.4V 和 3.3V。这两个转换器的输出电压总是处于最小的电源电压。只有在测量阶段转换器的输出电压设置为 3.3V 以此提高测量的精度。

这种测量表明除了 LDO1FIX 稳压器之外，所有的电压转换电路都能发挥其正常功能。对其余的 5 种电路进行详细分析。

2.6.3.3 CADVS 结果

本节介绍了 CADVS 的测量结果。表 2.4 列出了使用 5 种不同的电压转换器测量整体装置（电压转换器和 WSN 节点）的总功耗、效率和节省的功率。表 2.4 还列出了每个转换器的静态功耗。这些间隔 T 内的平均值适用于引入的场景。所有的测量在 3.9V 的电池端电压（转换器的输入电压）和 15% 的占空比条件下进行。第一部分显示了整个系统的功耗以及在 4 个不同的阶段的电压转换器的输入功率。第二部分显示电压转换器的效率。用式（2.11）可以很容易地计算出转换器的效率：

$$\eta_{\text{Converter}} = \frac{P_{\text{Output, Converter}}}{P_{\text{Input, Converter}}} \qquad (2.11)$$

第三部分显示与 LDO2FIX 转换器相比所节省的功率。这个转换器电路被作为一个基准电路是因为它是一个非常简单的解决方案。由于输入电压为 3.9V，则 WSN 节点的直流电源是不可能的，因此测量结果不能和直流电源装置相提并论。

表 2.4　5 种不同的电压转换器在 4 个阶段的功耗、效率和节省的功率

电压转换器	LDO2FIX	BUCK1FIX	LDO2VAR	LDO3VAR	BUCK2VAR
电压转换器的静态功耗/μW	0.5	73.2	0.8	45.7	93.9
休眠阶段的功耗/μW	10.73	83.13	5.38	49.07	97.38
测量阶段的功耗/mW	9.37	8.25	9.38	9.78	8.90
计算阶段的功耗/mW	8.44	7.42	4.65	3.59	1.63
通信阶段的功耗/mW	95.26	99.45	94.35	81.24	56.89
平均功耗/mW	5.71	5.87	5.47	4.83	3.50
休眠阶段的效率	80.6%	10.0%	48.7%	3.2%	1.7%
测量阶段的效率	84.9%	93.2%	84.6%	84.3%	91.9%
计算阶段的效率	85.0%	93.4%	56.7%	45.3%	103.3%
通信阶段的效率	87.9%	94.9%	88.6%	63.8%	91.6%
平均效率	87.4%	93.6%	86.9%	64.7%	89.8%
休眠阶段节省的功率	0.0%	−674.7%	49.8%	−357.3%	−807.5%
测量阶段节省的功率	0.0%	−12.0%	−0.1%	−4.3%	5.0%
计算阶段节省的功率	0.0%	12.1%	44.9%	57.5%	80.7%
通信阶段节省的功率	0.0%	4.4%	1.0%	14.7%	40.3%
节省的平均功率	0.0%	2.8%	4.1%	15.3%	38.7%

从表 2.4 中可以看出，5 种转换器电路的静态功耗完全不同。LDO2FIX 和

LDO2VAR 的静态功耗远远小于其他转换器的功耗。BUCK1FIX 和 BUCK2VAR 的静态功耗较高[17]。这是由于数字电位计和其电路的高静态功耗引起的。

休眠阶段总功耗范围为 5.38 ~ 97.38μW。在这个阶段，只对微控制器供电。WSN 节点的功耗在此阶段范围是 2 ~ 8.5μW，其中当输出电压为 1.8V 时，WSN 节点的功耗是 2μW；而当输出电压为 3.3V 时，WSN 节点的功耗是 8.5μW。该功耗远远低于总功耗的最大值。因此总功耗主要取决于使用电压转换器 BUCK1FIX、LDO3VAR 和 BUCK2VAR 获得的静态功耗。在转换器 BUCK2VAR 的休眠阶段，节省的功率值是 - 807.5%。

另外两个转换器（LDO2FIX 和 LDO2VAR）具有一个非常低的静态电流。这两个转换器之间的主要区别是输出电压。在休眠阶段，LDO2FIX 转换器的输出电压是 3.3V，而 LDO2VAR 转换器的输出电压是 2.2V。在此阶段，这个结果使得总功耗减半。

总之，电压转换器较高的静态功耗导致休眠阶段非常差的效率。在其他阶段，降压转换器具有最佳的性能。线性稳压器不能达到如此高的效率是因为使用内部电阻会降低输出电压。BUCK2VAR 转换器的 103.3% 效率实际上是不可能的，它会导致不准确的测量。为每个功率测量方法设置的测量装置其误差大约为 2%，这可以参考 Glatz 等人[33] 的文献。

如上所述，在休眠阶段，具有较低静态功耗的电压转换器其性能最佳（LDO2FIX 和 LDO2VAR）。在测量阶段，只有降压转换器能够节省功率（BUCK1FIX 和 BUCK2VAR）是因为基准电路也是一个线性稳压器，其输出电压为 3.3V。鉴于此阶段的 WSN 节点其电源电压应为 3.3V 这一事实，其他的两个线性稳压器无法节省任何功率（LDO2VAR 和 LDO3VAR）。在计算阶段，可变的线性稳压器（LDO2VAR 和 LDO3VAR）性能比 BUCK1FIX 转换器更优越，其原因是这两个线性稳压器的电源电压降低。由于电压降低且转换效率提高，则只有 BUCK2VAR 运行良好。在通信阶段，只有 LDO3VAR 和 BUCK2VAR 转换器节省了大量的功率是因为这两个转换器将 WSN 节点的电源电压降低至 2.4V。BUCK1FIX 的性能没有达到预期可能是由测量误差或者转换器在较高电流处的糟糕表现引起的。总之，与其他转换器相比，BUCK2VAR 转换器在引入场景的整个阶段性能表现最佳。

节省的总能量主要取决于时间和电压转换电路。因此，对间隔时间的分割决定了整个间隔内所节省能量的平均值。图 2.9 显示了节省的功率平均值与 WSN 节点占空比之间的关系。为了获得不同的占空比，则应不断改变休眠阶段的持续时间。从图 2.9 中可以看出，LDO2VAR 在较低的占空比时表现最好，而 BUCK2VAR 转换器在较高的占空比时性能最优。原因是 LDO2VAR 转换器的静态功率非常低，BUCK2VAR 与可调电源电压结合使得其转换效率较高。

LDO2VAR 节省的功率在不同的输入电压条件下几乎相同。然而 BUCK2VAR 所节省的功率随着输入电压的增加而不断增加。因此，两条曲线的交点从输入电压为 3.4V、占空比大约为 0.009 移动到输入电压为 4.9V、占空比为 0.006。由此可以看出占空比决定了转换器的性能。因此，通过 WSN 节点的预期占空比信息的要求来选择最佳性能的转换器。

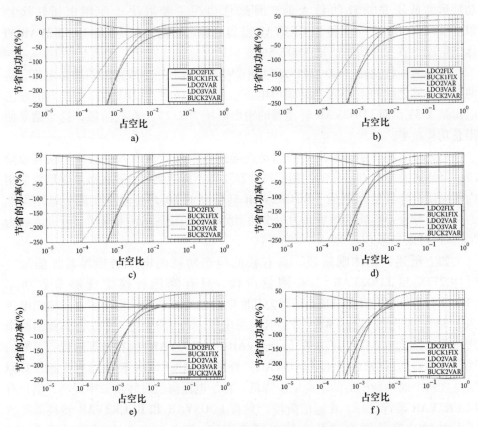

图 2.9 5 种不同的电压转换器节省的功率与 WSN 节点的
占空比之间的关系。对 6 种不同的输入电压的转换器进行评估

a) 输入电压 3.4V b) 输入电压 3.6V c) 输入电压 3.9V d) 输入电压 4.2V

e) 输入电压 4.5V f) 输入电压 4.9V

最佳的解决方案是将这两个转换器进行组合。通过使用 WSN 节点控制特殊的开关电路进行外部结合，也可以用一个芯片进行内部组合以此降低电源电路的复杂度。只有具有最佳节省功率的转换器在一个时间点上是活跃的。这将是 WSN 节点在高变量的占空比条件下最节能的解决方案。

这些结果也适用于所有其他使用 CADVS 和占空比变化较快的移动设备。

2.7　小结

本章介绍了一种用来描述 ESS 的层模型。它将硬件结构分为 5 个不同的层，每一层具有特定的功能。这些层必须彼此适配以优化整体效率。因此该模型有助于设计更高效的 ESS。本章的第 2 部分着重介绍了功率控制调节层。将 CADVS 应用到 WSN 节点中，与恒定电源电压相比，在引入的场景中 WSN 节点大约节省了 38.7% 的功率。该模型表明在使用不同的电压转换电路条件下 CADVS 的准确功能。这些转换电路的漏电流对节省的总功率产生严重的影响。因此，应用的占空比影响了最佳电压转换电路的选择。

参 考 文 献

[1] Min, R., M. Bhardwaj, S.-H. Cho, N. Ickes, E. Shih, A. Sinha, A. Wang, and A. Chandrakasan. 2002. Energy-centric enabling technologies for wireless sensor networks. *Wireless Communications, IEEE* 9 (4): 28–39.

[2] Rahimi, M., H. Shah, G. Sukhatme, J. Heideman, and D. Estrin. 2003. Studying the feasibility of energy harvesting in a mobile sensor network. Proceedings of the 2003 IEEE International Conference on Robotics and Automation (ICRA),Taiwan, May 12–17, Vol. 1, pp. 19–24.

[3] Raghunathan, V., A. Kansal, J. Hsu, J. Friedman, and M. Srivastava. 2005. Design considerations for solar energy harvesting wireless embedded systems. Proceedings of the 4th International Symposium on Information Processing in Sensor Networks. Washington, D.C.: IEEE Press, p. 64.

[4] Janek, A., C. Trummer, C. Steger, R. Weiss, J. Preishuber-Pfluegl, and M. Pistauer. 2008. Simulation based verification of energy storage architectures for higher class tags supported by energy harvesting devices. *Microprocessors and Microsystems* 32 (5-6): 330–339. Dependability and Testing of Modern Digital Systems.

[5] Kansal, A., D. Potter, and M. B. Srivastava. 2004. Performance aware tasking for environmentally powered sensor networks. In *SIGMETRICS '04/Performance '04*: Proceedings of the Joint International Conference on Measurement and Modeling of Computer Systems. New York: ACM, pp. 223–234.

[6] Hörmann, L. B., P. M. Glatz, C. Steger, and R. Weiss. 2011. Designing of efficient energy harvesting systems for autonomous WSNs using a tier model. IEEE 18th International Conference on Telecommunications (ICT), May 8–11, pp. 185–190.

[7] Maxwell Technologies. Bcap0310 p270 t10–datasheet–bc power series radial d cell 310f ultracapacitor. Online at: http://www.maxwell.com/docs/DATASHEET_DCELL_POWER 1014625.PDF (accessed February 2011).

[8] Linden, D., and T. B. Reddy. 2002. *Handbook of batteries*, 3rd ed. New York: McGraw-Hill.

[9] Kompis, C. and S. Aliwell. 2008. Energy harvesting technologies to enable remote and wireless sensing. Online at: http://host.quid5.net/ koumpis/pubs/pdf/energyharvesting08.pdf (accessed June 2008).

[10] Pouwelse, J., K. Langendoen, and H. Sips 2001. Dynamic voltage scaling on a low-

power microprocessor. Proceedings of the 7th Annual International Conference on Mobile Computing and Networking, ser. MobiCom '01. New York: ACM, pp. 251–259.

[11] Burd, T. D., and R. W. Brodersen. 2000. Design issues for dynamic voltage scaling. Proceedings of the 2000 International Symposium on Low Power Electronics and Design, ser. ISLPED '00. New York: ACM, pp. 9–14.

[12] Simunic, T., L. Benini, A. Acquaviva, P. Glynn, and G. De Micheli. 2001. Dynamic voltage scaling and power management for portable systems. Proceedings of the 38th Annual Design Automation Conference, ser. DAC '01. New York: ACM, pp. 524–529.

[13] Pouwelse, J., K. Langendoen, and H. Sips. 2001. Dynamic voltage scaling on a low-power microprocessor. Proceedings of the 7th Annual International Conference on Mobile Computing and Networking, ser. MobiCom '01. New York: ACM, pp. 251–259.

[14] Sinha, A., and A. Chandrakasan. 2001. Dynamic power management in wireless sensor networks. *Design Test of Computers, IEEE* 18 (2): 62–74.

[15] Powell, H. C., A. T. Barth, and J. Lach. 2009. Dynamic voltage-frequency scaling in body area sensor networks using cots components. Proceedings of the Fourth International Conference on Body Area Networks, ser. BodyNets '09. Brussels: ICST (Institute for Computer Sciences, Social-Informatics and Telecommunications Engineering), pp. 15:1–15:8.

[16] Hörmann, L. B., P. M. Glatz, C. Steger, and R. Weiss. 2010. A wireless sensor node for river monitoring using MSP430 and energy harvesting. Proceedings of the European DSP in Education and Research Conference. Dallas: Texas Instruments, pp. 140–144.

[17] Hörmann, L. B., P. M. Glatz, C. Steger, and R. Weiss. 2011. Energy efficient supply of WSN nodes using component-aware dynamic voltage scaling. In 17th European Wireless Conference (EW), Vienna, Austria, April 27–29, pp. 147–154.

[18] Bergonzini, C., D. Brunelli, and L. Benini. 2009. Algorithms for harvested energy prediction in batteryless wireless sensor networks. Proceedings of the 3rd IEEE International Workshop on Advances in Sensors and Interfaces, Bari, Italy, June 25–26, pp. 144–149.

[19] Dunkels, A., F. Osterlind, N. Tsiftes, and Z. He. 2007. Software-based on-line energy estimation for sensor nodes. EmNets '07: Proceedings of the 4th Workshop on Embedded Networked Sensors. New York: ACM, pp. 28–32.

[20] Glatz, P. M., C. Steger, and R. Weiss. 2010. Tospie2: Tiny operating system plug-in for energy estimation. IPSN '10: Proceedings of the 9th ACM/IEEE International Conference on Information Processing in Sensor Networks. New York: ACM, pp. 410–411.

[21] Jiang, X., J. Polastre, and D. Culler. 2005. Perpetual environmentally powered sensor networks. Proceedings of the Fourth International Symposium on Information Processing in Sensor Networks, Los Angeles, April 25–27, pp. 463–468.

[22] Langendoen, K., A. Baggio, and O. Visser. 2006. Murphy loves potatoes: Experiences from a pilot sensor network deployment in precision agriculture. Proceedings of the 20th International Symposium on Parallel and Distributed Processing (IPDPS), Rhodes Island, Greece, April 25–29, p. 8.

[23] Watthanawisuth, N., A. Tuantranont, and T. Kerdcharoen. 2009. Microclimate real-time monitoring based on zigbee sensor network. *Sensors, IEEE*, October: pp. 1814–1818.

[24] Juang, P., H. Oki, Y. Wang, M. Martonosi, L. S. Peh, and D. Rubenstein. 2002. Energy-efficient computing for wildlife tracking: design tradeoffs and early experiences with zebranet. Proceedings of the 10th International Conference on Architectural Support for Programming Languages and Operating Systems (ASPLOS-X). New York: ACM, pp. 96–107.

[25] Lindgren, A., C. Mascolo, M. Lonergan, and B. McConnell. 2008. Seal-2-seal: A delay-tolerant protocol for contact logging in wildlife monitoring sensor networks. Proceedings of the 5th IEEE International Conference on Mobile Ad Hoc and Sensor Systems, Atlanta, GA, Sept. 29–Oct. 2, pp. 321–327.

[26] Lorincz, K., B.-R. Chen, G. W. Challen, A. R. Chowdhury, S. Patel, P. Bonato, and M. Welsh. 2009. Mercury: A wearable sensor network platform for high-fidelity motion analysis. Proceedings of the 7th ACM Conference on Embedded Networked Sensor Systems (SenSys 2009). New York: ACM, pp. 183–196.

[27] Xu, N., S. Rangwala, K. K. Chintalapudi, D. Ganesan, A. Broad, R. Govindan, and D. Estrin. 2004. A wireless sensor network for structural monitoring. Proceedings of the 2nd International Conference on Embedded Networked Sensor Systems. New York: ACM, pp. 13–24.

[28] Texas Instruments. 2009. Msp430f15x, msp430f16x, msp430f161x mixed signal microcontroller. Online at: www.focus-ti.com, SLAS368F

[29] Analog Devices. 2006. ±0.5°C accurate PWM temperature sensor in 5-lead sc-70. Online at: www.analog.com, D03340 Rev.B

[30] Microchip. Mrf24j40mb data sheet–2.4 ghz ieee std. 802.15.4 20 dbm rf transceiver module. Online at: www.microchip.com, DS70599B

[31] Puccinelli, D., and M. Haenggi. 2005. Wireless sensor networks: Applications and challenges of ubiquitous sensing. *Circuits and Systems Magazine*, IEEE 5 (3): 19–31.

[32] Texas Instruments. 2004. Tlv1117–Adjustable and fixed low dropout voltage regulator. Online at: www.focus-ti.com, SLVS561J

[33] Glatz, P. M., L. B. Hörmann, C. Steger, and R. Weiss. 2010. A system for accurate characterization of wireless sensor networks with power states and energy harvesting system efficiency. Proceedings of the 8th IEEE International Conference on Pervasive Computing and Communications Workshops (PERCOM), March 29–April 2, pp. 468–473.

第3章 便携式无线设备上软件应用的能耗

Rajesh Palit、Ajit Singh 和 Kshirasagar Naik

3.1 简介

研究人员致力于探索不同的体系结构、硬件、软件和系统级优化技术以便高效地利用便携式无线设备的有限电池能源。在设备的电池耗尽之前能够最大限度地提高设备运行的工作量是其根本目的。这不是简单地延长在电池电量耗尽之前设备保持活跃状态的时间，而是尽量使得设备的工作量最大化以解决电池寿命的延长受到系统性能约束的问题。从底层的硬件到顶层的应用设计，以及在通信协议和操作系统之间，在不同级别的设计方法中已经提出了许多种能量管理策略。在本章，将讨论与便携式无线设备能量管理策略有关的问题，并介绍一些过去的研究工作，然后描述一个模型来估计在便携式无线设备上运行的应用程序其能量消耗。

3.2 便携式无线设备

随着无线通信技术和硬件小型化技术的快速发展，即使是很小的便携式无线设备也具有大量的通信带宽和较强的计算能力。这些设备包括手机、个人数字助理（PDA）和其他手持设备。最新型智能手机的典型组件如图 3.1 所示。它们具有低功耗的精简指令集计算机（RISC）微处理器，高于 100MB 的有限的 RAM以及千兆比特范围的可插入式闪存。电源电压通常是配备一个 3.7V 锂电子的电池，电量范围是 800 ~1500mAh。它们还包括 1/2 大小的视频图形阵列（VGA）或者 1/4 大小的 VGA 彩色显示屏，有的还带有触摸屏。一些智能手机也配置了摄像头、全球定位系统（GPS）接收器和其他先进的硬件模块。

可用于手机上的操作系统（OS）只有几种。如图 3.2 所示，根据 2010 年第 4 季度的市场数据，谷歌的安卓操作系统拥有 33% 的市场份额，市场上有 31%的手机使用塞班（Symbian）操作系统。IOS 系统只用在苹果手机（iPhone）中，它占据 16% 的市场。黑莓（BlackBerry）手机使用其专有的操作系统，它涵盖了14% 的手机市场。其他的操作系统有 Windows 移动操作系统、Palm 操作系统以及一些基于 Linux 的操作系统，比如 LiMo 和 Mobilinux。

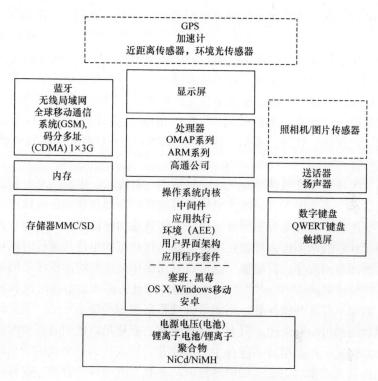

图 3.1 便携式无线设备的组件

普通手机为用户提供一些基本的应用，比如语音电话、通信录、便笺、日历（待办事项）、计算器和简单的游戏等。然而智能手机具有非常丰富的功能，而且它们通常具备个人计算机所具有的各类应用，可以说，智能手机是个人计算机的微型版本。智能手机应用包括一个能够浏览网页、收听和观看在线多媒体的浏览器、一个即时通信软件、GPS 辅助地图应用程序、VoIP（互联网语音协议）客户端、预测天气和股票的小工具等。随着小型化无线设备的高速发展，为这些小型设备提供越来越高的数据速率和运行更重要的应用程序是目前智能手机的发展趋势。

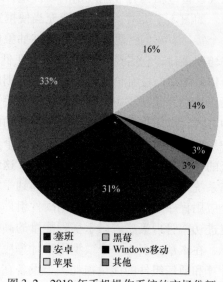

图 3.2 2010 年手机操作系统的市场份额

但是电池技术与计算和通信能力呈指数增长不同，在速度和封装密度方面，电池能量密度的每年增长只有 5% ~ 10%[Rao03, Powers95, Naik01]。在无线设备中，基于网页的应用消耗大部分的能量，而且应用程序的不断增多大大加重了电池的负担。随着用户对运行更多应用的需求越来越高，电池寿命被认为是设备可持续运行的最大壁垒。例如，手持设备为了在无线链路上支持实时的多媒体应用，它的电池时间只能支撑平常一半的时间[Marek02]。因此，设计人员应该在系统设计的所有领域，即硬件、软件、通信、体系架构和应用等方面探索高效节能的解决方案。

利用低功耗的硬件组件是实现这一目标的一种方法，也就是充分利用硬件组件的空闲状态。系统中所有的硬件组件不可能时时刻刻都保持活跃状态。它们偶尔会处于空闲状态则应充分利用这一现象，能量感知硬件组件可以通过暂时降低它们的速度和功能从而进入低功耗状态。低功耗状态的组件其运行时间可以通过使用能量感知应用程序进行增加，也可以采用操作系统和应用程序之间的协作延长该状态的持续时间[Creus07, Palit08a]。然而组件的开关模式会增加时间和能量的额外开销。如果不存在开销问题，则能量管理策略将显得微不足道：无论何时设备处于空闲状态都可将它关闭。只有当组件节省的能量足以抵消总开销时该组件才进入低功率模式。但是组件不能自主切换成开关模式，而是由软件做出决定。决定何时切换到低功率状态或者如何增加低功率状态的组件的效率，这种规则是能量管理策略的一部分内容。降低便携式无线设备的能量损耗是最终的目标，这些无线设备包括具有节能效用的硬件组件和软件技术。

如图 3.3 所示，操作系统充当便携式设备上硬件组件和用户应用程序之间的一个接口。它们管理并将硬件组件抽象成应用程序。操作系统拥有专有的硬件组件访问接口，它需具有让组件运行在低功率状态的功能[Lu02]。由于应用程序与操作系统之间没有恰当的协调方式，则应用程序无法对节能机制起作用。它们与操作系统之间需要一个接口以此获取关于设备节能特性的可用信息。而且通过这种方式，应用程序能够充分利用这些功能。另一方面，每一个应用程序应告知操作系统它们的需求，操作系统通知每个应用程序系统的状态何时发生改变，而系统的状态与能量管理策略息息相关。这纯粹是一种协作行为，应用程序与底层操作系统之间的交互在能量管理中起到举足轻重的作用。因此，应首先调查研究每个应用程序的能耗和它们使用硬件组件的模式。其次，需要一个系统级的政策以促进功率管理策略着眼于实现能量的高效利用[Creus07]。

在本章，引入一个模型用来计算应用程序的能量损耗。该模型考虑了设备其计算和通信组件的能量损耗。当设备在运行期间，其他组件的能量损耗可以视为固定损耗，如显示屏。当然，如果用户使设备在很长一段时间内处于空闲状态，则显示屏的节能特性可进一步降低能量损耗。将基本的能耗估计理念和系统操作

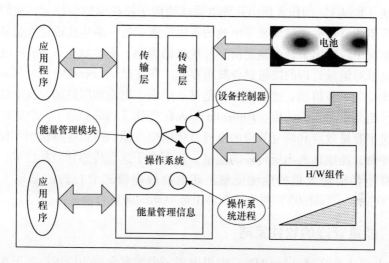

图 3.3 由电池驱动的便携式设备的应用程序框架

文档的概念[Musa93]相结合以更高的理论水准估计能量损耗。系统的操作文档直观上由 3 个部分组成：①系统实际运行并消耗大量能量的时间段；②设备执行的软件系统；③针对每个所运行的软件系统，基本的活动集和它们出现的频率。根据应用程序的能耗建模，可以通过结合特定用户的使用模式估计出设备的电池寿命。

本章的其余部分安排如下：在 3.3 节中回顾了相关的工作；3.4 节提出能量损耗模型；在 3.5 节中对如何获得损耗模型进行讨论；3.6 节归纳了本章。

3.3 相关工作

在本节中，将讨论已经在文献中提出的一些实质性研究工作，比如基于便携式设备的电池模型，电池传感参数以及电池寿命估计。紧接着讨论能量感知软件实现策略，然后描述一些具体的工具用于评估软件应用程序的功率损耗。

3.3.1 智能电池检测

Rao、Vrudhula 和 Rakhmatov 在文献［Rao03］中针对不同的电流消耗速率提出了锂离子电池的放电模式。这种放电行为容易受到多个因素的影响，包括放电速率、温度以及充放电循环次数。因此，电池的放电行为严重偏离了理想型能源的行为。随着放电速率的不断增加，电池容量急剧减少。电池的输出电压随着放电持续时间的变化而变化。然而当电流消耗速率远远低于电流消耗速率的最大值时，电池的容量和电压与原始容量几乎相同。

文献［Rao03］的作者提出几种电池模型用于捕捉电池的行为，他们声称这些数学模型能够足够详细地显示电池的放电性能。这一事实让设计人员从电池的最大充电量中脱离出来转而制定出一种优化的策略。充电状态（SoC）或者电池的剩余电量对能量管理的决策是极其重要的。在文献［Casas05］中，Casas 讨论了检测 SoC 的 3 种机制。这些技术都是基于电压、电流和阻抗的，在电池中可以相对容易地测量出它们的值。Panigrahi 等人在文献［Panigrahi01］中建议采用一种基于速率容量效应和恢复效应的电池替代模型。他们声称这种模型不仅可以估计电池寿命，还能预测出所传输的能量。然而对于这些传感和测量技术，应确保它们本身不会消耗大量的电池能量。在电池放电模式和行为的基础上，文献［Benini00］和［Lahiri02］提出了两种电池驱动的能量管理策略。

3.3.2 能量管理的软件策略

Lorch 等人在文献［Lorch98］中提出了一个非常全面的论述：关于在便携式设备中能量管理的意义以及应该认为什么是解决能量管理问题的软件策略。他们提到在评估功率管理策略时应考虑 4 件事情：

1）硬件组件的功耗降低程度；

2）组件消耗的平均功率占整个系统功率的百分数；

3）其他组件功耗的改变程度；

4）通过功耗的变化如何影响电池的容量。

他们将软件问题分成 3 类：转换、负载变化和适应。在这个概念基础上，他们讨论了在辅助存储器、处理器、无线局域网（WLAN）和其他组件中实现能量高效利用的方式。他们的分类非常合理且有效。

Naik 和 Wei 在文献［Naik01］中提出了一种静态节能策略，该策略是基于处理器执行不同的指令所产生的能量损耗。他们对各种算法设计和实现技术是如何影响能量损耗做了详细的研究。因为这项研究独立于特定的处理器或者系统，因此他们的研究有助于实现在设计阶段节能应用软件的开发。

Flinn 和 Satyanarayanan[Flinn99]声称使用操作系统和应用程序之间的协作机制可以满足用户指定的电池持续时间的目标。他们展示了应用程序如何动态调整它们的行为来节约能量。他们主张在硬件和软件设计中应达到动态平衡而非静态平衡。根据这项研究，在运行期间，能量供应及需求的更加准确的信息为解决节能和可用性之间的紧张关系做出更好的决策。

3.3.3 软件应用的分析工具

Flinn 和 Satyanarayanan 在文献［Flinn99］中描述了 PowerScope 的设计和实现。这是一款分析应用程序能量使用情况的工具。PowerScope 将能耗映射成程序结构，这与中央处理单元（CPU）分析器将处理器周期映射成具体流程和程序的方式大致相同。PowerScope 结合硬件仪器来测量电流电平，在内核软件的支持下执行系统活动的统计采样。后处理软件将采样数据映射成程序结构并通过流程和程序产生一个能量使用情况的分析文件。Shnayder 等人在文献［Shnayder04］中提出 PowerTOSSIM，它是一种针对 WSN 的可扩展的仿真环境，为每一个传感器节点提供准确的功率损耗估计。PowerTOSSIM 是 TOSSIM 的延伸版本，而 TOSSIM 是针对 TinyOS 应用程序的一种事件驱动型仿真环境。在 PowerTOSSIM 中，TinyOS 组件对应着特定的硬件外部设备，以此获取仿真运行期间每个设备的活动踪迹。Banerjee 和 Agu[Banerjee05] 以及 Dick、Lakshminarayana 和 Jha[Dick00] 还提出了用于分析嵌入式操作系统功耗的框架。

3.3.4 系统级能量管理

硬件制造商通常提供具有节能特性的组件，而且提供相应的技术以解决软件的能效问题。但是对所有系统组件最大限度地节能仍然是一个难题。例如，CPU 的节能对内存的节能会产生负面影响。能源和应用程序之间复杂的相互作用会影响总功耗，因此一个系统级的节能策略是非常必要的。Unsal 和 Koren[Unsal03] 研究了一种系统级功率感知技术，他们的工作为能量约束型设备的功率感知设计提供了更深层次的理解。Creus 和 Niska 为移动设备的系统级功率管理提供了一种基于策略的方法[Creus07]，他们建议利用应用程序协作的概念选择最佳的能源分配。这是一种系统级动态的功率管理策略，其中允许应用程序通过一组 API（应用程序接口）将它们的目的传递至系统。

3.3.5 综合性研究

3.3.5.1 μSleep 技术

Brakmo、Wallach 和 Viredaz[Brakmo04] 为降低手持设备的能量而提出了 μSleep 技术。他们声称，当手持设备的处理器负载较轻时，例如用户阅读文件或者浏览网页，这项技术是最有效的。其基本的思想是，在可能的情况下，而不是使用处理器的空闲模式，它将处理器在短时间内（小于 1s）设置为休眠模式。为了增强系统的传感能力，将显示屏上保持的图像和活动视为外部事件的结果，例如触摸屏和按键行为。这可以在任何操作系统中很容易地实现，而且当检测到暂时没有用户活动时，操作系统可以将设备设置为 μSleep 状态。他们在手持计算机的原型上实现了 μSleep，其中它可以降低能量损耗高达 60%。Shih、Bahl 和 Sinclair[Shih02] 已经提出了类似的技术。他们证明采用一种无线唤醒的技术可以将 iPAQ 的寿命提高 115%。他们的这项技术需要引入一个单独的低能量通道来实现。

3.3.5.2 能量感知缓冲

Ling 和 Chen[Ling07] 对 WSN 的缓冲机制影响作了深入研究。他们为固定大小和固定间隔的缓冲机制其功耗提出了理论分析。在这个分析中考虑了传感器节点的无线射频和内存模块以及数据到达率。实验结果表明，在相同的情况下，就整体节能而言，最佳的固定大小缓冲机制优于最佳的固定间隔机制。能量感知缓冲的优势在于它能够利用工作负载的可预测空闲状态，而且它还具有分摊唤醒无线射频能量的能力从而减少功率损耗。这种机制可以扩展到无线移动设备中，特别是当它播放多媒体内容时。至少它们的理论结果为最佳缓冲器大小和存储器规模的确定提供了指导，其中缓冲器大小是基于通信组件的实际功率参数，而存储器的规模取决于数据包到达的速率。

3.3.5.3 数据压缩的影响

当通过无线局域网（WLAN）从代理服务器上下载数据时，Xu 等人[Xu03]建议使用数据压缩降低手持设备消耗的电池电量。其目的是在执行解压缩过程中取得通信能量和计算能量之间的平衡。他们使用康柏电脑公司（Compag）的 iPAQ3650 在 WLAN 环境下进行 3 种无损压缩方案的实验。实验结果表明，从省电的角度来看，gzip 压缩软件（基于 LZ77）远远优于 bzip2 压缩软件（基于 BWT）。他们还提出了一种能量模型来估计压缩下载时的能量损耗。在此模型中，他们通过交叉通信与计算过程并且使用逐块的选择性机制来降低 gzip 压缩软件的能量损耗。他们使用一个低于阈值的文件，该文件在传输前未被压缩。

这项研究很好地扩展了专业的压缩方案，这些方案不仅可以用于视频和音乐数据的压缩，也可以用在上传的多媒体数据压缩上。事实上，当仔细地选择和应用数据压缩机制时，它们可以有效地降低手持设备在无线环境中的能量损耗。但是如果选择不当，数据压缩机制也会导致大量的能量损失而非是节省能量。总体思想可以进一步为手持无线设备的加密/解密技术的选择提供指导。

3.3.5.4 节能型调度

为了达到节能目的，Lee、Rosenbery 和 Chong[Lee06] 论述了一个下行链路调度优化的问题并提出了两种启发式调度策略来解决这个问题。他们考虑用一个通用的无线系统为其用户提供节能模式（PSM），其中无线系统由接入点（AP）和多个站点构成。作者描述了信标周期（BP）的长度如何对无线站的能量和延迟性能产生显著的影响。对于每个调度策略而言，他们得到一个 BP 长度的简单的近似公式使得能量损耗最小化。当允许的最大平均数据包延迟是由 QoS 需求给出时，他们为两种调度策略定义了一种查找 BP 长度的方法。通过改变 BP 的长度，从而调整通信部分的空闲时间并且有助于设备在更长的一段时间里处于休眠状态。这篇文献的结果表明 BP 长度的微调以及调度策略的精心设计对降低移动站的能耗至关重要。

3. 3. 5. 5　GUI 设计

研究人员大多集中研究密集型应用的处理或通信而非交互式应用，它们在目前的移动设备中占主导地位。现代设备使用图形用户界面（GUI）来处理人 - 机交互。Vallerio、Zhong 和 Jha[Vallerio06] 首次探讨了所设计的 GUI 是如何提高系统的能量效率，并且为移动计算机设计人员提供了具体说明来指导他们开发出能效更高的系统。他们表示，高效的 GUI（E2GU）设计技术能够提高 3 个基准（文本浏览器、人员观察器和计算器）的平均系统能量，分别是 26.9%、45.2% 和 16.4%。因此，使用 E^2GUI 设计技术有助于延长移动计算机的电池寿命。

可以把上述研究工作分为几类。电池容量的提高、节能编码和低功耗硬件设备技术就其本质而言是相互独立的领域，而且在这些领域通常存在着不断改进的机会。另一类是总会忽略的，即用户的行为。设备的用户往往在设备节能方面扮演着非常重要的角色。例如用户可以尽可能地调低屏幕的亮度。但是用户通常缺乏有关每个组件功耗方面的知识，并且他们不愿意做出频繁的能量管理决策。有关软件应用的分析和能量损耗的估计工作对于仿真未在实际设备上运行的应用程序而言显得极其重要。

最新的研究趋势是开发一种系统级的节能策略（如文献 [Creus07] 所描述），以便所有运行在设备上的应用程序与操作系统协作一致从而实现节能的目的。操作系统和软件应用之间的框架可以促进这样的策略实施。为了让应用程序与系统相适应，操作系统提供了一些系统信息给应用程序，比如处理器的能量损耗、数据包传送/接收损耗、磁盘读/写损耗等。另一方面，应用程序也为操作系统提供了信息，如数据包的延迟容限、两个连续的数据包之间的时间间隔或者磁盘读/写等，以便操作系统可以为硬件组件恰当的能耗状态设置做出正确的决策。

3.4　能耗模型

在无线设备中能耗结构的原理框图如图 3.4 所示。用户、软件应用程序、操作系统以及硬件组件是便携式设备系统的 4 种主要角色。硬件组件由电池供电，用户在设备上运行不同类型的软件应用程序。操作系统位于软件应用和硬件组件之间，它根据应用程序不同的要求管理着如何使用和何时使用硬件组件。如果已知所使用组件的能耗，建立一个模型用于获取一个应用中不同组件的使用模式，从而评估该应用程序的能耗。在文献 [Palit08b] 中提出了一种针对便携式设备的常规的能耗模型，并且将讨论一种实际的方法来评估应用程序的能耗。

有限状态机（FSM）模型（见图 3.5）被广泛用于描述硬件组件的动态行为[Chow96,Desai03]。当一个硬件组件在一定时间内保持一种状态时，则该组件的耗电量恒定。而且如果便携式设备的电源电压保持恒定不变，则消耗的功率与电流成正比。利用状态停留时间的概念来表示硬件组件保持该状态的时间段。在恒定功率的假设下，给定状态的电流为 l，状态停留时间为 Δt，则硬件组件消耗的功率为 $v \times l \times \Delta t$，其中 v 为电源电压（见图3.6）。

假设在便携式设备中硬件组件的数目为 n。每个组件都有固定数量的预定义状态。令组件 i 具有 n_i 个状态。状态 $S_{i,j}$ 指组件 i 的第 j 个状态，其中 $1 \leqslant j \leqslant n_i$。假设组件 i 切换到状态 j，$n_{i,j}$ 表示在给定的时间周期 T 上的倍数，并且它达到状态 $S_{i,j}$ 时的时间值为

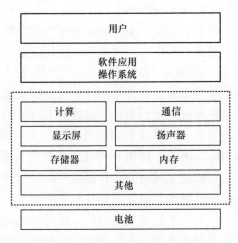

图3.4 便携式设备的能耗结构

$\delta t_{i,j,k}$，其中 $1 \leqslant k \leqslant n_{i,j}$。从上述模型的定义和描述来看，可以得出设备在时间周期 T 的能耗计算公式。在式（3.2）中，Δt_{ij}（$= \sum_{k=1}^{n_{i,j}} \delta t_k$）是组件 I 在时间周期 T 内停留状态为 j 的总时间。式（3.3）中电流（$S_{i,j}$）是恒定电源电压为 v 时的固定电流损耗。

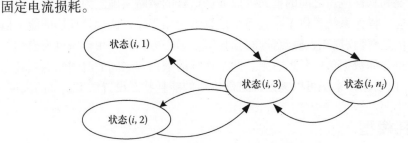

图3.5 硬件组件的有限状态机（i）

$$\text{能量}(T) = \sum_{i=1}^{n} \sum_{j=1}^{n_i} \text{功率}(S_{i,j}) \sum_{k=1}^{n_{i,j}} \delta t_{i,j,k} \tag{3.1}$$

$$= \sum_{i=1}^{n} \sum_{j=1}^{n_i} \text{功率}(S_{i,j}) \Delta t_{i,j} \tag{3.2}$$

$$= v \sum_{i=1}^{n} \sum_{j=1}^{n_i} \text{电流}(S_{i,j}) \Delta t_{i,j} \tag{3.3}$$

在组件级（见图3.7），一旦知道了组件的每个状态所消耗的能量和状态停留时间，就可以用式（3.1）或式（3.2）计算出总能耗。但是从应用级的角度来看，当需要估计应用程序的能量损耗时，应该提前获得在具体的任务中所使用

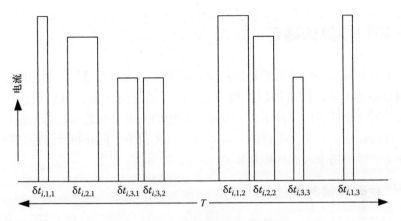

图 3.6　组件 i 的瞬时状态停留时间

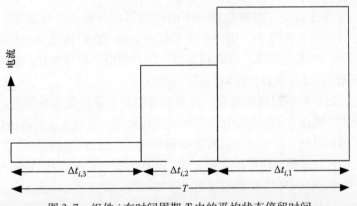

图 3.7　组件 i 在时间周期 T 内的平均状态停留时间

的全部组件的状态以及每个状态的停留时间。然而，对于一个给定的任务，想要获取组件的状态和停留时间并不容易。

对于每一个便携设备而言，都有一个操作系统（OS）管理和控制着硬件组件。该操作系统调度不同的任务以便在不同时刻访问系统的不同组件。然而在一个系统内可能同时运行着多个任务，并且任务访问一个组件的特定时间或者持续多长时间访问该组件不能事先确定。此外任务使用一个组件的时间长度是非常短暂的，以毫秒计。因此，获取此模型中相关的每个状态停留时间是非常困难的。如果利用一个监控程序来观看给定的任务，并记录短暂的停留时间，监控程序本身会消耗组件的时间和系统能量。这样也许无法得到准确值。另一方面，评估单个状态的能量损耗也是一项富有挑战性的任务，因为很难保持一个设备一直处于一个简单的状态。所以必须首先计算出复合状态的损耗，然后通过分离其他状态的损耗进而得出单个状态的能耗。

3.5　模型参数的确定

为了估计设备中软件所消耗的能量，需要知道应用程序如何利用给定时间周期 T 内设备的不同硬件组件以及所占的比例。关于这一点，该应用程序的所有硬件组件其每个状态的总停留时间是必不可少的。每个状态相应的电流损耗对于能量损耗的评估也是非常关键的。在本节中，将讨论如何获得状态停留时间，并说明如何计算出每个状态的能量损耗。

3.5.1　状态停留时间估计

在多任务的环境中，软件应用程序具有不同的功率损耗状态，例如活跃、空闲、休眠或者类似于硬件组件的休止状态。在休眠或休止状态时，驻留在存储器上的应用程序准备启动。附属在系统中的存储器也会消耗一些能量。空闲状态时，应用程序驻留在内存中，用户不主动与之交互。它们执行一些日常工作，例如连接服务器、状态更新等。活跃状态时，用户与应用程序交互，此时应用程序的能量消耗最大，因此只对这种状态感兴趣。

事实上，对于能量损耗的评估，这是最关键甚至是最复杂的部分。成千上万行代码、众多功能以及不同的使用场景使得过程繁琐，而且无法精确地计算出应用程序的状态停留时间，除非处理过程变得简单明了。通过执行实际设备中的应用，从操作系统中可以获得该应用的使用文件。同样的结论也可以从 PowerSpy、PowerScope 或者 PowerTOSSIM 仿真器中得出[Banerjee05,Flinn99,Shnayder04]。表 3.1 显示了应用程序的状态停留时间表，利用此表可以计算出给定时间 T 内的实际停留时间。

表 3.1　应用程序中不同组件的状态停留时间

组件的状态	应用状态	
	活跃	空闲
	组件的使用量	组件的利用率（%）
$S(1,1)$	$X_{1,1}$	$Y_{1,1}$
$S(1,2)$	$X_{1,2}$	$Y_{1,2}$
$S(2,1)$	$X_{2,1}$	$Y_{2,1}$
$S(2,3)$	$X_{2,3}$	$Y_{2,3}$
...	...	...

3.5.2　能耗估计

硬件组件的制造商是获取组件每个状态的能量损耗的一个很好的来源，但是有时并不打算使用这些数据。当所有组件彼此交互并协同工作时需要获得这时的能量损耗。人们有时会对获取一些简单任务的能量损耗感兴趣，例如发送或接收数据包或者向存储器中写入文件。图 3.8 给出了一个实验装置，该实验适合评估不同硬件状态的能量损耗。

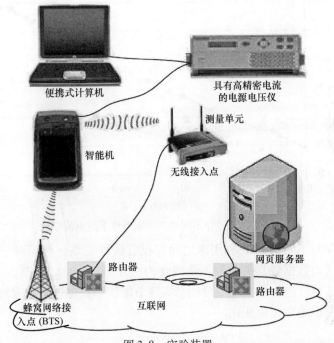

便携式计算机

智能机

具有高精密电流
的电源电压仪

测量单元

无线接入点

网页服务器

路由器

路由器

蜂窝网络接
入点 (BTS)

互联网

图 3.8　实验装置

目标设备的电池连接器与高精密电源电压仪相连，该电源电压仪以恒定电压的方式供电并测量所提供的电流。计算机与电源电压仪连接以设置所需的电源电压和电流并且反馈所测量的电流数据。无线接入点和网页服务器是该装置的一部分，用于完成必要的通信能量损耗。通过蜂窝网络接入模块（SIM），设备还可以连接到 EDGE/3G 网络，从而提高相应的 3G 网络通信能耗。电源电压仪和测量单元应具有相当高的精度和分辨率以适应发生在以分钟为单位的时间间隔的变化。

3.5.3　处理和通信的能耗

通过测量电源电压仪上的电流并保持处理器处于相应的状态以此估计处理器在空闲和休眠状态的能量损耗。然而为了测量处理器在完全活跃状态时的能量损耗，需要执行计算密集型程序让处理器一直处于繁忙状态。图 3.9 显示了在不同的 CPU 利用率情况下系统的电流损耗。在这个实验中使用了 3 种基准程序，即 LINPACK、Whetstone 和 Dhrystone 包。这些程序包广泛用于基准计算机系统中，其计算复杂度足以加载高达 100% 的处理器。以不同的停顿间隔执行这些程序使得处理器在两个连续的执行进程之间具有一些空闲时间。因此，处理器的总利用率随着停顿间隔的变化而减少。

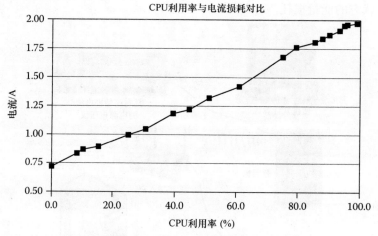

图 3.9　处理器在不同的利用率条件下的电流损耗

　　功率损耗与不同的 CPU 利用率之间存在着线性关系，然而对于不同时间间隔条件下发送的数据包其关系并不是线性的（见图 3.10）。从图 3.10 的信息中可以看出，选择合适的数据速率可能会实现节能。当数据速率固定时，能量损耗随着数据包大小的变化而变化。

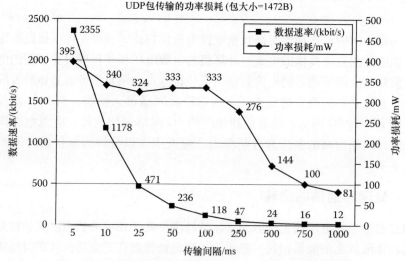

图 3.10　在不同的传输间隔条件下的电流损耗和数据速率

　　如图 3.11 所示，当数据包大小为 1400B 时，平均电流损耗的曲线有一个转折点。这表明数据包规模越小，来自应用程序的包生成速率逐渐增加，较低层的数据包（MAC 数据包）数目也相应地增加。但是在 802.11 协议中，默认的

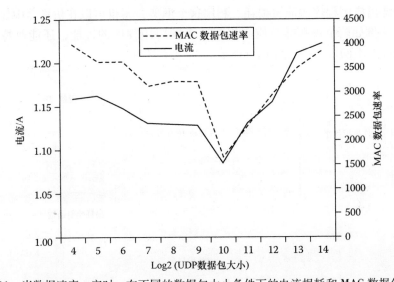

图 3.11　当数据速率一定时，在不同的数据包大小条件下的电流损耗和 MAC 数据包速率

MTU（最大传输单元）大小是 1500B，当应用级的数据包大小低于 1500B 时，MAC 级 MTU 可以容纳一个完整的应用级数据包和与之相连的较低层的开销。数据包规模进一步增加，数据包生成速率下降，MTU 不足以容纳应用级的数据包，因此需要更多的较低层数据包。可以看到图 3.11 反映了这一事实。当数据包规模远远超过 MTU 大小时，平均电流损耗持续增加。

以 B/s 的速率进行数据发送或接收，这样的信息对于评估应用程序的能量损耗是远远不够的，还需要知道用于此目的的应用程序和底层数据包大小。通过观察能量损耗、延时和数据速率表，可以选择一种合适的数据包大小以此提高系统的性能。

3.5.4　其他方法

针对不同的应用场景，对运行在特定设备上的应用程序进行能量损耗的测量和平均能量损耗的获取是一件非常简单的任务。然而如何对应用程序所消耗的能量和对硬件组件的使用进行分析才是人们最感兴趣的内容，因此软件应用程序的设计人员和设备制造商可以从未来设计和实施的分析中受益。

图 3.12 显示了评估软件应用其能量损耗的另一种模型，该模型包括两部分。在图 3.12 的左侧，软件应用程序的开发人员通过在模拟器或者仿真器执行该程序来说明其程序性能。他们针对不同的子任务提供不同的硬件组件（CPU、内存和存储器）的利用率，例如处理、读出/写入存储器以及发送/接收消息。他们还提到了仿真器中也存在着相应的能量损耗。另一侧，制造商提供了能量损耗映射函数列表，即将仿真器的能量损耗映射到具体的设备。因此，根据不同的设备

可以估计出应用程序的能量损耗。利用这个框架，不仅可以在仿真器中比较特定目的下（例如两个视频播放应用程序）不同应用程序的性能，还能对特定应用程序条件下不同设备的性能进行评估。

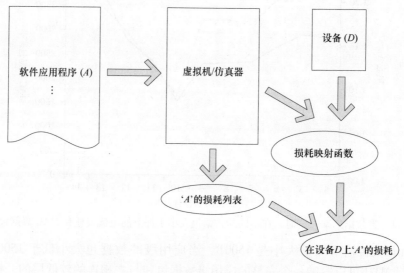

图3.12　评估能量损耗的另一种替换方法

3.6　小结

随着便携式无线设备的互联网接入和计算能力的需求日益增加，这些设备的电池能量限制成为支持多应用程序的最薄弱环节。经典的端对端结论表明，与底层提供的能量相比，系统的底层功能可能是多余的或者价值不大。而在顶层的软件应用程序对于节能是最有效的。所述模型可以很容易地扩展到应用程序的其他相关组件的损耗建模中，例如二级存储。

参 考 文 献

Banerjee05　Kutty S. Banerjee and Emmanual Agu. Powerspy: Fine-grained software energy profiling for mobile devices. In Proceedings of the International Conference on Wireless Networks, Communications and Mobile Computing, vol. 2, pp. 1136–1141, June 2005.

Benini00　Luca Benini, Giuliano Castelli, Alberto Macii, Enrico Macii, and Riccardo Scarsi. Battery-driven dynamic power management of portable systems. In ISSS '00: Proceedings of the 13th International Symposium on System Synthesis, pp. 25–30, Washington, D.C.: IEEE Computer Society, 2000.

Brakmo04　L. S. Brakmo, D. A. Wallach, and M. A. Viredaz. μsleep: A technique for reducing energy consumption in handheld devices. In Proceedings of MobiSys 2004, Boston, MA, June 6–9, pp. 48–56.

Casas05   Roberto Casas and Oscar Casas. Battery sensing for energy-aware system design. *IEEE Computer* 38 (11): 48–54, November 2005.

Chow96   S.-H. Chow, Y.-C. Ho, and T. Hwang. Battery modeling for energy aware system design. *ACM Transactions on Design Automation of Electronic Systems* 1 (3): 315–340, 1996.

Creus07   G. B. i Creus and P. Niska. System-level power management for mobile devices. In 7th IEEE International Conference on Computer and Information Technology, pp. 799–804, Fukushima, Japan, October 16–19, 2007.

Desai03   M. P. Desai, H. Narayanan, and S. B. Patkar. The realization of finite state machines by decomposition and the principal lattice of partitions of a submodular function. *Discrete Applied Mathematics* 131 (2): 299–310, September 2003.

Dick00   Robert P. Dick, Ganesh Lakshminarayana, and Niraj K. Jha. Power analysis of embedded operating systems. In Proceedings of ACM/IEEE Design Automation Conference, pp. 312–315, Los Angeles, CA, June 5–9, 2000.

Flinn99   Jason Flinn and M. Satyanarayanan. Powerscope: A tool for profiling the energy usage of mobile applications. In WMCSA '99: Proceedings of the Second IEEE Workshop on Mobile Computer Systems and Applications, p. 2, Washington, D.C. IEEE Computer Society, 1999.

Lahiri02   Kanishka Lahiri, Sujit Dey, Debashis Panigrahi, and Anand Raghunathan. Battery-driven system design: A new frontier in low power design. In ASP-DAC '02: Proceedings of the 2002 Conference on Asia South Pacific Design Automation/ VLSI Design, p. 261, Washington, D.C.: IEEE Computer Society, 2002.

Lee06   Jeongjoon Lee, Catherine Rosenberg, and Edwin K. P. Chong. Energy efficient schedulers in wireless networks: Design and optimization. *Mobile Networks and Applications* 11 (3): 377–389, 2006.

Ling07   Yibei Ling and Chung-Ming Chen. Energy saving via power-aware buffering in wireless sensor networks. In Proceedings of the IEEE INFOCOM 26th International Conference, pp. 2411–2415, Anchorage, AK, May 6–12, 2007.

Lorch98   Jacob R. Lorch and Alan J. Smith. Software strategies for portable computer energy management. *IEEE Personal Communications Magazine,* 5(3), 60–73, June 1998.

Lu02   Yung Hsiang Lu, Luca Benini, and Giovanni De Micheli. Power-aware operating systems for interactive systems. *IEEE Transactions on VLSI* 10: 119–134, 2002.

Marek02   S. Marek. Battling the battery drain. *Wireless Internet Magazine*, January, 2002.

Musa93   J. D. Musa. Operational profiles in software reliability engineering. *IEEE Software* 10 (2): 14–32, 1993.

Naik01   K. Naik and D. S. L. Wei. Software implementation strategies for power-conscious systems. *Mobile Networks and Applications* 6 (3): 291–305, 2001.

Palit08a   Rajesh Palit, Kshirasagar Naik, and Ajit Singh. Estimating the energy cost of communication on portable wireless devices. In 1*st IFIP Wireless Days*, pp. 346–353, November 2008.

Palit08b   Rajesh Palit, Ajit Singh, and Kshirasagar Naik. Modeling the energy cost of applications on portable wireless devices. In Proceedings of the 11th International Symposium on Modeling, Analysis and Simulation of Wireless and Mobile Systems (MSWiM), pp. 346–353, Vancouver, Canada, October 2008.

Panigrahi01 Debashis Panigrahi, Sujit Dey, Ramesh Rao, Kanishka Lahiri, Carla Chiasserini, and Anand Raghunathan. Battery life estimation of mobile embedded systems. 14th International Conference on VLSI Design, 0: 57, Bangalore, India, January 3–7, 2001.

Powers95 R. Powers. Batteries of low electronics. Proceedings of IEEE, 83 (4), April 1995.

Rao03 R. Rao, S. Vrudhula, and D. Rakhmatov. Battery modeling for energy aware system design. *Computer* 36 (12): 77–87, 2003.

Shih02 E. Shih, P. Bahl, and M. Sinclair. Wake on wireless: An event driven energy saving strategy for battery operated devices. In Proceedings of the 8th Annual International Conference on Mobile computing and Networking (ACM MobiCom), Atlanta, GA, September 23–28, 2002.

Shnayder04 V. Shnayder, M. Hempstead, B. Rong Chen, G. W. Allen, and M. Welsh. Simulating the power consumption of large-scale sensor network applications. In Proceedings of the 2nd International Conference on Embedded Networked Sensor Systems (SenSys), Baltimore, MD, November 2004.

Unsal03 Osman S. Unsal and Israel Koren. System-level power-aware design techniques in real-time systems. In Proceedings of the IEEE, pp. 1055–1069, 2003.

Vallerio06 K. S. Vallerio, L. Zhong, and N. K. Jha. Energy-efficient graphical user interface design. *IEEE Transactions on Mobile Computing* 5 (7): 846–859, 2006.

Xu03 Rong Xu, Zhiyuan Li, Cheng Wang, and Peifeng Ni. Impact of data compression on energy consumption of wireless-networked handheld devices. In Proceedings of the 23rd International Conference on Distributed Computing Systems (ICDCS), pp. 302–311, Washington, D.C.: IEEE Computer Society, 2003.

第 4 章　打破 WiMAX 系统的节能和 QoS 之间的平衡

Xiao – Hui Lin、Ling Liu、Hui Wang、Jing Liu 和 Yu – Kwong Kwok

4.1　简介

　　节能是新兴标准 IEEE 802.16e/m WiMAX 的关键问题，其中 WiMAX 能够支持移动性。为了降低 VoIP（互联网语音协议）传输的能量损耗，一种可行的办法是让移动站（MS）在语音静默时段进入休眠模式，而当通话时段保持活跃状态。然而 VoIP 业务具有严格的服务质量（QoS）约束：平均延时和损失率。因此如何调整窗口大小以满足 QoS 要求是系统设计中一个极具挑战性的课题。

　　在本章中，研究了在单向和双向 VoIP 传输过程中调整休眠窗口大小时能效的权衡。具体而言，给出一个数学模型来分析休眠机制的性能，并将自然说话语速、休眠窗口大小以及能量消耗都考虑在内。在这个模型的指引下，为休眠机制找到最佳的窗口调整参数。大量的仿真结果已经验证了该分析模型，并指出，与传统机制相比，优化后的方案可以使静默时段的能量消耗降低高达 90%，并使电池的寿命延长 20%~30%。因此，该方案打破了节能与 QoS 约束之间的平衡。

4.2　WiMAX：对消费者而言低成本高带宽

　　对于高速且无处不在的无线网络接入的需求与日俱增促使 WiMAX（全球微波互联接入）标准日趋完善，为住宅和商业领域提供了低成本且高带宽的网络[1-7]。经 IEEE 802.16 工作组多年的努力和不断修订，WiMAX 能够支持固定和移动用户的高速和高容量的无线接入，为他们提供移动互联网、移动 VoIP 以及多媒体数据服务。由于通信和计算单元构成的这些服务会涉及较高的能量消耗，如何智能地管理能量是一个热门的研究课题。此外，因为 WiMAX 支持移动性，所以要求电池应尽可能地提供较长时间的电量。为了有效地利用有限的能源，IEEE 802.16e/m 标准应规定其以休眠模式运行[11-16]。

　　休眠模式是 MS 通过服务基站（BS）空中接口进行预先设定的一种状态[17,20-21]。该阶段由 MS 的不可用性来表征，正如从服务 BS 到下行链路（DL）或上行链路（UL）通信所观察到的一样[3,4]。当 BS 和 MS 之间没有通信时，MS 通过信令交换进入休眠模式并将相关的通信单元断电以节省能量。具体地，通过发送 MOB_SLP-REQ 消息至 BS，MS 启动休眠操作，MOB_SLP-REQ 消息定义了所请求的休眠文件。在这个休眠文件中包含一些参数，例如初始化休眠窗口、最终休眠窗口基数、最终休眠窗口指数、监听窗口和休眠窗口起始帧。一旦接收到 MOB_SLP-REQ 消息，BS 遵守这个文件作为建议和响应，并将 MOB_SLP-REQ 消息返回至 MS。当 MS 接收到 MOB_SLP-REQ 消息，它就进入休眠模式。与此同时，在休眠阶段，下行链路通信进行寻址至 MS，而 MS 与 BS 之间暂时是不可达的。因此 BS 应缓冲到 MS 的输入流量。为了探测下行链路流量，MS 应不时地唤醒配置文件的监听窗口并接收来自 BS 发送的 MOB_TRF-IND 消息。如果消息中的流量指示标记为负，则意味着没有输入流量，MS 再次进入休眠状态。另一方面，如果标记为正，休眠模式停止，MS 必须进入活跃模式以接收数据包。当输出的流量经 UL 发送时，也可以由 MS 立即终止休眠模式[17,20]。

根据流量的特点，在标准中定义了 3 种省电类型。I 型省电类（PSC）适用于尽力而为的服务和非实时业务，例如 Web 浏览。由于受突发性流量传输行为的影响，当流量指示标记为负时，I 型 PSC 的休眠窗口每次加倍增加，直到窗口尺寸达到最大值，从而避免了不必要的监听时间。II 型 PSC 适合主动授予服务（UGS）和实时连接，例如 VoIP。为了保证服务质量（QoS），休眠间隔是固定的并根据编码 VoIP 数据包的到达间隔进行调整。III 型 PSC 适用于多播连接和管理操作，在本章中不涉及这方面的内容。

为了解决 WiMAX 中节能的问题，研究人员已经完成了大量的工作。Xiao Yang 首次研究了能量消耗并为 IEEE 802.16e 宽带无线接入网络提出了一个新的分析模型[1]。在他的研究中，当没有输入流量时休眠窗口成倍地增加，可以用泊松过程对到达的下行链路流量进行建模。Zhang[2] 通过考虑输入和输出的流量对以上研究进一步扩展，并且分析了不同的初始化窗口/最大窗口的能量损耗。在休眠模式下周期性监听操作是一项显著的能量损耗来源。为了减少过量的监听间隔，Xiao、Zou 和 Cheng 等人[3] 提出了针对 802.16e 的增强型节能机制（EESM），以此提高能量的效率。在 EESM 中，当 MS 刚刚从先前的休眠模式操作退出，一半的最终的休眠间隔用于下一个休眠模式操作的初始化休眠间隔。仿真结果表明所提出的机制能够获得更好的节能性能。同样地，Jang 和 Choi[4] 表明初始化休眠窗口大小和最终休眠窗口大小等参数会随着流量的类型进行自适应的调整以实现节能。在降低能量损耗方面，Kim[5] 也提出了一种增强型省电机制（EPSM），通过考虑以前休眠模式操作过程中的休眠时间，自适应地调节初始休眠窗口和最终休眠窗口的大小。此外，它表明了 EPSM 可以根据 MS 过程中剩余的能量从而自适应地控制能量损耗和响应延迟。系统负载和流量属性也会对能量损耗产生影响。Peng 和 Wang[6] 将系统负载和流量属性考虑在内，提出了一种自适应节能机制（AESM），从而自适应地节省能量。该机制对于较少的流量负载非常有效。

上述所有的研究都是在 PSC - I 基础上进行的改进或分析，而且为了分析简化起见，泊松流量模型已经在性能评价中得到广泛应用。然而，泊松假设和 PSC - I 并不适用于 VoIP 流量，是因为：①在 VoIP 分组到达不服从泊松过程；②PSC - I 不适合 VoIP 是由于不能恰当地处理延迟和丢包率的约束。为了满足服务质量的要求，IEEE 802.16e 标准专门针对 VoIP 推荐 PSC - II，即采用恒定的休眠和监听间隔。然而根据国际电信联盟（ITU）推荐的语音模型[8]，单向的人类语音由交替的通信期和静默（停顿）期构成，这两者都符合负指数分布，平均时间分别为 1.004s 和 1.587s。据统计，整个静默期大约占人类语音时间范围的 61%。因此，在静默期，PSC - II 的固定监听可能会导致不必要的唤醒，反之则可能消耗更多的能量。

为了解决这个问题，由 Hyun - Ho 和 Dong - Ho Cho[7] 提出了一种新型的混合机制。具体而言，在混合机制中，通信期将采用固定的监听和休眠间隔，以便适应编码语音数据包到达的固定比特率。而在静默期，指数型休眠窗口调整以探测流量到达率，从而减少不必要的监听。这种方案被证明是有效的，能够使能量损耗降低达 20%[7]。然而以下问题仍然还未得到解决：

1）Hyun - Ho 和 Dong - Ho Cho[7] 的研究只考虑了双工通信场景，而且提出的方案不能直接应用于下行链路的单工 VoIP 流量中，因为此方案未考虑到休眠窗口会根据服务质量（QoS）所做调整后的影响。鉴于延迟和丢包率的约束，如何选择休眠窗口的参数使得苛刻的 QoS 要求得以满足？选择较大的休眠窗口会导致语音质量的严重失真，而较小的窗口可能产生更多的能量损耗。必须打破 QoS 和能量损耗之间的平衡。

2）此外，双工通信场景中，分析流量延迟和丢包率时，所提出的混合方案不能区分 DL 和 UL 流量的唤醒机制，并且忽略了休眠模式也可以通过 MS 中 UL 流量进行终止的事实[2,20]。因此，在 Hyun - Ho 和 Dong - Ho Cho[7] 的性能分析中，无论发生任何情况，DL 流量必须在 BS 中进行缓冲直至休眠间隔结束。这样不可避免地会导致对 DL 流量的延迟和丢包率方面出现分析错误。

3）人类自然语速因语言、性别和个性的不同而不同。这个因素显著地影响了节能方案的性能和参数的选择。为了最大限度地提高能量利用率，当调整休眠窗口时应将这个因素考虑在内。

在本章中，基于混合方法[7]，试图解决上述问题，在规定的 QoS 约束下，为单工和双工 VoIP 流量模型力求找到最佳的休眠窗口参数。4.3 节提出人类语音模型的背景和混合节能机制的基本概念。在 4.4 节，给出了数学分析模型并推导出延迟、丢包率和无效唤醒的次数。紧接着，在4.5节中通过仿真延迟以验证分析的结果。在这些结果的指导下，获得最佳的窗口调整参数。最后，4.6节对本章内容进行小结。

4.3 人类语音模型和混合机制

4.3.1 场景1：单工语音通信

单工语音通信是指语音从 BS 单向传输给移动用户，并且只支持下行语音。通常情况下，它适用于多种语音广播场景，比如脱口秀节目、新闻广播和口头报告等。

在单工语音通信中，整个语音持续时间可以划分为相邻通话期和静默期，这两个时段在时间范围内不断交替。语音系统在通话状态和静音状态之间切换，如图 4.1 所示。根据人类语音模型，静默期和通话期两者的概率密度函数（PDF）可以由两个指数函数近似表示[8-9]。具体而言，通话期的累积分布函数（CDF）可以表示为 $P(t < \tau) = 1 - e^{-\frac{\tau}{T_\lambda}}$，而静默期的 CDF 可以表示为 $P(t < \tau) = 1 - e^{-\frac{\tau}{T_s}}$，其中 $T_\lambda = 1.004$，$T_s = 1.587$。

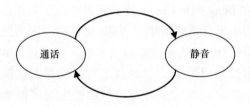

图 4.1　单工通信的状态转换图

4.3.2 场景2：双工语音通信

双工语音通信是指两个终端用户之间的语音通话进行双向传输，并且是由 WiMAX 系统支持的基础服务之一。基于 ITU 标准支持的通话语音模型[8]，双工语音通信过程可以分为4个状态：①S_1：A - 通话，B - 静音；②S_2：A - 静音，B - 静音；③S_3：A - 通话，B - 通话；④S_4：A - 静音，B - 通话。不同状态之间的转换如图 4.2 所示。

按照 ITU 推荐的通信模型，每个状态 S_i 的持续时间是随机变量，其中 CDF 可以由以下指数函数近似表示：

$$\begin{cases} \text{ST}: 1 - e^{-\frac{\tau}{T_{st}}} \\ \text{DT}: 1 - e^{-\frac{\tau}{T_{dt}}} \\ \text{MS}: 1 - e^{-\frac{\tau}{T_{ms}}} \end{cases} \tag{4.1}$$

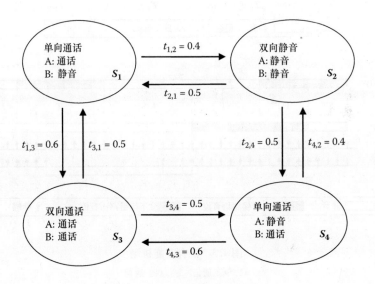

图 4.2　双工语音通信的状态转换图

式中，T_{st}、T_{dt} 和 T_{ms} 分别是单向通话（ST）、双向通话（DT）和双向静音（MS）的平均持续时间，其相应值分别是 854ms、226ms 和 456ms。在图 4.2 中，$t_{i,j}$ 是状态 S_i 到状态 S_j 的转移概率。

4.3.3　混合机制

为了避免在静默期不必要的监听，混合机制中[7]，当流量指示标记为负时，休眠窗口加倍增加直到窗口大小达到最大值为止。具体而言，休眠窗口的演化过程由下式表示：

$$T_n = \begin{cases} T_1 & n = 1 \\ \min(2^{n-1} T_1, T_{max}) & n > 1 \end{cases} \tag{4.2}$$

式中，T_1 和 T_{max} 分别表示休眠窗口的初始值和最大值。

在通话期，监听和休眠间隔是恒定值，并且在监听间隔期间，MS 从 BS 接收下行链路 VoIP 或者发送上行链路流量至 BS。因此，混合机制是 PSC – I 和 PSC – II 两者的结合。混合节能机制如图 4.3 所示。

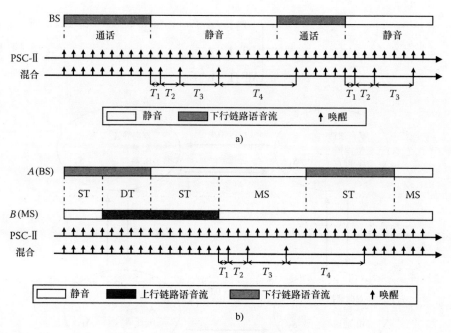

图 4.3 混合节能机制

a) 单工通信 b) 双工通信

4.4 性能分析

VoIP 服务具有严格的 QoS 要求：平均延迟和丢包率[18]。为了避免性能的严重恶化，这两个约束必须进行妥善地处理。在混合机制中，影响性能的最显著因素是休眠窗口的调整。大量的休眠窗口能够避免频繁监听，从而节省能量。然而这样也会导致延迟和丢包率较大。另一方面，持续不断的监听具有更好的通信性能。但是这种方式的劣势在于耗能较多，从能量效率的角度而言是不可取的。关于系统优化方面，消耗额外的能量用于实现更多所需的通信性能显得有些浪费。因此，如何恰当地调整休眠窗口大小以节省能量并且还要满足 QoS 要求是一个极具挑战性的问题。为了获得最佳的调整参数，在本节中给出了系统性能的数学分析模型。在开始性能分析之前，表 4.1 概括了本章的其余部分所使用的符号。

表 4.1 符号

符号	描述
T_l	单工通信的平均通话期
T_s	单工通信的平均静默期
T_{st}	双工通信的平均单向通话期

（续）

符号	描述
T_{dt}	双工通信的平均双向通话期
T_{ms}	双工通信的平均双向静音期
T'_s	双工通信的平均 UL/DL 静音期
T_f	帧长
T_1	初始休眠窗口
T_{max}	最大休眠窗口
K	最大休眠窗口指数

4.4.1　场景 1：单工通信

4.4.1.1　平均下行链路通话延迟

将第一个通话数据包到达 BS 的缓冲器时刻与 MS 开始接收这个通话数据包时刻之间的时间段定义为通话延迟。假设在静默期，根据式（4.2）对休眠窗口 T_i（$i \geq 1$）进行调整。还规定 $T_{max} = 2^K T_1$，其中 K 是最大休眠窗口指数，也是 i 能够达到的最大值。为了不失一般性，令 t_0 表示静默期的开始时间，同时它也是第一个休眠窗口的起点。在 MS 中，用于检查下行链路流量的唤醒时间为 t_1，其中 $i > 0$ 且 $t_i - t_{i-1} = T_i$。如果下行链路流量到达的时间是 t_1，其中 $t \in [t_i, t_{i+1}]$，通话延迟重写成 $t_{i+1} - t$，是因为 MS 必须处于休眠状态直到 t_{i+1} 时刻以检查下行链路流量标记，如图 4.4 所示。当流量指示标记为负时休眠窗口大小成倍增加，t_1 可以表示为

$$t_i = \begin{cases} 0 & i = 0 \\ T_1 \sum_{j=0}^{i-1} 2^j & 1 \leqslant i \leqslant K+1 \\ T_1 \sum_{j=0}^{K} 2^j + (i - K - 1) T_{max} & i > K+1 \end{cases} \quad (4.3)$$

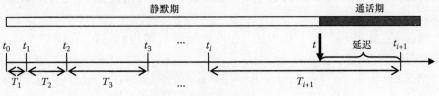

在 $[t_i, t_{i+1}]$ 期间到达的下行链路流量

图 4.4　在第 i 个休眠窗口时到达的下行链路流量

根据上述通信模型，静默期的 PDF 可以写成 $\frac{1}{T_s}e^{-\frac{\tau}{T_s}}$。通话期的平均延迟 E $[D]$ 可以用下式计算：

$$E[D] = \sum_{i=0}^{K}\int_{t_i}^{t_{i+1}}\frac{1}{T_s}e^{-\frac{t}{T_s}}(t_{i+1}-t)\mathrm{d}t + \sum_{i=0}^{\infty}\int_{t_{K+1}+iT_{max}}^{t_{K+1}+(i+1)T_{max}}\frac{1}{T_s}e^{-\frac{t}{T_s}}(t_{K+1}+(i+1)T_{max}-t)\mathrm{d}t$$

$$(4.4)$$

式（4.4）的第一积分可以写成 $(t_{i+1}-t)\,e^{-\frac{t_i}{T_s}}+T_s\,(e^{-\frac{t_{i+1}}{T_s}}-e^{-\frac{t_i}{T_s}})$，式（4.4）的第二积分可以表达为 $T_{max}e^{-\frac{t_{K+1}+iT_{max}}{T_s}}+T_s\,(e^{-\frac{t_{K+1}+(i+1)T_{max}}{T_s}}-e^{-\frac{t_{K+1}+iT_{max}}{T_s}})$。结合这两个积分，则 E $[D]$ 可以重写成

$$E[D] = \sum_{i=0}^{K}\underbrace{(t_{i+1}-t_i)}_{=T_{i+1}=2^iT_1}e^{-\frac{t_i}{T_s}}+T_s\underbrace{\sum_{i=0}^{K}(e^{-\frac{t_{i+1}}{T_s}}-e^{-\frac{t_i}{T_s}})}_{=-e^{-\frac{t_0}{t_s}}+e^{-\frac{t_{K+1}}{t_s}}=e^{-\frac{t_{K+1}}{t_s}}-1}+T_{max}e^{-\frac{t_{K+1}}{T_s}}\sum_{i=0}^{\infty}e^{-\frac{iT_{max}}{T_s}}$$

$$+T_se^{-\frac{t_{K+1}}{T_s}}\underbrace{\sum_{i=0}^{\infty}(e^{-\frac{(i+1)T_{max}}{T_s}}-e^{-\frac{iT_{max}}{T_s}})}_{=-e^0=-1}$$

$$=\sum_{i=0}^{K}2^iT_1e^{-\frac{t_i}{T_s}}+T_s(e^{-\frac{t_{K+1}}{T_s}}-1)+T_{max}e^{-\frac{t_{K+1}}{T_s}}(1-e^{-\frac{T_{max}}{T_s}})^{-1}-T_se^{-\frac{t_{K+1}}{T_s}}$$

$$=\sum_{i=0}^{K}2^iT_1e^{-\frac{t_i}{T_s}}+T_{max}e^{-\frac{t_{K+1}}{T_s}}(1-e^{-\frac{T_{max}}{T_s}})^{-1}-T_s \qquad (4.5)$$

式中，T_1、T_{max} 可以由式（4.2）计算得出，根据式（4.3）可以计算出 t_{K+1}。

4.4.1.2 丢包率

在静默期，当 MS 处于休眠状态时，输入的下行链路 VoIP 流量必须在 BS 进行缓存。然而在 VoIP 流上还存在着延迟约束，是因为①对于每个 MS 而言，BS 的缓存器容量是有限的；②由于传输过期，较长的缓存时间会导致丢包。因此假设为每一个 MS 分配的缓存器流量为 B，即 BS 只能为 MS 缓存 Bs 的语音流。

同样地，令 t_1，t_2，t_3，$t_4\cdots$ 是下行链路流量的检测点，通话期的起始和终止时间分别为 t 和 t'。为了分析丢包率，使用以下 3 种情况对其说明，如图 4.5 所示。

情况 1：如果 $t\in[t_i-B,\ t_i]$，在此期间所有即将到达的 VoIP 包都缓存到 BS 中并且没有流量丢失。

情况 2：如果 $t\in[t_{i-1},\ t_i-B]$ 且 $t'\in[t_{i-1},\ t_i-B]$，由于过期，所有即将到达的 VoIP 数据包丢失。

情况 3：如果 $t\in[t_{i-1},\ t_i-B]$ 且 $t'\in[t_i-B,\ \infty]$，由于过期时间为 t_i-B-t，一部分数据包丢失。

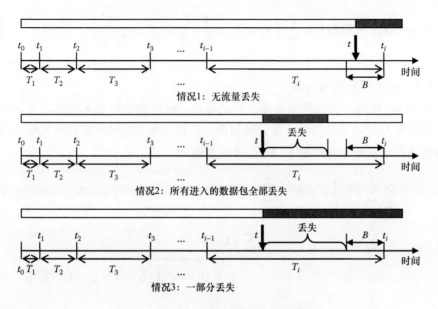

图 4.5 不同时间间隔条件下的通话期到达

令 $j = \min \arg \{ i \mid T_i > B \}$，对于情况 2，丢失率可以用下式计算：

$$
E(L_1) = \sum_{i=j}^{\infty} \int_{t_{i-1}}^{t_i-B} \underbrace{\frac{1}{T_s} e^{-\frac{t}{T_s}}}_{\text{平均值 } t \in [t_{i-1}, t_i-B]} dt \int_{t_{i-1}}^{t_i-B} \underbrace{\frac{1}{T_\lambda} e^{-\frac{t'}{T_\lambda}}}_{\text{平均值 } t' \in [t_{i-1}, t_i-B]} \underbrace{(t'-t)}_{\text{丢失部分}} dt'
$$

$$
= \sum_{i=j}^{\infty} \int_{t_{i-1}}^{t_i-B} \left(\frac{T_\lambda}{T_s} e^{-\frac{t}{T_s}} - \frac{t_i - B - t + T_\lambda}{T_s} e^{-\frac{t}{T_s} - \frac{t_{i+1}-B-t}{T_\lambda}} \right) dt
$$

$$
= \sum_{i=j}^{\infty} \left(T_\lambda e^{-\frac{t_{i-1}}{T_s}} - \frac{T_\lambda T_s}{(T_\lambda - T_s)^2} e^{-\frac{t_i-B}{T_s}} \right) - \frac{(T_\lambda^2 - T_\lambda T_s)(t_i - t_{i-1} - B + T_\lambda) - T_\lambda^2 T_s}{(T_\lambda - T_s)^2} e^{-\frac{(T_\lambda - T_s)t_{i-1} + T_i^2 t_i - T_s B}{T_s T_\lambda}}
$$

$$(4.6)$$

对于情况 3，计算丢失率的公式为

$$
E(L_2) = \sum_{i=j}^{\infty} \int_{t_{i-1}}^{t_i-B} \underbrace{\frac{1}{T_s} e^{-\frac{t}{T_s}}}_{\text{平均值 } t \in [t_{i-1}, t_i-B]} \underbrace{e^{-\frac{t_i-B-t}{T_\lambda}}}_{\text{平均值 } t' - t > t_i - B - t} \underbrace{(t_i - B - t)}_{\text{丢失部分}} dt
$$

$$
= \sum_{i=j}^{\infty} \left[\frac{(T_\lambda^2 - T_\lambda T_s)(t_i - t_{i-1} - B) - T_\lambda^2 T_s}{(T_\lambda - T_s)^2} e^{-\frac{(T_\lambda - T_s)t_{i-1} T_s t_i - T_s B}{T_s T_\lambda}} + \frac{T_s T_\lambda^2}{(T_\lambda - T_s)^2} e^{-\frac{t_i-B}{T_s}} \right]
$$

$$(4.7)$$

因此，总的平均丢包率 $E(L)$ 是 $E(L_1)$ 和 $E(L_2)$ 之和，即

$$E(L) = E(L_1) + E(L_2) = \sum_{i=j}^{\infty} \left[T_\lambda \, e^{-\frac{t_{i-1}}{T_s}} + \frac{T_\lambda T_s}{T_\lambda - T_s} \, e^{-\frac{t_i - B}{T_s}} - \frac{T_\lambda^2}{T_\lambda - T_s} \, e^{-\frac{(T_\lambda - T_s)t_{i-1} + T_s t_i - T_s B}{T_s T_\lambda}} \right]$$

$$(4.8)$$

4.4.1.3 平均无效唤醒次数

如果 MS 唤醒并接收到流量指示标记为负，则这种唤醒是无效的。为了减少因无效唤醒导致的能量损耗，混合机制指出应成倍地增加休眠窗口的大小。在一个静默期无效唤醒平均次数 $E(N_w)$ 可以表示为

$$E[N_w] = \sum_{i=0}^{K} i \int_{t_i}^{t_{i+1}} \frac{1}{T_s} e^{-\frac{t}{T_s}} dt + \sum_{i=0}^{\infty} (K+i+1) \int_{t_{K+1}+iT_{max}}^{t_{K+1}+(i+1)T_{max}} \frac{1}{T_s} e^{-\frac{t}{T_s}} dt$$

$$= \underbrace{\sum_{i=0}^{K} i \left(e^{-\frac{t_i}{T_s}} - e^{-\frac{t_{i+1}}{T_s}} \right)}_{= \sum_{i=1}^{K} e^{-\frac{t_i}{T_s}} - K e^{-\frac{t_{K+1}}{T_s}}} + \underbrace{\sum_{i=0}^{\infty} (K+i+1) \left(e^{-\frac{t_{K+1}+iT_{max}}{T_s}} - e^{-\frac{t_{K+1}+(i+1)T_{max}}{T_s}} \right)}_{= -e^{-\frac{t_{K+1}}{T_s}} \left(1 - e^{-\frac{T_{max}}{T_s}} \right) \left[K \sum_{i=0}^{\infty} e^{-\frac{iT_{max}}{T_s}} + \sum_{i=0}^{\infty} (i+1) e^{-\frac{iT_{max}}{T_s}} \right]}$$

$$= \sum_{i=1}^{K} e^{-\frac{t_i}{T_s}} + e^{-\frac{t_{K+1}}{T_s}} \left(1 - e^{-\frac{T_{max}}{t_s}} \right)^{-1}$$

$$(4.9)$$

4.4.2 场景 2：双工通信

在双向通话场景中，如果 MS 具有上行链路流量（输出流）而且处于休眠模式，MS 可以立即禁用休眠模式转而发送上行链路流量。此外，上行链路传输过程中不存在延迟，只需关注下行链路的延迟即可。另外，随着 MS 在预先设定的唤醒时间之前进入活跃状态，由于上行链路流量即将到达，缩短了在 BS 中下行链路的延迟，因此这与 Hyun – Ho 和 Dong – Ho Cho[7] 所做的性能分析不尽相同。在计算平均延迟和丢包率之前，应首先获得通信过程中静默期的分布。

定理：系统停留在某个状态 S_k 的时段可以由指数函数近似表示。

证明：假设当前状态为 S_k，令 p_k 是系统在观察时间 T_f（即在本章中指帧长）内从状态 S_k 转换到另一种状态的概率。通常观察时间足够小，即 $p_k \ll 1$。因此，在 t 范围内该系统状态保持不变的概率为

$$p_k(\tau < t) = p_k + (1 - p_k) p_k + (1 - p_k)^2 p_k + \cdots + (1 - p_k)^{[t/T_f]} p_k$$

$$(4.10)$$

式中，$[t/T_f]$ 表示不超过 t/T_f 的最大整数。

从式（4.10）中可以得出

$$p_k(\tau < t) = 1 - (1 - p_k)^{[t/t_f]} \approx 1 - (1 - p_k)^{t/T_f + 1}$$

$$(4.11)$$

因此，系统保持当前状态 S_k 的概率密度函数由下式给出：

$$f_k(t) = \frac{\mathrm{d}}{\mathrm{d}t} p_k(\tau < t) = -\frac{(1 - p_k)\ln(1 - p_k)}{T_f}(1 - p_k)^{t/t_f}$$

$$= (1 - p_k)\frac{\ln(\frac{1}{1 - p_k})}{T_f} \mathrm{e}^{-\frac{\ln(\frac{1}{1 - p_k})}{T_f}t} \tag{4.12}$$

令 $\lambda_k = \ln\left(\dfrac{1}{1 - p_k}\right) \Big/ T_f$，且 $1 - p_k \approx 1$，则式（4.12）可以重写成 $f_k(t) = \lambda_k \mathrm{e}^{-\lambda_k t}$，这是一个指数函数。此外，系统停留在状态 S_k 的平均持续时间为 λ_k^{-1}（证明结束）。

从上述分析可以得出 $p_k = 1 - \mathrm{e}^{-\lambda_k T_f}$，它是系统从当前状态 S_k 在观察时段 T_f 的状态转换概率。有了这个定理，可以将图 4.2 中的双工通信模型转换成具有 4 种状态的马尔科夫模型，如图 4.6 所示。

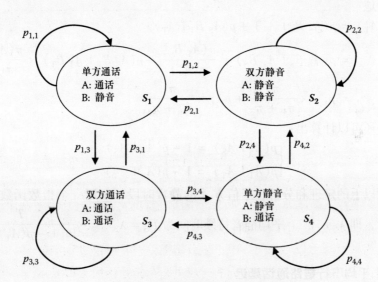

图 4.6　双工通信的马尔科夫模型

在图 4.6 中，状态转换概率可以用矩阵 $\overline{P} = [p_{i,j}]_{4 \times 4}$ 表示，其中：

$$\begin{cases} p_{1,1} = 1 - p_1 = \mathrm{e}^{-\lambda_1 T_f} = \mathrm{e}^{-T_{st}^{-1} T_f} \\ p_{2,2} = 1 - p_2 = \mathrm{e}^{-\lambda_2 T_f} = \mathrm{e}^{-T_{ms}^{-1} T_f} \\ p_{3,3} = 1 - p_3 = \mathrm{e}^{-\lambda_3 T_f} = \mathrm{e}^{-T_{dt}^{-1} T_f} \\ p_{4,4} = p_{1,1} \\ p_{i,j} = (1 - p_{i,i}) \times t_{i,j} \quad i \neq j \end{cases} \tag{4.13}$$

令 $\Pi = [\pi_1 \pi_2 \pi_3 \pi_4]$ 是 4 种状态 $\overline{S} = [S_1 S_2 S_3 S_4]$，因此得到下式：

$$\begin{cases} \Pi \times \bar{P} = \Pi \\ \sum_{i=1}^{4} \pi_i = 1 \end{cases} \tag{4.14}$$

通过求解式（4.14），得出平稳概率分布 $\{\pi_i\}$。

假设双工通信方是 A 和 B。目前，得出一方 A 的静默期分布。令 $p(A_T | A_S)$ 是 A 在观察时段 T_f 从静音状态到通话状态的转换概率，因此得出一步转换概率为

$$p(A_T | A_S) = p(A_T B_S | A_S) + p(A_T B_T | A_S)$$

$$= p(A_T B_S | A_S B_S) \times \frac{\pi(A_S B_S)}{\pi(A_S)} + p(A_T B_T | A_S B_T) \times \frac{\pi(A_S B_T)}{\pi(A_S)}$$

$$= p_{2,1} \times \frac{\pi_2}{\pi_2 + \pi_4} + p_{4,3} \times \frac{\pi_4}{\pi_2 + \pi_4} \tag{4.15}$$

同样地

$$p(A_S | A_T) = p(A_S B_S | A_T) + p(A_S B_T | A_T)$$

$$= p(A_S B_S | A_T B_S) \times \frac{\pi(A_T B_S)}{\pi(A_T)} + p(A_S B_T | A_T B_T) \times \frac{\pi(A_T B_T)}{\pi(A_T)}$$

$$= p_{1,2} \times \frac{\pi_1}{\pi_1 + \pi_3} + p_{3,4} \times \frac{\pi_3}{\pi_1 + \pi_3} \tag{4.16}$$

此外还可以计算出：

$$\begin{cases} p(A_S | A_S) = 1 - p(A_T | A_S) \\ p(A_T | A_T) = 1 - p(A_S | A_T) \end{cases} \tag{4.17}$$

通过以上的定理和分析，通信方 A 的静音时段可以用一个指数函数 PDF 来近似表示，即 $\lambda_S e^{-\lambda_S t}$。平均静音持续时间为 $T'_S = \lambda_S^{-1} = -\dfrac{T_f}{\ln[1 - p(A_T | A_S)]}$。

4.4.2.1 平均下行链路通话延迟

假设 MS 处于第 $(i+1)$ 个休眠窗口，预先设定的休眠间隔为 $[t_i, t_{i+1}]$。进一步假设在这段时间间隔内下行链路流量到达 BS，并且到达时间为 t。需要考虑两种情况，如图 4.7 所示。令 t 和 t' 分别是下行链路和上行链路流量到达的时间。

在情况 1 中，在 $[t_i, t_{i+1}]$ 期间，没有来自移动用户的上行链路流量，其中 $t \in [t_i, t_{i+1}]$ 且 $t' \in [t_{i+1}, \infty]$，因此下行链路流量必须缓存在 BS 中直到 MS 在 t_{i+1} 时刻唤醒，从而检查下行链路流量指示标记。在这种情况下，下行链路延迟可以重写成 $t_{i+1} - t$。因此平均延迟可以表示为

$$E[D_1] = \sum_{i=0}^{\infty} \int_{t_i}^{t_{i+1}} \frac{1}{T_{ms}} e^{-\frac{t}{T_{ms}}} dt \int_{t_{i+1}}^{\infty} \frac{1}{T'_s} e^{-\frac{t'-t}{T'_s}} (t_{i+1} - t) dt' \tag{4.18}$$

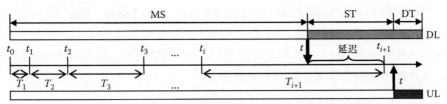

情况1：在∈[t_i, t_{i+1}]时下行链路流量到达，并且这段时间没有上行链路流量

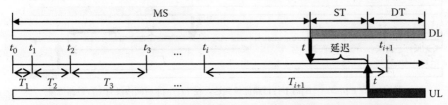

情况2：在t∈[t_i, t_{i+1}]时下行链路流量到达，并且这段时间内上行链路流量也到达

图 4.7　双工通信场景中的下行链路延迟

在式（4.18）中，T_s'是通信过程中上行链路通信的平均静默期，这在以上分析中已经计算得出。

在情况 2 中，$[t_i, t_{i+1}]$期间存在即将到达的上行链路流量，因此 MS 在预先设定的唤醒时间t_{i+1}之前终止休眠模式。在这种情况下，$t \in [t_i, t_{i+1}]$且$t' \in [t_i, t_{i+1}]$，得出下行链路延迟为$t' - t$。则延迟可以重新表示为

$$E[D_2] = \sum_{i=0}^{\infty} \int_{t_i}^{t_{i+1}} \frac{1}{T_{ms}} e^{-\frac{t}{T_{ms}}} dt \int_{t}^{t_{i+1}} \frac{1}{T_s'} e^{-\frac{t'-t}{T_s'}} (t' - t) dt' \tag{4.19}$$

平均下行链路延迟是 $E[D_1]$ 和 $E[D_2]$ 之和，可以表示为

$$E[D] = E[D_1] + E[D_2]$$

$$= \sum_{i=0}^{\infty} \int_{t_i}^{t_{i+1}} \frac{1}{T_{ms}} e^{-\frac{t}{T_{ms}}} dt \int_{t_{i+1}}^{\infty} \frac{1}{T_s'} e^{-\frac{t'-t}{T_s'}} (t_{i+1} - t) dt'$$

$$+ \sum_{i=0}^{\infty} \int_{t_i}^{t_{i+1}} \frac{1}{T_{ms}} e^{-\frac{t}{T_{ms}}} dt \int_{t}^{t_{i+1}} \frac{1}{T_s'} e^{-\frac{t'-t}{T_s'}} (t' - t) dt' \tag{4.20}$$

$$= \sum_{i=0}^{\infty} \frac{T_s'}{T_{ms}} \int_{t_i}^{t_{i+1}} e^{-\frac{t}{T_{ms}}} dt - \sum_{i=0}^{\infty} \frac{T_s'}{T_{ms}} \int_{t_i}^{t_{i+1}} e^{(\frac{1}{T_s'} - \frac{1}{T_{ms}})t - \frac{t_{i+1}}{T_s'}} dt$$

$$= T_s' - \frac{T_s'^2}{T_{ms}} \left[\sum_{i=0}^{\infty} e^{-\frac{t_{i+1}}{T_{ms}}} - \sum_{i=0}^{\infty} \left(e^{-\frac{t_i}{T_{ms}} + \frac{t_i - t_{i+1}}{T_s'}} \right) \right]$$

4.4.2.2 丢包率

基站（BS）可以为移动用户容纳 Bs 的 VoIP 下行链路流，即在 BS 中能够缓存的最大长度是 B。同样地，令 t 和 t' 分别是下行链路流量和上行链路流量的到达时间，显然如果 $t \in [t_{i+1} - B, t_{i+1}]$，则不存在流量损耗。因此对于流量损耗而言，只需要考虑两种情况，如图 4.8 所示。

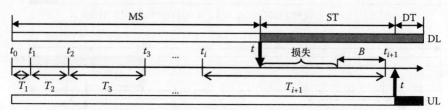

情况1：在 $\in [t_i, t_{i+1} - B]$ 时下行链路流量到达，在 $[t, t_{i+1}]$ 时间内没有上行链路流量

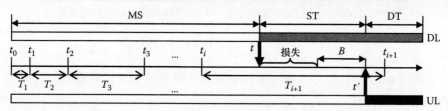

情况2：在 $\in [t_i, t_{i+1}, -B]$ 时下行链路通信量到达，在 $[t, t_{i+1}]$ 时间内上行链路流量到达

图 4.8 双工通信场景中下行链路流损失

在情况 1 中，在 $[t_1, t_{i+1} - B]$ 期间，下行链路流量到达，而且在 $[t, t_{i+1}]$ 期间没有上行链路通信量，即满足 $t \in [t_i, t_{i+1} - B]$ 且 $t' \in [t_{i+1}, \infty]$。因此流量损耗的数量是 $t_{i+1} - B - t$。令 $j = \mathrm{minarg}\{i \mid T_i > B\}$，则平均损耗可以表示为

$$
\begin{aligned}
E[L_1] &= \sum_{i=j}^{\infty} \int_{t_i}^{t_{i+1}-B} \frac{1}{T_{\mathrm{ms}}} e^{-\frac{t}{T_{\mathrm{ms}}}} \mathrm{d}t \int_{t_{i+1}}^{\infty} \frac{1}{T'_{\mathrm{s}}} e^{-\frac{t'-t}{T'_{\mathrm{s}}}} (t_{i+1} - B - t) \mathrm{d}t' \\
&= \sum_{i=j}^{\infty} \frac{T'^2_{\mathrm{s}} T_{\mathrm{ms}}}{(T_{\mathrm{ms}} - T'_{\mathrm{s}})^2} e^{\frac{(T_{\mathrm{ms}} - T'_{\mathrm{s}})(t_{i+1}-B) - T_{\mathrm{ms}} t_{i+1}}{T'_{\mathrm{s}} T_{\mathrm{ms}}}} - \\
&\quad \sum_{i=j}^{\infty} \frac{T'_{\mathrm{s}}}{T_{\mathrm{ms}} T'_{\mathrm{s}}} \left(t_{i+1} - t_i - B + \frac{T'_{\mathrm{s}} T_{\mathrm{ms}}}{T_{\mathrm{ms}} T'_{\mathrm{s}}} \right) e^{\frac{(T_{\mathrm{ms}} - T'_{\mathrm{s}}) t_i - T_{\mathrm{ms}} t_{i+1}}{T'_{\mathrm{s}} T_{\mathrm{ms}}}}
\end{aligned}
\tag{4.21}
$$

在情况 2 中，在 $[t_i, t_{i+1} - B]$ 期间下行链路流量到达，而且在 $[t + B, t_{i+1}]$ 期间上行链路流量即将到达，即 $t \in [t_i, t_{i+1} - B]$ 且 $t' \in [t + B, t_{i+1}]$。平均流量损耗可以重写成

$$E[L_2] = \sum_{i=j}^{\infty} \int_{t_i}^{t_{i+1}-B} \frac{1}{T_{ms}} e^{-\frac{t}{T_{ms}}} dt \int_{t+B}^{t_{i+1}} \frac{1}{T'_s} e^{-\frac{t'-t}{T'_s}} (t'-B-t) dt'$$

$$= \sum_{i=j}^{\infty} \frac{2 T'^2_s T_{ms} - T'^3_s}{(T_{ms} - T'_s)^2} e^{\frac{(T_{ms}-T'_s)(t_{i+1}-B)-T_{ms}t_{i+1}}{T'_s T_{ms}}} -$$

$$\sum_{i=j}^{\infty} \left[(t-t_{i+1}+B)(T'_s T_{ms} - T'^2_s) - 2T'^2_s T_{ms} - T'^3_s \right] e^{\frac{(T_{ms}-T'_s)t_i - T_{ms}t_{i+1}}{T'_s T_{ms}}}$$

$$+ \sum_{i=j}^{\infty} T'_s e^{\frac{-B}{T'_s}} \left(e^{-\frac{t_i}{T_{ms}}} - e^{-\frac{t_{i+1}-B}{T_{ms}}} \right) \tag{4.22}$$

总之，平均下行链路流量损耗是 $E[L_1]$ 和 $E[L_2]$ 之和：

$$E[L] = E[L_1] + E[L_2] \tag{4.23}$$

4.4.2.3　平均无效唤醒次数

在双工通信场景中，休眠窗口的大小在双方静音时段会成倍增加。因此在一个双方静音时段的平均无效唤醒次数 $E(N_w)$ 可以计算为

$$E[N_w] = \sum_{i=0}^{\infty} i \int_{t_i}^{t_{i+1}} \frac{1}{T_{ms}} e^{-\frac{t}{T_{ms}}} dt$$

$$= \sum_{i=0}^{K} i \int_{t_i}^{t_{i+1}} \frac{1}{T_{ms}} e^{-\frac{t}{T_{ms}}} dt + \sum_{i=0}^{\infty} (K+i+1) \int_{t_{K+1}+iT_{max}}^{t_{K+1}+(i+1)T_{max}} \frac{1}{T_{ms}} e^{-\frac{t}{T_{ms}}} dt$$

$$= \sum_{i=1}^{K} e^{-\frac{t_i}{T_{ms}}} + e^{-\frac{t_{K+1}}{T_{ms}}} \left(1 - e^{-t_{K+1}\frac{T_{max}}{T_{ms}}} \right)^{-1} \tag{4.24}$$

4.5　数值结果与性能分析

休眠窗口大小的调整会显著地影响混合机制在 QoS 保证和能量消耗方面的性能。在本节中，改变休眠窗口的初始值和最大值，并提出平均通话延迟、丢包率和无效唤醒次数。人们希望消耗最少的能量以满足 QoS 要求。为了验证 4.4 节中性能分析的准确性，还进行了大量的仿真实验。

根据 ITU 文件 G.114 关于 QoS 的规范[10]，为实现满意的传输质量，VoIP 的最大端到端延迟不应超过 250ms。对端到端延迟有利的因素包括通信处理延迟、编码延迟以及骨干传输延迟[22]。因此在系统设计过程中，应该为这些延迟组件保留一定的冗余，并且要求平均通话延迟不应超过 200ms。此外，为了避免在 MS 处存在严重的通信质量失真，最大丢包率必须低于 10%。

4.5.1 场景1：单工通信

在发送端，根据格式规范，经采样、编码后的语音封装成互联网协议（IP）流的数据包[19]。假设在通话期，每隔 20ms 产生一个 VoIP 数据包。相应地，在这段时间内，MS 也应每隔 20ms 被唤醒一次以接收下行链路通信量。在静默期，根据式（4.2）休眠窗口以指数型进行调整。当休眠窗口调整之后，唤醒 MS 以接收来自 BS 的下行链路流量指示广播。假设流量指示的接收时间为 1ms。如果流量指示标记为负，则 MS 不需要接收其余帧并且直接进入休眠状态。否则如果提示标记为正，MS 应在整个帧长（5ms）内保持活跃状态以接收其下行链路数据包。分析和仿真的物理参数见表 4.2。根据以上推导，编写 MATLAB 程序来计算性能。为了验证推导的准确性，还写了 C 语言的仿真程序。所有程序可以通过网址 http://cie.szu.edu.cn/uploads/userup/63/1305361619 – 1230.rar 进行下载。

表 4.2　场景 1 仿真参数 T_f

参数	值
监听功率/W	1.5
休眠功率/W	0.05
帧长 T_f/ms	5
平均通话期 T_1/s	1.004
平均静默期 T_s/s	1.587
休眠窗口初始值 T_1/ms	20
延迟容忍度/ms	<200
丢包容忍度	<10%
缓存长度 B/ms	100
电池电能初始值/J	1000

4.5.1.1　平均通话延迟

图 4.9 和图 4.10 分别显示了不同的最大休眠窗口指数下所对应的平均下行通话延迟，其中初始化休眠窗口指数分别是 2 和 4。

在式（4.2）中休眠窗口初始值为 T_1，它可以通过下式计算：

$$休眠窗口初始值 = 帧长 \times 2^{初始窗口指数} \tag{4.25}$$

休眠窗口最大值/最终结果 T_{max} 计算得

$$休眠窗口最大值 = 帧长 \times 2^{最大窗口指数} \tag{4.26}$$

因此，式（4.3）中 K 可以表示为

$$K = 最大窗口指数 - 初始窗口指数 \tag{4.27}$$

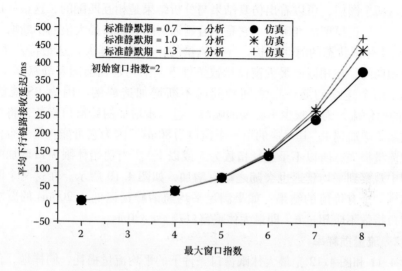

图 4.9　在最大休眠窗口指数条件下平均通话延迟（初始窗口指数 = 2）

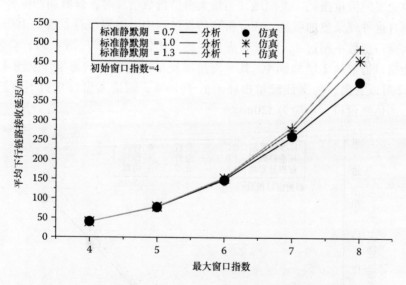

图 4.10　在最大休眠窗口指数条件下平均通话延迟（初始窗口指数 = 4）

根据式（4.27），图 4.9 和图 4.10 中初始窗口分别是 20ms 和 80ms，而这两张图的最大休眠窗口都为 1280ms（其中，$K = 8$）。需要注意的是，静默期的平均持续时间随着语言、性别或者个人性格而有所不同。进行仿真时，通过成倍地增加平均静默期，即 "Norm - Silen - period"（标准静默期）参数，以此反映自然的人类语音。

在这两个图中，可以看出仿真结果与分析结果是相互匹配的，这很好地验证了4.4节中延迟模型的准确性。它意味着延迟会随着窗口最大值而不断增加。因为 MS 处于休眠状态的时间越长，导致流量的接收延迟越大，这是符合逻辑的。正如所预期的，在相同的最大窗口指数条件下，平均延迟会随着静默期而增加，这是由于两个连续的通话期之间的间隔不断增加造成的。因为 BS 能够缓冲100ms 的通信流，为了减少不必要的唤醒，进一步增加初始窗口指数，将初始窗口指数从 2 增加到 4，其对应的第一个窗口为80ms（因为它可能在第一个休眠窗口出现流量损失，所以不予选择指数为 5 或以上）。当初始休眠窗口增加时，可以从图中观察到平均延迟也会随之略有增加，如图4.10 所示。在这两个图中可以观察到一个有价值的结果：如果满足平均通话峰延迟低于 200ms 的要求，则最大窗口指数不应超过 6，即最大休眠窗口 T_{max} =320ms。

4.5.1.2   流量损耗率

图 4.11 和图 4.12 是最大休眠窗口条件下的平均流量损耗。同样地，仿真结果与分析曲线能够很好地吻合。可以观察到由于休眠期较长，最大窗口指数增加会导致更多的流量损耗。类似地，当最大窗口指数增加时，静默期产生更多的损耗，而且这种现象愈加明显。在分析和仿真过程中，设置缓存长度为 100ms，如果最大窗口指数不超过 4，则没有流量损耗。比较图 4.12 与图 4.11，会发现随着初始窗口指数从 2 增加到 4，其对流量损耗率产生轻微的影响。从图 4.11 和图 4.12 可以看出，为保证流量损耗率低于 10%，则最大窗口指数不应超过 6，即最后的休眠窗口大小应为 320ms。

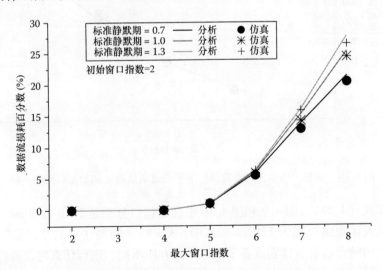

图 4.11   最大休眠窗口指数所对应的流量损耗率（初始窗口指数 = 2）

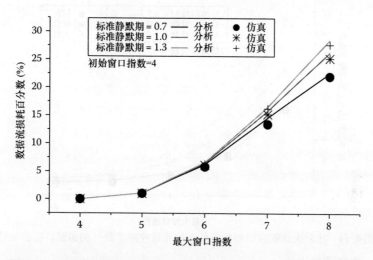

图 4.12　最大休眠窗口指数所对应的流量损耗率（初始窗口指数 = 4）

4.5.1.3　每个休眠期的无效唤醒次数

根据式（4.9），可以计算出无效唤醒的平均值，并进行仿真实验以验证其准确性。这些结果被绘制在图 4.13 和图 4.14 中。这两个图表明，随着最大窗口指数的增加，无效唤醒次数显著减少，原因是休眠期被延长。对于相同的最大窗口指数，随着静默期的流量增加，导致无效唤醒次数增多，因为 MS 更频繁地探测到流量的到达。从图 4.14 中可以观察到，初始窗口指数从 2 增加到 4，无效唤醒次数极大地减少。因此当初始窗口指数为 4 时能够进一步提高能量的效率。

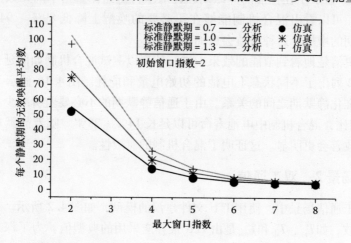

图 4.13　在最大休眠窗口指数条件下的无效唤醒次数（初始窗口指数 = 2）

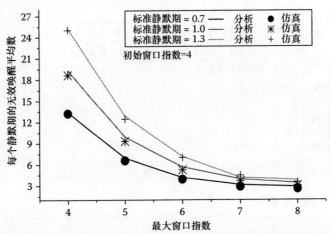

图 4.14 在最大休眠窗口指数条件下的无效唤醒次数（初始窗口指数 = 4）

4.5.1.4 节能效果

从上面的讨论中可以得出，对于下行链路 VoIP 而言，最大窗口指数应该设置为 6 才能满足 QoS 要求。此外，BS 对于每个 VoIP 流的缓存长度为 100ms，初始窗口指数可以设置为 4（对应于休眠窗口大小为 80ms）。因此，鉴于 QoS 要求规定，为了尽可能地节约能量，[初始窗口指数 = 4，最大窗口指数 = 6] 是混合机制中最佳的性能参数。

为了证明节能效果，采用 PSC - II 作为基准。在通话活跃期每隔 20ms 产生数据包以适应这个到达率，PSC - II 中恒定的休眠间隔也被设定为 20ms。

图 4.15 显示了在标准的静默期，针对下行链路流量指示的无效监听其节能的百分比。可以看出混合机制能够在不必要的唤醒上降低 89% ～ 94% 的能量。随着静默期的增加，这种增益会愈加明显。

为了更清楚地看到节能的效果，进行仿真以测试混合机制如何延长电池的寿命。表 4.2 列出了不同状态下电池的初始电量和能耗。图 4.16 显示了电池寿命延长与标准化静默期之间的关系。由于通信静默期的不必要监听减少，与传统的 PSC - II 相比，混合机制中电池寿命可以延长 14% ～ 28%。随着静默期的不断增加，这种改善会更明显。这证明了混合机制的有效性。

4.5.2 场景 2：双工通信

在双工通信场景中，使用 ITU 文件建议的模型，如图 4.2 所示。表 4.3 列出了一些参数，如 T_{st}、T_{dt} 和 T_{ms} 是由 ITU 推荐应采用的典型值。为了深入地了解人类语音对性能的影响，通过加权标准静默期改变一方静音持续时间的平均值（即 UL 或者 DL 平均静默期），其中这个平均值在 0.7～1.3 变化。

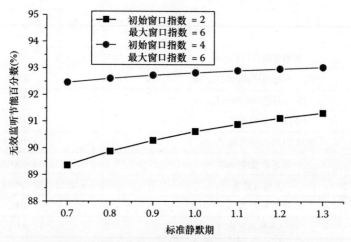

图 4.15　在标准的静默期监听节能的百分数

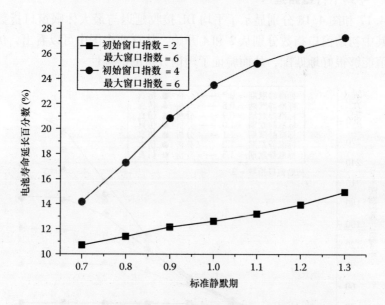

图 4.16　电池寿命延长与标准化静默期之间的关系图

表 4.3　场景 2 仿真参数 T'_s

参数	值
监听功率/W	1.5
发送功率/W	1.66
休眠功率/W	0.05
帧长 T_f/ms	5

（续）

参数	值
初始休眠窗口 T_1/ms	20
平均一方通话持续时间 T_{st}/ms	854
平均双方通话持续时间 T_{dt}/ms	226
平均双方静默期 T_{ms}/ms	456
平均 UL/DL 静默期 T'_s/ms	1219.51
延迟容忍度/ms	<200
丢包容忍度	<10%
缓存长度 B/ms	100
电池电能初始值/J	1000

4.5.2.1 平均下行链路延迟

图 4.17 和图 4.18 分别显示了平均 DL 接收延迟与最大休眠窗口指数之间的关系，其中初始窗口指数分别从 2 和 4 开始。从这两个图中可以看出，仿真结果与分析值能够很好地匹配，从而验证了理论分析的准确性。

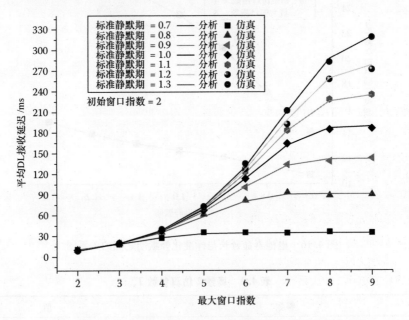

图 4.17　平均 DL 延迟与最大休眠窗口指数之间的关系（初始窗口指数 = 2）

当增加标准静默期时，下行链路接收延迟也随之增加。这是因为静默期的不断增加使得通话速度降低，从而导致休眠窗口较大。正如预期的一样，较大的初

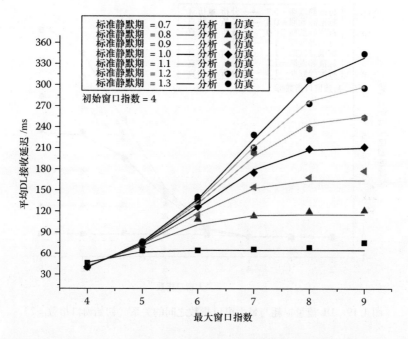

图 4.18　平均 DL 延迟与最大休眠窗口指数之间的关系（初始窗口指数 = 4）

始窗口指数（指数为 4，见图 4.18）可能产生一些额外的接收延迟。

从图 4.17 和图 4.18 中可以观察到，为了满足表 4.3 所述的延迟要求，当标准静默期远远高于 1.0 时，最大窗口指数为 7；而当标准静默期远远小于或者等于 1.0 时，最大窗口指数为 9。这种现象很容易理解：较小的标准静默期意味着更快的语速，移动终端的休眠模式由即将到达的上行链路流频繁地禁止，因此缺少了对较大窗口指数的限制。

4.5.2.2　流量损耗率

下行链路流损耗结果与最大休眠窗口指数的关系由图 4.19 和图 4.20 给出。从图中的结果来看，较小的标准静默期能够导致较少的流损耗。这是因为较短的静音间隔使得语速更高，此外移动终端的休眠状态常常被即将到达的上行链路流中断，因此降低由于过量休眠而引起的下行链路流损耗。从这两个图中可以观察到，表 4.3 给出的流量损耗容忍度为 10%，当标准静默期大于或者等于 1.3 时，所允许的最大窗口指数是 8。而当标准静默期小于 1.3 时，所允许的最大窗口指数为 9。

4.5.2.3　每个休眠期的无效唤醒次数

图 4.21 和图 4.22 显示了每个双方静默期的无效唤醒平均数，其中初始窗口指数分别为 2 和 4。针对每个通信连接，基站缓存器可以暂时容纳 100ms 的通信

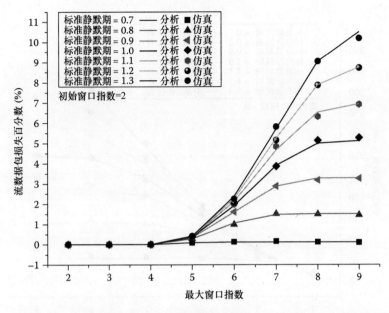

图 4.19 DL 流量损耗与最大窗口指数之间的关系（初始窗口指数 = 2）

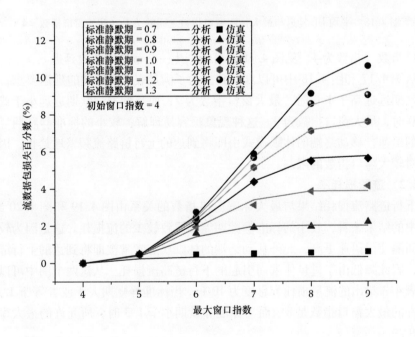

图 4.20 DL 流量损耗与最大窗口指数之间的关系（初始窗口指数 = 4）

流。初始窗口指数为 4（其对应的窗口大小为 80ms）可以作为开始窗口指数的最佳值。这个结果已经通过仿真和理论分析得到证实，在这一点上无效唤醒的平均值大幅下降，如图 4.22 所示。

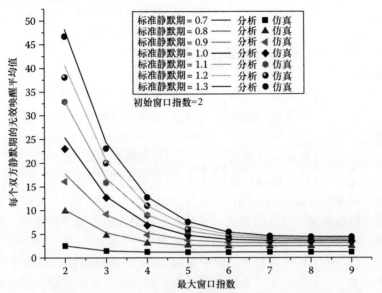

图 4.21　无效唤醒次数与最大休眠窗口指数之间的关系（初始窗口指数 = 2）

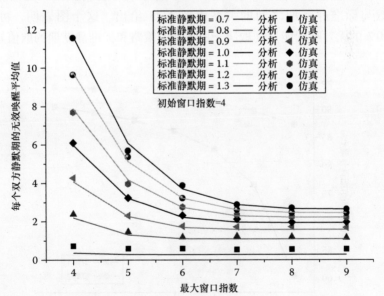

图 4.22　无效唤醒次数与最大休眠窗口指数之间的关系（初始窗口指数 = 4）

4.5.2.4　节能效果

表 4.3 给出了 QoS 要求，即［延迟容忍度≤200ms，丢包容忍度≤10%］，在双工通信场景中，关于最大窗口指数的选择方面，也应将标准静默期考虑在内。通过上述分析，得到在最大窗口指数条件下的最佳值（可满足延迟和丢包

率约束）：

$$最大窗口指数 = \begin{cases} 9 & 标准静默期 \leqslant 1.0 \\ 7 & 标准静默期 \geqslant 1.1 \end{cases} \qquad (4.28)$$

因此，得出双工通信场景中最佳的节能策略：

策略1：

$$\begin{bmatrix} 初始窗口指数 \\ 最大窗口指数 \end{bmatrix} = \begin{cases} [2,9] 标准静默期 \leqslant 1.0 \\ [2,7] 标准静默期 \geqslant 1.1 \end{cases} \qquad (4.29)$$

策略2：

$$\begin{bmatrix} 初始窗口指数 \\ 最大窗口指数 \end{bmatrix} = \begin{cases} [4,9] 标准静默期 \leqslant 1.0 \\ [4,7] 标准静默期 \geqslant 1.1 \end{cases} \qquad (4.30)$$

策略1和策略2之间的区别在于选择的初始窗口指数不同。策略2利用基站的缓冲器存储数据流，从而降低无效唤醒次数以最大限度地节省能量。然而以上结果表明，可能会产生一些额外的损耗和延迟。

此外，将PSC-II作为基准，其中每隔20ms唤醒移动站以检查下行链路流量或者发送其上行链路流量，在这里忽略双方静音期。在活跃期，语音编码速率是50帧/s。节能效果如图4.23和图4.24所示。在双方静默期，无效监听的节能百分数与标准静默期之间的关系由图4.23给出。这个图表明，可以降低60%~90%的无效唤醒能量（取决于所选择的策略和标准静默期的取值）。

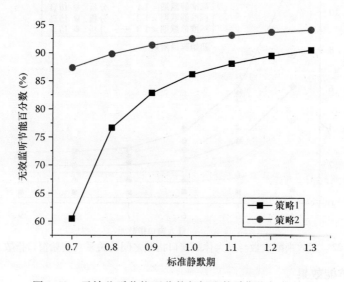

图4.23 无效监听节能百分数与标准静默期之间的关系

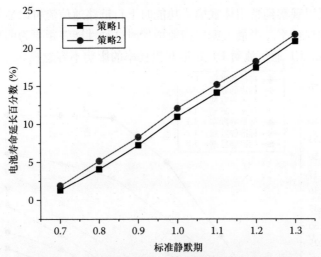

图 4.24　电池寿命延长与标准静默期之间的关系

图 4.24 是两种策略下电池寿命延长与标准静默期之间的关系图。可以观察到标准静默期取值越大，节能效果则越明显。平均而言，电池寿命延长 5% ～ 23%，这取决于通信双方的语速。与场景 1 中相应的值相比，节能效果不是特别显著。出现这种结果的原因是，混合机制的效果极大地依赖于整个通信期的一段静音持续时间。在双工通信场景中，双方静默期略低于单工通信场景的静音时段，因此节能效率改善的空间较小。即便如此，仍然可以通过混合机制极大地提高能量的利用率。

4.5.2.5　是否禁用休眠模式之间的性能比较

在双工通信场景中，当休眠窗口传送上行链路语音流时，通过禁用当前的休眠模式而立即唤醒移动站[2,17]。如果 BS 中存在缓冲的下行链路通信流，则下行链路流无需缓冲直到休眠间隔结束，而是直接被发送至 MS。在 Hyun - Ho 和 Dong - Ho Cho[7] 的分析推导中忽略了这种休眠模式的禁用功能，从而导致性能分析出现错误。

为了评估出现的错误，通过是否禁用休眠模式对节能方案进行仿真。将 $Delay_{with}$ 和 $Loss_{with}$ 定义为休眠模式禁用功能的通信延迟和丢包率，而 $Delay_{without}$ 和 $Loss_{without}$ 作为启用休眠模式功能的通信延迟和损耗率。其中，延迟误差和丢失率误差分别由式（4.31）式（4.32）定义：

$$延迟误差 = \frac{Delay_{without} - Delay_{with}}{Delay_{without}} \tag{4.31}$$

$$损耗误差 = \frac{Loss_{without} - Loss_{with}}{Loss_{without}} \tag{4.32}$$

图 4.25 和图 4.26 是延迟误差和损耗率误差在初始窗口为 4 时的变化曲线

图。从图中可以观察到禁用休眠模式功能时上行链路通信流可以显著地降低下行链路的延迟和损耗率。当最大窗口指数增加时这种性能差距更为明显。因此在进行性能分析时，UL 通信流对 DL 延迟和损耗率的影响不容忽视。

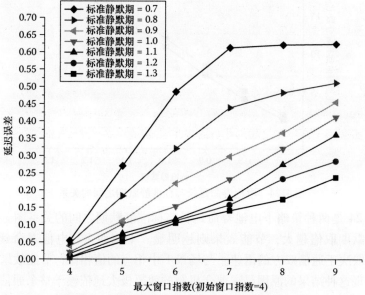

图 4.25　延迟误差与最大休眠窗口指数之间的关系

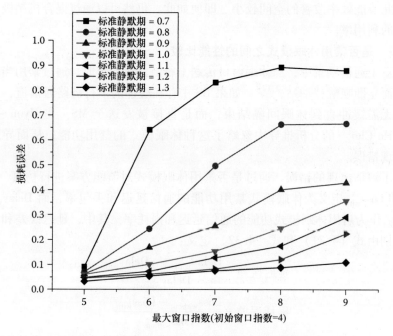

图 4.26　损耗误差与最大休眠窗口指数之间的关系

4. 6　小结

在本章中，将混合节能机制应用到 WiMAX 系统的单工和双工 VoIP 通信中，也给出了一种分析模型以评估系统的性能。在该模型的指导下，得出不同场景中最佳的窗口调整参数。在这些最佳的功能参数条件下，电池的寿命可以延长 10%～30%（取决于功能场景和通话速率），而且严格的 QoS 要求也能得以满足。因此通过仔细地调整休眠参数，可以实现节能和 QoS 两者之间适当的平衡。此外随着现有的研究工作的不同，在双工通信场景的通信延迟和损耗率分析过程中，应考虑禁用休眠模式之后对 UL 流量的影响，从而使得推导模型在性能分析方面显得更加准确。

致谢

这项研究工作受到中国自然科学基金的支持，项目编号为 60602066、611710711 和 60773203，并且得到深圳市基金会的赞助，项目编号为 JC200903120069A、SG200810220145A、JC201005250035A 和 JC201005250047A。

参 考 文 献

[1] Yang Xiao, "Energy Saving Mechanism in the IEEE 802.16e Wireless MAN," *IEEE Communication Letter*, vol. 9, no. 7, pp. 595–597, July 2005.

[2] Yan Zhang and Masayuki Fujise, "Energy Management in the IEEE 802.16e MAC," *IEEE Communication Letter*, vol. 10, no. 4, pp. 311–313, Apr. 2006.

[3] Junfeng Xiao, Shihong Zou, and Shiduan Cheng, "An Enhanced Energy Saving Mechanism in IEEE 802.16e," Proceedings of GLOBECOM 2006, pp. 463–467, San Francisco, November 2006.

[4] Jaehyuk Jang and Sunghyun Choi, "Adaptive Power Saving Strategies for IEEE 802.16e Mobile Broadband Wireless Access," Proceedings of Asia-Pacific Conference on Communications, pp. 1–5, Aug. 2006.

[5] Min-Gon Kim and Minho Kang, "Enhanced Power-Saving Mechanism to Maximize Operational Efficiency in IEEE 802.16e Systems," *IEEE Transactions on Wireless Communications*, vol. 8, no. 9, pp. 4710–4719, Sept. 2009.

[6] Mugen Peng and Wenbo Wang, "An Adaptive Energy Saving Mechanism in the Wireless Packet Access Network," Proceedings of Wireless Communications and Networking Conference (WCNC) 2008, pp. 1536–1540, Las Vegas, NV, Mar. 2008.

[7] Hyun-Ho and Dong-Ho Cho, "Hybrid Power Saving Mechanism for VoIP Services with Silence Suppression in IEEE 802.16e Systems," *IEEE Communication Letter*, vol. 11, no. 5, pp. 455–457, May 2005.

[8] International Telecommunication Union–Telecommunication Standardization Sector (ITU-T) Recommendation P.59 (1993), Artificial Conversational Speech, Geneva, Switzerland.

[9] H.-H. Lee and C.-K. Un, "A Study of On-Off Characteristics of Conversational Speech," *IEEE Transactions on Communications*, vol. 34, no. 6, pp. 630–637, June 1986.

[10] International Telecommunication Union–Telecommunication Standardization Sector (ITU-T) Recommendation G.114 (2003), International Telephone Connections and Circuits—General Recommendations on the Transmission Quality for an Entire International Telephone Connection, Geneva, Switzerland.

[11] A. Bacioccola, C. Cicconetti, and E. Mingozzi, "IEEE 802.16: History, Status and Future Trends," *Computer Communications*, vol. 33, no. 2. pp. 113–123, Feb. 2010.

[12] Yu-Kwong Kwok and Vincent Kin Nang Lau, Wireless Internet and Mobile Computing: Interoperability and Performance. New York: John Wiley & Sons, September 2007.

[13] Yang Yang, Honglin Hu, Jing Xu, and Guoqlang Mao, "Relay Technologies for WiMAX and LTE-advanced Mobile Systems," *IEEE Communication Magazine*, vol. 47, no. 10, pp. 100–105, Oct. 2009.

[14] Sassan Ahmadi, "An Overview of Next Generation Mobile WiMAX Technology," *IEEE Communication Magazine*, vol. 47, no. 6, pp. 84–98, June 2009.

[15] Woonsub Kim, "Mobile WiMAX, the Leader of the Mobile Internet Era," *IEEE Communication Magazine*, vol. 47, no. 6, pp. 10–12, June 2009.

[16] K. Etemad, "Overview of Mobile WiMAX Technology and Evolution," *IEEE Communication Magazine*, vol. 46, no. 16, pp. 31–40, June 2008.

[17] IEEE 802.16e-2005, "Amendment for Physical and Medium Access Control Layers for Combined Fixed and Mobile Operation in Licensed Bands," New York: IEEE, Feb. 2006.

[18] C. Cicconetti, L. Lenzini, E. Mingozzi, and C. Eklund, "Quality of Service Support in IEEE 802.16 Networks, " *IEEE Networks*, vol. 20, no. 2, pp. 50–55, Mar. 2006.

[19] A. Esmailpour and N. Nasser, "Packet Scheduling Scheme with Quality of Service Support for Mobile WiMAX Networks," Proceedings of Local Computer Networks (LCN) Conference 2009, pp. 1040–1045, Zürich, Switzerland, Oct. 2009.

[20] IEEE 802.16, "IEEE Standard for Local and Metropolitan Area Networks—Part 16: Air Interface for Fixed Broadband Wireless Access Systems," May 2009.

[21] Chia-Chuan Chuang and Shang-Juh Kao, "Discrete-Time Modeling for Performance Analysis of Real-Time Services in IEEE 802.16 Networks," vol. 33, no. 16, pp. 1928–1936, Oct. 2010.

[22] F. Hou, P.-H. Ho, and X. S. Shen, "An Efficient Delay Constrained Scheduling Scheme for IEEE 802.16 Networks," *ACM/Wireless Networks*, vol. 15, no. 7, pp. 831–844, May 2009.

第 5 章　WLAN 中针对 VoIP 应用的基于 QoE 的节能

Adlen Ksentini 和 Yassine Hadj adj – Aoul

5.1　简介

随着基于多媒体服务的广泛应用以及移动设备越来越多，内置的音频和视频功能激发了多媒体通过移动通信系统进行传输的热情。特别是，经 WLAN（无线局域网）或 VoWLAN（无线局域网语音）传输的 VoIP（互联网协议语音）仍然受到极大关注，是因为它被认为是一种可能的"杀手级应用"。这有利于：①经3G 网络连接的 VoIP 允许低成本通话；②由 WLAN 提供较高的数据速率。经 WLAN 连接的移动设备支持这些服务，但是会导致大量的能量损耗，因而严重地缩短了运行时间。事实上，与蜂窝通信相比，WLAN 卡具有较高的能量损耗，例如3G 网络。举例而言，苹果手机的规格[1]列出了当 WLAN 接口关闭时，经蜂窝网络的 14h 的通话时间。当蜂窝网络和 WLAN 的两个接口都开启时，通话时间减少到8h。通过 WLAN 进行少量网页浏览和电子邮件访问时（即每隔1h 访问一次），通话时间减少至6h。即使使用如便携式计算机等终端设备，经 WLAN 接口所消耗的能量至少是总能量的 15% ~ 20%。因此在 VoIP 呼叫过程中，通过接口降低能量消耗，这对于延长无线设备的运行寿命无疑是关键的一个步骤。

通常，WLAN 无线电保持在休眠模式下以节省能量。对于实时应用如 VoIP 而言，利用这种方法能够节省多少能量是不确定的，因为高于延迟的阈值时数据包会丢失。实际上，较长的休眠时间有助于节省能量，然而与此同时，由于接收的延迟使得数据包丢失随之增加，导致用户的体验质量（QoE）下降。另一方面，缩短休眠时间会减少数据包丢失，但是会增加能量损耗[2]。在文献中许多研究已经解决了 WLAN 的节能问题。将这些研究分为两类：①基于单层的解决方案；②基于跨层的解决方案。第一类通过考虑 WLAN 的特殊性，即利用媒体访问控制（MAC）参数降低能量损耗。这类方法使得能耗得到优化却没有考虑到流量的特性，因此它们更适合于非实时的应用。第二类使用跨层范式方法以优化节能效率。基于第二类的解决方案反映了当无线手机处于休眠时段时关于服务质量（QoS）（比如端到端的延迟和数据包丢失率）的应用要求。属于第二类的解决方案更适合于 VoWLAN，其中能耗的降低与端对端延迟和包丢失率低于某个阈值的保持之间实现很好的平衡。然而众所周知，QoS 指标并不能反映用户的 QoE。有时 QoS 被用来产生一个"一般用户满意度"比值，而 QoE 是主观值，它与用户对特定服务质量的实际感知有关。基于性能的 QoS 参数之间的关系对用户的体验质量会产生影响，因为较高的网络性能则要求必须满足 QoE 目标。

在本章中，通过跨层方案解决了 VoWLAN 应用的节能问题。引入一种新的方法，即利用用户的 QoE 以便优化移动能量损耗。换句话说，根据用户的 QoE（在运行期间获得），提出缩短休眠时间最大限度地节能，从而保持用户的 QoE 大于一定的阈值。为了测量用户的 QoE，针对 VoIP 使用一种伪主观质量评估（PSQA）工具（由 PSQA – VoIP 表示）[3]，它再现了国际电信联盟 – 电信（ITU – T）[4]对语音质量进行感知评估（PESQ）[5]的工具，以此计算出 QoE，并且以平均意见分数（MOS）计。与 PESQ 不同，PSQA – VoIP 在推导 QoE 值时无需参考音频序列。

本章的组织结构如下：5.2 节介绍了有关 VoWLAN 节能的相关工作；在 5.3 节中，将提出 VoIP 的 PSQA 概念；5.4 节介绍了跨层解决方案，使用 QoE 反馈机制优化能量损耗，即针对 VoIP 应用的基于 QoE 节能机制（ECVA）；将在 5.5 节介绍通过仿真获得的一些值，它们证明了建议针对 802.11 标准提出的解决方案其优点；最后，5.6 节给出结论。

5.2 关于 WLAN 节能的背景和相关工作

5.2.1 背景

关于移动终端的电源管理，大量的研究工作证明硬件平台在降低能耗方面的效率和局限。事实上，大部分的能量损耗是通信过程的一个直接后果[2]。因此通过设计高效的通信协议可以显著地延长无线 BS 的电池寿命。

在 WLAN 中节能的主要思路是，通过减少空闲时段的大小（即在空闲模式下花费的时间）使得无线接口尽可能地长时间处于休眠状态。然而这种解决方案所涉及的主要问题之一是精确计算出接口应何时进入休眠模式以及何时被唤醒。这不是一项简单的任务，因为 BS 必须处于活跃状态以接收数据包。因此休眠时段必须进行优化调整，以确保无线接口当数据包来临时做好准备。针对 WLAN 节能的解决方案大致可以分为两类：第一类代表了基于单层的解决方案；第二类是指同一时间不同层的表示方法（例如，基于跨层的解决方案）。基于单层的方案考虑了在预先定义层中存在的折衷。这一类方案中的大多数主要在 MAC 层的基础上进行改进以降低能量损耗。标准化研究主动解决了 WLAN 的这个问题。实际上，IEEE802.11 组早期就已定义了节能模式（PSM）[6]。最近

802.11e 工作组已经推出了另外两种模式，即非排程省电模式（UPSD）和排程省电模式（SPSD）[7]。在 PSM 中，如果无线站不涉及数据包的发送或者接收，则允许无线站进入较低电量休眠状态。这里访问点（AP）必须得到无线站所做决定的通知以缓冲到达此站的数据包。因此如果 AP 已经缓冲了到达此站的数据包，则它们周期性地通知经过信标帧的相关站点，尤其是通过流量指示地图（TIM）字段进行通知。图 5.1 描绘了一个用于描述 PSM 与 IEEE 802.11 终端的例子。在 PSM 过程中，无线站处于唤醒状态和休眠状态这两种状态的其中一种。在唤醒状态，无线站完全充电。与此相反，在休眠状态期间，无线站不能发送或接收数据包，其产生较低的能量损耗。当无线站发现 AP 中还存在尚未完成的数据包时，它要求这些数据包通过省电（PS）调查。因此无线站一直处于唤醒状态直到接收到缓冲的数据包为止，否则它进入休眠状态[1]。

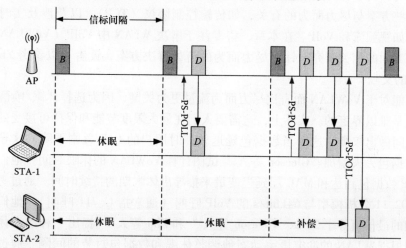

图 5.1　WLAN 的 PSM 模式

为了解决使用 PSD 模式时出现的 QoS 问题，802.11e 工作组包含另外两种模式：UPSD 和 SPSD。在 UPSD 中，站点自主决定何时唤醒以满足 AP 处缓冲的帧请求。这种模式利用了无线站与数据传输的优势，即从休眠时段唤醒以发送它的数据包，因此无线站接收数据包而无需等待 AP 发送的下一个信标帧的通知。同时，SPSD 是一种集中化的机制，其中 AP 决定无线站唤醒和接收 AP 处缓冲帧的时间表。

5.2.2　相关工作

除了标准化研究，针对 802.11 网络的节能所进行的大量研究属于第一类。在 Zhao 和 Huang[8]研究的基础上，可以进一步区分这一类的研究成果，即认为哪些 MAC 参数有助于节能。因此可以将这些研究成果分成三大类：

1）争用期节能：在这一类研究中，其主要思想是通过调整竞争窗口（CW）减少争用期（即在传输帧之前的等待时间），以此降低能量的损耗。

2）降低传输或重传阶段的功率损耗：这一类研究其主要目的是降低传输时间，通过①压缩数据包和②使用物理层所允许的最高数据速率，以降低能量损耗。

3）消除争用期，IFS（帧间间隙）和确认：作为第一类研究，其主要思想是在发送数据帧或确认帧之前减少等待时间。因此正如 802.11n 所提出的，该解决方案试图减少 IFS 并使用 ACK 帧（确认代码）。

有关这一类研究的更多信息，读者可以参考 Zhao 和 Huang 的文献[8]。

同时，关于在跨层解决方案基础上所做的研究主要涉及流量的类型。事实上，这些方案与尽力而为的有关，如传输控制协议（TCP），以及涉及实时流量方案比如视频流和 VoIP。在本章，将专注于解决 WLAN 中 VoIP（VoWLAN）流量节能方面的相关研究。针对尽力而为的流量解决方案，读者可以参考 Zhao 和 Huang 的文献[8]。

节能对于 VoWLAN 而言比尽力而为流量更为关键，因为选择休眠/唤醒时段的方式是难以界定的。实际上，这需要人们在最大限度节能和保持可接受的用户 QoE 之间做出权衡。这里当数据包延迟较高时用户的 QoE 急剧下降，这导致后面的数据包丢失增加。Gleeson 等人[9]试图计算 VoWLAN 的休眠时间。他们认为用 VoIP 数据包到达和 MAC 层延迟变量来推导出休眠期的持续时间。通过考虑简单的 802.11 分析模型与 64kbit/s 的 VoIP 呼叫（通常指 G.711 呼叫），他们发现休眠期的最佳值等于 20ms。Gleeson 等人[9]和 Zhu 等人[10]提出一种动态休眠策略，即根据 WLAN 的冲突概率动态地调整休眠和数据包封装的间隔。通过使用冲突概率，他们试图找出网络容量最大化和节能之间的平衡点。如果冲突概率较低，无线站进入休眠期与这个概率成反比。然而如果这个概率较高，则无线站保持唤醒状态。正如他们使用 802.11MAC 参数调整休眠期一样，以上所提出的这两种研究难以部署在单跳 WLAN 之外。此外，Gleeson 等人[9]的研究只考虑了 G.711 音频编解码器的情况，而 VoIP 应用通常采用更高效的音频编解码器，如互联网低比特率（ILBC）[11]、G.729a 等。由 Namboodiri 和 Gao[12]提出的研究在某种程度上类似于这里的方案，即他们认为端到端的延迟和数据包丢失率（这两者在 VoIP 电平上可见）作为主要参数用于推导出休眠期的持续时间。这种方案与单跳 802.11 并不完全相关，它还涵盖了包括互联网的多跳通信。然而他们所提出的算法与这里的方案其最主要的区别是用于计算休眠模式的参数不同，他们的方案侧重于在控制理论的基础上推导出最佳值而忽略了可能变化的网络环境。然而 QoS 参数并不能非常有效地反映用户感知的质量，使用自动的 QoE 测量工具能够再现 PESQ 模型的行为而不受任何音频参考序列的影响。

5.3　QoE 和 PSQA

国际电信联盟—电信标准化部门（ITU – T）[13] 将 QoE 定义为"应用或服务的整体接受度，由终端用户的主观感受决定。"QoE 不同于带宽、损耗率和抖动等 QoS 网络指标，这些指标不足以获得关于所接收的音频或视频序列质量的准确概念，相反地，QoE 侧重于终端用户的整体体验。表 5.1 列出了有关用户主观评价的 MOS 值。

表 5.1　MOS 与主观评价的关系

MOS	用户感受
5	完美。像面对面交谈或者无线电接收
4	一般。感觉不是很完美，但声音仍然清晰。这是（据说）手机的范围
3	嘈杂
2	非常嘈杂。几乎无法通信
1	无法通信

近年来，ITU – T 的 PESQ 已经成为客观语音质量评估的参考。它被广泛地部署在商业产品中，用于测量用户的 QoE。虽然 PESQ 与 VoIP 主观分数之间相关联，但是它需要原始音频序列和所接收的音频序列，从而计算出 QoE 分数。由于原始的音频序列是不可用的，所以 PESQ 不能应用在实时场景中。

在这项研究中，使用由 Basterrech、Rubino 和 Varela 针对 G. 711 音频编解码器提出的 PSQA 版本[3]。PSQA 是一种质量评估工具，它可以被归类为主观和客观评价技术之间的混合工具。这种工具的用途是，为几个失真的音频序列做主观测试，并且利用评估结果来理清 RNN（随机神经网络）参数之间的关系，其中这些参数会引起失真和影响 QoE。流程包括，首先确定在给定场景中对 QoE 产生影响的参数。在 PSQA – VoIP 版本中所使用的参数是数据包损耗率（LR）和平均突发包丢失大小（MBLS）。这里 MBLS 是一段丢失周期内数据包连续丢失的数量，即数据包突发丢失的平均长度。这两个参数实际上代表 VoIP 通信质量下降的网络故障[3]。尽管抖动可以被认为是影响 VoIP 质量的相关参数，但如果不需要特别关注抖动缓冲器的大小和算法，则可以将抖动归类于损耗率。根据人们所期望的系统工作条件，在选择一组具有代表性的数值后，可以通过仿真这些参数以及参数的间隔生成一个音频序列数据库，然后通过使用 PESQ 工具客观地评估这个音频序列数据库的均匀采样子集 S。在这些结果经统计学方式处理之后，音频序列接收 QoE 值（通常这是一个 MOS）。因此推导出参数的 S 配置和相应的 QoE 分数或 MOS。其中某些配置用于训练 RNN，其余的配置用于验证未在训练期间显示的 RNN。这个 PSQA 版本充分利用了 PESQ 与人类主观分数之间较高相关性的优势，它可以在实时场景中使用，因为实时场景无需参考音频序列，因此它可以很容易地用于计算 VoWLAN 应用场景中实时用户的 QoE。

有关 PSQA – VoIP 的更多信息，读者可以参考 Basterrech、Rubino 和 Varela 的文章[3]。

5.4 ECVA：针对 VoIP 应用的一种基于 QoE 的节能机制

WLAN 电台通过保持休眠模式节能。对于像 VoIP 这样的实时应用而言，这种方法能够节约多少能量还不是很明确，因为高于延迟阈值的数据包被丢弃。在本节中，将提出针对 VoIP 通信的方案，在降低能量损耗的同时保证良好的 QoE。通过所提出的算法，这里将这种算法称为 ECVA，试图在呼叫的 QoE 和节能之间达到可控平衡。基于用户在他们通信中可以忍受的最小 QoE，这里的方案动态地调整接口如何保持在休眠状态。这使得这里的算法在最大限度地节省能量的同时达到应用质量规定的水平。同 Zhu 等人[10]与 Namboodiri 和 Gao[12]的研究类似，本书提出，在成功接收/发送输入/输出的数据包之后，无线站必须启用休眠期。休眠期的时间可以由下式推导得出：

$$\text{Sleep}_k = \text{Sleep}_{k-1} + k_p\left(1 + \frac{T}{T_i} + k_p\frac{T_d}{T}\right)(Q_k - Q_{\text{ref}}) - k_p\left(1 + \frac{2T_d}{T}\right)(Q_{k-1} - Q_{\text{ref}})$$

$$+ k_p\left(\frac{T_d}{T}\right)(Q_{k-2} - Q_{\text{ref}})$$

式中，Sleep_i、k_p、T、Q_i 和 Q_{ref} 分别表示在 i 时刻所测量的休眠期（这是信标的函数）、比例增益、时间指数、i 时刻测量的 QoE（用 MOS 表示）、目标 QoE 值的额定 QoE（以 MOS 计）；参数 T_i 和 T_d 取决于比例增益 k_p、积分增益 k_i 和微分增益 k_d，分别等于 $\frac{k_p}{k_i}$ 和 $\frac{k_d}{k_p}$。

实际上，休眠期的计算公式是通过应用高效的离散比例积分微分（PID）控制器推导得出的，PID 控制器监测移动工作站（STA）级的 QoE。这里使用 PSQA – VoIP 工具获得感知的 QoE，它跟踪解码器级的数据包丢失率和 MBLS，并返回用户感知的 MOS。每次工作站计算休眠期，将这种算法称为 PSQA – VoIP。图 5.2 绘制了从控制系统角度所提出的机制。该控制器计算目标 QoE 值和测量 QoE 值之差以推导出无线移动站进入休眠模式的时间。计算所得的休眠期取决于 3 种作用：①收敛到期望值的比例作用；②通过使用 QoE 变量加速收敛的微分作用；③使得稳态误差消除的积分作用。以这种方式调整休眠期来实现节能，从而保持 QoE 处于可接受的水平。因此控制系统的主要参数是 Q_{ref}，将它定义为目标 QoE。Q_{ref} 值越大，休眠期的时间长度越小。与此相反，Q_{ref} 值越小，休眠期持续时间将会越高，这是因为系统试图增加节能。Q_{ref} 的典型值可能是 3.5。

因为休眠期是信标数的函数，利用上述公式计算的实数可以近似为最接近的整数值。此外为了避免后期数据包的丢失，在计算休眠期的过程中添加应用约束，它可以由在 PID 模块输出端添加的饱和块表示。休眠期的最小值可以采用恒定值 3，其对应的休眠期为 200ms 并且信标周期为恒定的 100ms。

注意，图 5.2 的 Plant 代表了仿真系统，它包括所有的传输链。

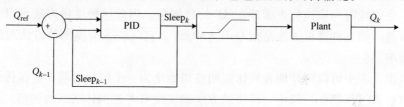

图 5.2　自适应反馈控制机制设计

5.5　性能评估

针对 VoIP 呼叫之前内容详细地介绍了基于 QoE 的节能算法，现在将重点转向使用网络仿真器（NS2）[14] 研究其性能评估。为了支持 WLAN 功率管理，利用 NEC 实验室提出的扩展策略，它支持 IEEE 802.11 定义的传统功率管理功能[15]。为了证明针对节能提出的解决方案的有效性，将它与 IEEE 802.11 标准相比较。在 900s 的时间段进行仿真：足够长的时间保证系统达到稳定状态。仿真两个 MS 的 VoIP 通信，包含一个与同一个无线 AP 之间相连的无线接口。VoIP 呼叫基于 G.711 编解码器，其数据速率为 64kbit/s。将解码器端（当认为延迟的数据包无法解码时）可容忍的最大延迟设定为 250ms，它也是 ITU – T 推荐的典型值。表 5.2 定义了仿真参数。

表 5.2　参数设置

参数	用户值
Q_{ref}	3.5
k_p	0.0062

（续）

参数	用户值
k_i	0.00312
k_d	0.0051
仿真时段/s	900
信标间隔/s	0.1
物理速率/（Mbit/s）	11
发送功率/W	0.660
接收功率/W	0.395
空闲功率/W	0.035
休眠功率/W	0.001

注：大多数配置的 WLAN 接口支持 PSM。

两种主要的度量方法用于评估所提出方案的性能。第一种度量方法表示休眠期，它是信标数的函数。实际上，正如以上解释的，休眠期指经 AP 服务的用户频率，在这段时间应该检查缓冲在 AP 的数据包。因此这种度量方法可以直接转化为节能。第二种度量方法是指 QoE（MOS），它反映了所提出的方法对感知质量的影响。

从图 5.3 中可以清楚地看到休眠期被初始化为一个信标周期，它在传统方法的所有仿真过程都保持静止。传统的方法确实没有考虑到休眠期的调整，这意味着移动电话在整个通信过程中都处于唤醒状态。另一方面，所提出的方法允许根据 VoIP 的 QoE 自动地调整休眠期。事实上，在 80s 的仿真之后，所提出的机制允许 MS 在一个信标时间/两个信标进入休眠模式，其中信标持续时间等于 100ms。正如从图 5.4 中可以看到的一样，这显然会影响延迟。在第二阶段，从 185s 开始，休眠间隔达到 3，这意味着 MS 在两个信标时刻/每 3 个信标进入休眠模式。这使得端到端的延迟在几毫秒至 250ms（后期数据包延迟阈值）之间变化，而它允许在休眠期相应地增加。此外，可以看到 PID 控制器的影响，因为休眠期实际上是恒定的而且仿真期间并没有出现过高的振荡。在短时间之后，控制器确保朝着 Q_{ref} 值收敛（见图 5.5）。这种行为非常有利于用户的感知质量，因为它避免了 MOS 的乒乓效应。

正如从图 5.6 中可以看到，休眠期的调整会对能量损耗产生直接的影响。事实上，当休眠间隔达到 2，在 80s 的仿真之后，可以看到相比传统方法而言已经有少量的节能。当休眠期等于 3 时，可以清楚地看到所提出的方法能够大幅度地节省能量。这表示电池的充电损耗提高了 15.76%。

图 5.5 描绘了使用传统方法和本节提出的方法测量的 VoIP 通信 QoE。从图中可以清楚地看出，所提出的方法对于感知 QoE 的影响并不显著。事实上，该方法几乎避免了后期数据包的丢失，尽管它使得端到端的延迟增加。仿真的最后

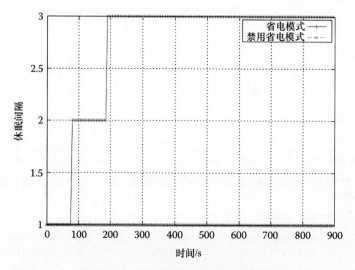

图 5.3　在时间函数里的休眠间隔变量

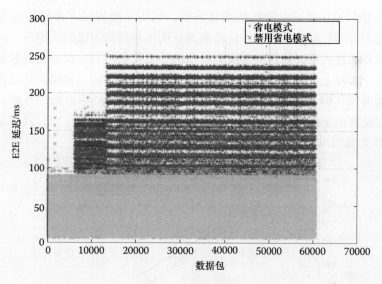

图 5.4　端到端延迟

阶段，使用提出的方法测量的 QoE 平均值等于 4.01，而传统方法获得的平均值为 3.90，它表示 2% 的 QoE 损耗。然而从用户的感知角度而言，这个损耗是微不足道的，可以忽略不计。因此这些结果清楚地表明了使用 ECVA 方法的优势，ECVA 方法在能量节省最大化和保持用户可接受的 QoE 之间实现很好的权衡。

值得注意的是，新提出来的方法可以使得端到端的延迟保持可接受的值（见图 5.4），它允许保持通信过程中的感知质量，正如从图 5.5 看到的一样。两

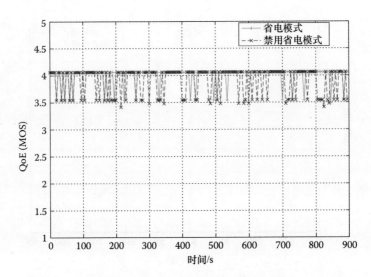

图 5.5 当采用省电模式与禁用省电模式条件下的 QoE 估计值

种方法的 QoE 差主要是由随机的损耗导致，因为新提出的方法和传统方法几乎完全避免了后期数据包的损失。这清晰地证明了新提出方法的优越性。

还需要注意的是，收敛的速度直接取决于受比例增益、微分增益和积分增益影响的值。实际上，较小的增益值推导出该算法较慢的收敛速度，并且在响应中只有少量振荡（即 QoE 的变量），这尊重了应用程序的约束。另一方面，较大的增益值促使算法更快地收敛到期望的目标值（即 QoE 等于 3.75），其伴随着应用程序 QoE 失真的风险。

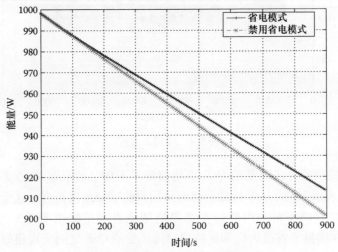

图 5.6 能量损耗与时间之间的关系

5.6　小结

在本章，已经讨论了 VoWLAN 的节能和 QoE 两种问题。为了解决这两种问题，提出了一种新的基于 VoIP 流的感知质量（即 QoE）方法来控制休眠期。所提出的方法与传统的方法和现有的解决方案不同，是因为它将用户的 QoE 考虑在内。特别是，该机制跟踪 VoIP 质量并提出一张休眠/唤醒期的时间表以优化能量损耗。大量仿真表明，通过控制这些参数，使得休眠期得到极大地增加并且显著地延长无线节点的寿命。未来的研究方向将解决 PID 参数（k_p、k_i 和 k_d）的自适应调整。实际上，这些参数的值可以启发式地进行选择。因此选择一种学习型算法，例如神经网络或遗传算法，动态地调整这些值使得系统获得更好的稳定性。此外本章中仿真场景显得过于简单，通过考虑更多的无线站以增强这种场景的复杂度，从而增加网络负载并检查在这种情况下系统的稳定性。最后值得强调的是，将这些参数与链路调度方法结合起来会进一步提高已提出概念的性能。

参 考 文 献

[1] Apple iPhone Technical Specifications. Online at http://www.apple.com/iphone/specs.html

[2] G. Miao, N. Himayat, and G. Y. Li. Energy-efficient link adaptation in frequency-selective channels. *IEEE Transactions on Communications*, vol. 58, no. 2, pp. 545–554, (February 2010).

[3] S. Basterrech, G. Rubino, and M. Varela. Single-Sided Real-Time PESQ Score Estimation. In Proceedings of Measurement of Speech, Audio and Video Quality In Networks (MESAQIN 2009), Prague, Czech Republic, December 7–8, 2009.

[4] http://www.itu.int/ITU-T/

[5] International Telecommunication Union–Telecommunication Standardization Sector (ITU-T) P.862. Perceptual Evaluation of Speech Quality (PESQ): An objective method for end-to-end speech quality assessment of narrow-band telephone networks and speech codecs. Geneva, Switzerland: ITU-T (February 2001).

[6] IEEE 802.11 WG: Wireless LAN Medium Access Control (MAC) and Physical Layer (PHY) Specifications. 1999 standard (1999).

[7] IEEE 802.11e: IEEE 802.11e Wireless LAN Medium Access Control (MAC) Enhancement for Quality of Service (QoS). IEEE 802.11e standard (2009).

[8] S-L. Zhao and Ch-H. Huang. *A survey of energy efficient MAC protocols for IEEE 802.11 WLAN*. Amsterdam: Elsevier Computer Communications (2010).

[9] B. Gleeson, D. Picovici, R. Skehill, and J. Nelson. Exploring Power Saving in 802.11 VoIP Wireless Links. ACM International Wireless Communications and Mobile Computer Conference (IWCMC 2006), Vancouver, Canada, January, 2006.

[10] C. Zhu, H. Yu, X. Wang, and H-H. Chen. Improvement of Capacity and Energy Saving of VoIP over IEEE 802.11 WLANs by a Dynamic Sleep Strategy. Proceedings of the IEEE GLOBECOM (2009), Honolulu, Hawaii, November 30–December 4.

[11] Internet Low Bit Rate. Online at http://www.Ilbcfreeware.org

[12] V. Namboodiri and L. Gao. Energy-Efficient VoIP over Wireless LANs. *IEEE Trans. on Mobile Computing*, vol. 9, no. 4, pp. 566–581, (April 2010).

[13] International Telecommunication Union–Telecommunication Standardization Sector (ITU-T) SG12: Definition of Quality of Experience. COM12 LS 62 E, TD 109rev2 (PLEN/12), Geneva, Switzerland, 16–25 (January 2007).

[14] In proceedings of 4th International Workshop on Power-Save Computer Systems, PACS 2004, Portland, Oregon. December, 2004.

[15] NS-2: The Network Simulator 2. Online at http://www.isi.edu/nsnam/ns/

[16] NS-2 ext.: WLAN power management extension. Online at http://nspme.sourceforge.net/index.html

第 6 章　移动 Ad Hoc 网络最小能量多标准中继选择

Komlan Egoh、Roberto Rojas – Cessa 和 Swades De

6.1　简介

对于大规模的无线多跳网络而言，数据包转发的高效性是至关重要的，因为它会对端到端的数据包转发成功率和能量损耗产生影响。针对无线多跳网络已经提出了不同类型的转发方案，其中发送节点通过使用一种简单的标准选择其邻居节点附近的一个节点作为中继节点，例如距离目的节点物理位置最接近的节点或者能够满足发送数据包所需能量的节点。这些转发方案的发送节点是决策点，不仅要求在每一个节点处保存所有邻居节点的列表，而且要求决策点将任何附加的决策信息进行归一化和保存。在密集型且动态的网络环境中保持所有节点处的这些信息并确保所选择的中继节点处于激活状态（例如通过唤醒信号或者同步），这对于能量受限的节点而言可能过于昂贵。

用于选择下一个转发中继的大多数方案也假设采用磁盘覆盖模型，其中认为覆盖范围内的节点是完全可达的[1]。因此它们只依赖于位置度量，如跳数和单跳进度来选择下一个转发中继节点。在现实中，从物理层的角度看磁盘假设是不成立的，因为在地理位置上还存在一个过渡的区域并且它与可达性是高度不相关的[2-4]。图 6.1 显示了在配置有 Chipcon CC2024 无线收发机的传感器节点情况下其典型的可达性。例如，贪婪地理转发已经引起 Ad hoc 网络研究团体的广泛关注。在贪婪转发中，因为它的目标是使用为数不多的跳数到达目的节点，发送器通常选择距离目的节点最近的中继节点，即该中继节点距离发送器最远，因此这会更易于出错。由于这个原因，传统的纯粹贪婪转发方法在实际的网络设置中不是最佳的转发方法，即磁盘假设并不成立，这一结论得到越来越多的人认可。

为了弥补贪婪转发的缺点而进行的尝试会落入两大阵营。第一，一些链路感知度量，它们将地理位置与链路质量的某些测量相结合，提高传统贪婪转发的性能[3,5]。通过将链路质量的测量加入到选择度量中，链路感知转发机制优先考虑较好的链路，从而可以避免较差的链路候选。然而因为链路感知度量增加了链路质量信息和收集（或估计）要求，当它作为发送端的选择方案进行实施时，会产生额外的开销。第二组方案通常被称为机会主义，只在邻居节点之间选择

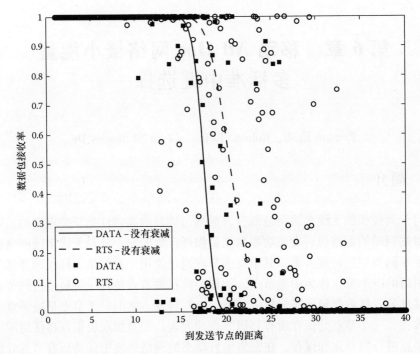

图 6.1 在实际无线网络设置中的可达性举例

（或选举）下一个中继节点，其中邻居节点是指从发送节点能够成功接收数据包（或者发起系统数据包）的节点。许多机会型转发方案还提供了一种分布式替换方案，从而将中继选择方案进行归一化（即发送端）[6,7]。在这些方案中，发送节点无法决定如何选择下一跳中继的邻居节点。相反所有邻居节点彼此竞争，以选择出最佳的中继节点。然而这些分布式方法仍然依赖于一个单一的且基于位置的决策准则，它们在有损无线环境里将面临着性能下降和较高的能量损耗。

在本章中，提出了一种多标准分布式转发方案，称为接收端中继选择[8,9]。为下一跳选择考虑不止一种标准的挑战在于决定一个特定中继候选节点与其他节点相比较而言是否是最优。不同的标准可能具有冲突的后果（例如更多的跳数与链路质量之间的关系）。换句话说，当考虑多个标准时，常见的最优标量概念是不成立的。通过制定转发任务作为解决多重标准条件下做出决策的问题，并且在多重标准中寻找出最佳的折衷方案。转发决策是分布式的，在每一跳处随机地选择下一跳中继节点，但该节点只能在成功接收初始请求数据包的邻居节点之间进行选择。在接收器端中继选择方案中，每一个潜在的中继候选节点处的信息如接收信号强度、能量收集源和实际剩余能量是可用的，这些信息与位置信息相结合而无需收集额外的信息从而减少开销。这里引入一种广义的多参数映射函数，它将所有的决策标准聚合为单个标准，用于对潜在的中继候选节点进行排名。为下一跳中继探讨了一种最优规则，它适用于发送端和接收端这两种选择转发方案。除了广义的基于多重标准的最佳选择方案的理论制定，作为网络性能评估的一个证明性例子，考虑基于两种最优标准的网络性能，即单跳进程（贪婪）方案和数据包成功率（链路质量）。它表明，一个恰当的映射函数可以平衡链路质量的贪婪并极大地提高发送器端链路感知转发方案的性能。与其他方案相比，两种分布式标准优化的结果表明端到端延迟性能得到明显提高，而且在相同的能量需求条件下，端到端的数据包丢包率降低高达 5 倍以上。

　　本章的其余部分介绍如下：在 6.2 节对背景资料和相关工作进行了调查；6.3 节概述了基本的接收端中继选择方法；6.4 节引入多个标准的接收端中继选择，并针对中继方案性能评估提出了通用的分析框架；基于两种标准的中继选择最优示范性例子也在 6.5 节进行了描述；本章结论由 6.6 节给出。

6.2　背景

6.2.1　基于位置转发

　　基于位置转发也称为地理路由，它是一种依赖于地理坐标而不是网络地址的数据包转发方案。数据包利用地理坐标从源站（也称为网络节点）通过多个中继节点转发至目的节点[10]。在多跳通信中如何选择最优节点作为下一跳中继节点已经成为分组无线网络长期应考虑的问题[1,11-14]。一般而言，目前持有数据的节点将数据包转发到中继节点，这个中继节点是基于预先定义好的选择准则或标准在其邻居节点之间选择的。基于位置转发的大量解决方案使用最终目的节点和候选中继节点的位置函数作为度量指标。

　　首次提出中继选择的规则称为最靠前半径（MFR）[11]，使用地理坐标来选择半径 r 范围内的邻居节点，它是距离最终目的节点最近的节点。MFR 转发策略是广泛采用的贪婪地理转发的基础[1,6]，其目的是实现具有最大进程的每一次传输。贪婪转发对于均匀节点型网络（即相同的传输范围以及不受传输功率的控制）而言是一种很实用的策略[12]。这些网络的可达性通常可以由一个理想化的磁盘来建模，在该磁盘内假设每个节点都是完全可达的。虽然贪婪转发方案保证了源节点和目的节点之间的跳数最少，但每一跳可能需要进行多次重传。在实际的无线网络中，不可靠的无线链路以及较高的重传速率导致吞吐量降低，延迟和能量损耗更高。

　　为了解决贪婪转发的局限性已经进行了大量的尝试。Tanbourgi、Jakel 和 Jondral[15]提出最接近转发进程（NFP）理论，即通过选择最接近发送器的中继候选节点从而达到提高吞吐量的目的。一些链路感知度量方法将地理位置与某些链路质量的测量相结合，以此改善传统贪婪转发方案的性能[3,5]。通过将链路质量测量加入到选择度量方法中，使得链路感知转发机制能够避免选择较差的链路候选节点，从而得到最佳的链路。然而由于链路感知度量方法作为发送端选择方案实施过程中，会增加链路质量信息与采集（或评估）要求，则此方案会产生额外的开销。

6.2.2 机会型转发和分布式方案

直到最近，所有提出的与位置相关的转发方案指出在发送端选择下一跳节点。这些方案可能对受欢迎且相对静态的 Ad Hoc 网络很有效。但是对于动态、密集型和资源受限的网络，比如传感器网络，需要重新考虑在何处进行下一跳节点选择的问题。

第二组方法旨在改善贪婪转发方案的性能，贪婪转发方案中下一跳中继节点只在邻居节点之间进行选择，其中邻居节点是指已经从发送节点处成功接收数据包（或初始系统数据包）的节点。这些方法通常称为机会主义，它们还为中继选择（即发送端）的归一化提供了一个分布式替代方案。Zorzi 和 Rao[6] 以及 Fubler、Widmer 和 Kasemann[7] 已经独立地考虑了发送节点无需选择下一跳的转发方案。相反，所有符合条件的候选节点彼此竞争以中继数据包。而 Zorzi 和 Rao[6] 认为剩余距离是基于目的转发节点选择的优先标准，该标准并未获取选择过程中额外的 MAC 竞争。一方面，假设为何总能选择最佳的中继节点，另一方面，假设选择过程总是成功的。Fubler、Widmer 和 Kasemann[7] 研究了转发节点选择方案的 3 种可能变量，旨在降低数据包的复制率，其中他们假设可能成功存在着不止一个几乎同时响应的节点。然而此方案并未考虑在成功中继选择过程中依赖于优先级的 MAC 竞争概率和相关的延迟。

在这些分布式方案中，发送节点并不决定下一跳中继邻居节点的选择。相反，所有邻居节点彼此竞争从而选出最佳的中继节点。然而这些分布式方法仍然依赖于单一的基于位置的决策标准，而且面临着性能的下降以及在有损无线环境中较高的能量损耗。

为了使得机会型分布式转发方案发挥作用，则需要保证一定的网络条件。具体而言，想要发送数据包的每个节点应以较高的概率在转发方向上找到至少一个活跃的邻居节点作为数据包的中继节点。这种网络条件的可行性和稳定性引起了研究团体的关注。Yi 等人[16] 考虑了一个独立的伯努利型节点的网络，每个节点在高度密集的网络中至少有一个活跃的邻居节点，而且得出其概率是有限的。Zhang 等人[17] 也认为传感器网络的可行性具有独立且异步的占空比，发送节点可以简单地广播它们的数据包，并通过可达的活跃的邻居节点中继数据包。然而由于研究者们的主要焦点是网络的鲁棒性，上述方法并没有阻止数据包复制，因此它们对于密集型网络而言可能不是最佳方案。

6.3　单一标准接收端中继选择

6.3.1　分布式选择过程

考虑一个均匀随机分布节点的网络，其中该网络的节点呈均匀圆形覆盖，并且具有独立的且异步的休眠行为。假设与 802.11 分布式协调功能（DCF）类似，在数据包转发之前，在发送器和潜在的转发节点之间进行 RTS/CTS（请求发送/清除发送）消息交换。然而与 802.11 不同的是，RTS 消息被广播到所有本地的邻居节点，转发节点的 CTS 响应被适当地延迟以尽量减少潜在的竞争。假设节点知道其本身和目的节点的地理位置或虚拟（基于跳数[18]）位置信息。下面进一步阐述竞争解决方案的概念、冲突的脆弱性以及与接收端中继选择相关的优先级策略。

6.3.1.1　竞争解决方案

逐跳转发方案通常是在基于决策标准的分组无线网络中进行的，以获得所需的节点或网络范围内的性能目标。在接收端中继选择方案中，这些决策标准（隐式地）用作分布式中继选择优先考虑的度量措施。在分析各种优先级方案的性能之前，首先对基本的选择过程进行描述，即将时间延迟作为竞争的解决方案。

想要发送数据包的节点首先发送 RTS 广播包，它包含优先级标准和其本身及目的节点的位置信息。在收到 RTS 数据包之后，每个符合条件的中继候选节点 i（见图 6.2 的阴影区域）设置一个应答时间：

$$X_i = g(\Omega_i) \tag{6.1}$$

式中，Ω_i 是转发方案中基于给定标准所计算的节点 i 的质量度量；$g(.)$ 是实现选择过程优先级的映射函数，它的功能决定了所选择的中继邻居节点的质量，它与一组最优标准和选择过程的脆弱性有关，其中脆弱性是指在两个或两个以上最佳候选节点之间的冲突。

接下来，每一个中继候选节点监听在 0 时刻和 X_i 时刻之间的无线介质。如果在时刻 X_i 之前没有收到其他的 CTS，则节点 i 认为自己就是选择过程的赢家并且将带有自己签名的 CTS 数据包发送到发送节点。如果一个节点在其等待阶段偷听到 CTS 传输，假设已经选择一个更合适的转发候选节点，则该节点放弃竞争。

6.3.1.2　冲突的脆弱性

由于分布式特性，接收端中继选择过程很容易受到冲突。当两个或两个以上

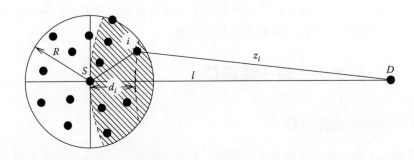

图 6.2 数据包转发的竞争区域。R 是覆盖范围。
i 是转发竞争节点，它提供了距离 D 的转发进程 d_i

的中继候选节点设置相同或非常接近的 RTS 响应时间，选择过程未能选出唯一的下一跳节点。注意，这种冲突类型不同于（以及添加）常规的介质访问冲突，例如那些由隐藏或暴露的终端引起。因为所有的转发方案与发送端或接收端是否进行中继选择相互独立，因此它们会遭受相同的常规介质冲突。在这项研究中，并不感兴趣于量化这种冲突类型。

为了量化选择过程中的冲突，假设节点 j 设置的应答时间为 $X_j = \min_i \{X_i\}$。如果存在至少一个节点 $k(k \neq j)$，则发生冲突：

$$|X_i - X_k| \leqslant \beta \tag{6.2}$$

式中，β 是冲突脆弱性窗口，它取决于 MAC 机制、节点的时钟精度、信号检测时间以及接收模式和发送模式之间无线收发器的切换时间。

当准确地接收到 CTS 数据包时，发送器发送数据包给转发器。如果发送器接收到同样数据包的另一个准确的 CTS 之后（如果早期的 CTS 数据包在转发区域内未被一些节点监听到），它直接丢弃 CTS 以避免任何数据包的重复。在任何 CTS 消息冲突情况下，所有转发节点放弃竞争周期，正如 802.11 DCF MAC 竞争解决方案一样，假设发送器在超时之后通过广播其他的 RTS 数据包重新启动选择过程。

6.3.1.3 优先级类型

将优先级函数分成两大类：单纯的随机转发和绝对的基于优先级转发。下面将描述这两种优先级类型的定义。为了不失一般性，假设使得决策标准 Ω 最大化是所期望的目标。出于完整性的考虑，还定义了转发方案的变量，称为混合型优先级，由基于优先级的方法和随机方法两者结合后推导得出。

定义 1：在单纯的随机转发方案中，无优先级是指在选择过程中没有更好的候选节点。如果节点 j 和 k 是两个中继候选节点，事实上，节点 k 比节点 j 更适合作为候选节点（$\Omega_j < \Omega_k$），但是这并不会增加 k 被选中的概率。从形式上看：

$$\Pr[X_k \leqslant X_j \mid \Omega_j \leqslant \Omega_k] = \Pr[X_k \leqslant X_j]$$

注意，在这种情况下，决策标准 Ω 并不充当选择中继节点的任何角色。

定义 2：在绝对的优先转发方案中，绝对优先是在选择过程中选出更好的候选节点。如果节点 j 和 k 是两个中继节点，事实上 k 比 j 是更好的候选节点（$\Omega_j \leqslant \Omega_k$），则保证 k 会被选为候选节点，也就是说：

$$\Pr[X_k \leqslant X_j \mid \Omega_j \leqslant \Omega_k] = 1$$

注意，绝对优先级可以由函数 $g(.)$ 获得，它是关于 Ω 的确定性单调递减函数。

定义 3：混合优先级结合了绝对优先级和单纯的随机选择，虽然它也给出了优先级，但并不能保证选择过程中得到更好的候选节点。如果节点 j 和 k 是两个中继节点，则事实上 k 比 j 是更好的候选节点（$\Omega_j \leqslant \Omega_k$），即 k 成为候选节点的概率更大，但这并不保证 k 一定超过 j 成为被选择的中继节点。也就是说：

$$\Pr[X_k \leqslant X_j] < \Pr[X_k \leqslant X_j \mid \Omega_j \leqslant \Omega_k] < 1$$

然而有关混合优先级的更多内容将不会在本书进一步讨论，它被作为未来研究的扩展方向。

6.3.2 分析模型

现在确定优先级函数 $g(.)$ 的特征 [见式 (6.1)] 并分析中继选择过程的具体优先级的性能。人们对冲突的脆弱性和在成功中继选择过程中有效的延迟特别感兴趣。

假设在 RTS 数据包中基于位置信息和设定的优先级标准，每个节点都具有其转发决策的度量指标 Ω_i。

本书认为基于延迟的竞争解决方案标准，它的两个主要时间是随机延迟和优先延迟。在随机延迟情况下，转发区域的节点在发送其 CTS 消息之前选择一个随机的等待时间，该时间由概率分布函数（PDF）确定。将时间范围 $[t_2, t_1]$ 的均匀随机分布（uni _ rand(t_2, t_1)）作为选择的等待时间。这种情况下决策标准 Ω 与节点的位置 [只要它们在转发区域（见图 6.2）] 相互独立，则节点 i 的等待时间 X_i 是其相应的随机分布，即映射函数 $g(.)$。

关于优先级选择过程，它可能包含很多标准，即剩余能量、接收器信号强度、最大每一跳进程等，也或者是这些标准的组合。在本书的研究中，选择距离目的节点的最大进程作为绝对优先级标准。因此如果节点 i 当选为中继节点，Ω_i 表示中继候选节点 i 能够提供距离目的节点的进程 d_i（见图 6.2）。在这种情况下，映射函数 $g(\Omega_i)$ 是相对于 d_i 单调递减的函数，可以表示为

$$X_i = g(\Omega_i) = \{a(\alpha) d_i + b(\alpha)\}^{1/\alpha} \tag{6.3}$$

其中选择系数 $a(\alpha)$ 和 $b(\alpha)$ 使得转发区域节点的优先延迟保持在 $[t_2, t_1]$ 范围

内，与 uni_ rand 情况一样。α 是形状参数（$\alpha \neq 0$），其控制着潜在中继节点的相对优先级特性。$a(\alpha)$ 和 $b(\alpha)$ 由下式给出：

$$a(\alpha) = \frac{t_2^\alpha - t_1^\alpha}{R}; \ b(\alpha) = t_1^\alpha \tag{6.4}$$

图 6.3 绘制了作为形状参数 α 的函数，即基于优先级的映射函数 $g(.)$ 和相应的随机变量 X_i（节点 i 预先设定的时间）。从图中可以观察到，通过改变 α 的取值，实现不同节点选择方案的相对优先级。例如，$\alpha = 1$ 对应着单跳进程的线性映射，而 $\alpha = -1$ 对应的是逆映射。不同的映射对中继选择延迟和冲突脆弱性会产生的何种影响还有待于进一步观察，这将在下面的内容中进行讨论。

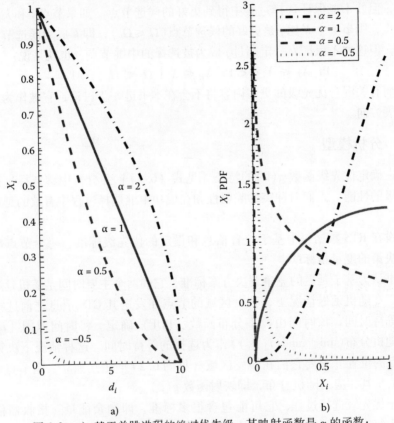

图 6.3　a) 基于单跳进程的绝对优先级，其映射函数是 α 的函数；
b) 随机变量 X_i 其相应的映射函数 PDF，$R = 10$

在以下的内容里，首先推导出延迟和冲突概率的一般表达式。以中继选择策略的具体情况为例进行说明。

6.3.2.1　中继选择延迟

为了找到成功选出一个中继节点所需的时间，由 $\{X_i\}_{i=1,2,\cdots}$ 表示独立同分布的随机变量，这些变量代表所有符合条件的中继候选节点其预先设定的响应时间。这些竞争节点的数量用另外一个随机变量 C 表示，它是关于参数 λ 的泊松分布，参数 λ 是转发方向上活跃的邻居节点的平均数。选择过程的条件概率定义为 $Y = \min_i \{X_i\}$。这里对任意一个优先级方案的 Y 分布函数（$f_Y(y)$ 和 $F_Y(y)$）感兴趣，即 $X_i s$ 的任意分布是（$f_X(x)$ 和 $F_X(x)$）。

如果考虑活跃的竞争候选节点的数量为 $C = c$，每个节点的预先设置时间是 $X_i \{i = 1, 2, \cdots, c\}$，则 Y 的条件累积分布函数（CDF）由下式获得：

$$\Pr[Y \leqslant y \mid C = c] = 1 - \Pr[Y > y \mid C = c]$$

$$= 1 - \Pr[\min\{X_i\} > y] = 1 - \prod_{i=1}^{c} \Pr[X_i > y]$$

$$= 1 - \{1 - F_x(y)\}^c$$

注意，在 $c \geqslant 1$ 的情况下定义 Y 的条件概率。通过全概率公式获得 Y 的无条件 CDF：

$$\Pr[Y \leqslant y] = \sum_{c=1}^{\infty} \Pr[Y \leqslant y \mid C = c] \frac{\Pr[C = c]}{\Pr[c \geqslant 1]}$$

$$= \sum_{c=1}^{\infty} [1 - \{1 - F_x(y)\}^c] \frac{\frac{\lambda^c}{c!} e^{-\lambda}}{1 - e^{-\lambda}}$$

对上式进行简化，可以得出

$$F_Y(y) = \Pr[Y \leqslant y] = \frac{1 - e^{-\lambda F_X(y)}}{1 - e^{-\lambda}}$$

$$f_Y(y) = \frac{\lambda f_X(y) e^{-\lambda F_X}}{1 - e^{-\lambda\lambda}} \tag{6.5}$$

下面，将式（6.5）的一般结果应用到优先级的两个例子中。

均匀随机转发：在所有中继候选节点竞争中，通过设置一个单纯的随机计时器进行转发的方案都属于这一类。为了详细地说明，考虑在 t_2 和 t_1 之间均匀分布的随机时间，即

$$f_X^{\text{rand}}(x) = \frac{1}{t_2 - t_1}$$

$$F_X^{\text{rand}}(x) = \frac{x - t_1}{t_2 - t_1}$$

然后，X_i 的均匀随机分布其表达式可以从式（6.5）中获得：

$$F_Y^{\text{rand}}(y) = \frac{1 - e^{-\lambda \frac{y - t_2}{t_1 - t_2}}}{1 - e^{-\lambda}}$$

$$f_Y^{\text{rand}}(y) = \frac{\lambda}{(t_1 - t_2)(1 - e^{-\lambda})} e^{-\lambda \frac{y - t_2}{t_1 - t_2}} \tag{6.6}$$

线性映射型绝对优先级：关于绝对优先级转发方案，考虑这种情况：预先设定时间是单跳进程的函数，并且在 t_1 和 t_2 之间线性递减。从式（6.3）和式（6.4）中设定 $\alpha = 1$、$X_i = \dfrac{t_2 - t_1}{R}d_i + t_1$，$0 \leq d_i \leq R$，其中 d_i 是距离候选中继节点 i 的转发进程（见图 6.2）。X_i 的分布可以通过剩余距离的分布推导得出[13]，并且由下式近似给出：

$$f_{d_i}(d) = \frac{4(l-d)}{\pi R^2}\arccos\left(\frac{(l-d)^2 + l^2 - R^2}{2l(l-d)}\right) \tag{6.7}$$

预先设定时间的分布由下式给出：

$$F_X^{\lin}(x) = 1 - F_{d_i}\left(\frac{t_1 - x}{t_1 - t_2}R\right) \tag{6.8}$$

$$f_X^{\lin}(x) = \frac{1}{|t_1 - t_2|}f_{d_i}\left(\frac{t_1 - x}{t_1 - t_2}R\right)$$

从式（6.6）和式（6.8）可以得出，在两种不同的情况下一次中继选择尝试的平均延迟。这两个例子中其他变量的延迟将在 6.3.3 节中进行介绍。

6.3.2.2 选择失败概率

正如前面的内容所介绍的［见式（6.2）］，除了前两个最佳候选节点之外，至少当它们彼此不是冲突脆弱性窗口时，选择过程失败。Y 表示预先设置的应答时间集合的最小值：$Y = \min_i\{X_i\}$，Y^* 表示剩余节点预先设置的应答时间的最小值：$Y^* = \min\{\{X_i\} - Y\}$。注意，$Y$ 和 Y^* 可以视为同分布。此外，定义 $S_Y(y) = 1 - F_Y(y)$ 是 Y 的生存函数，并且 $h(y) = \dfrac{f_Y(y)}{S_Y(y)}$。

引理 1：对于给定的冲突脆弱性窗口 β，选择过程失败的概率可以由下式给出：

$$P_{\fail} = 1 - (b \copyright S_Y)(\beta) \tag{6.9}$$

其中 $\copyright$ 表示相关积分函数，由下式定义：

$$(b \copyright S_Y)(t)\int_{-\infty}^{\infty} b(x)S_Y(t+x)\dd x$$

证明：当 $Y = y$ 条件成立时，发生冲突的条件概率分布是 $\Pr[Y^* \leq y + \beta | Y = y] = \dfrac{F_Y(y+\beta) - F_Y(y)}{1 - F_Y(y)}$。则获得冲突的非条件概率分布为

$$P_{\fail} = \int_{t_2}^{t_1}\Pr[y \leq Y \leq y + \dd y]\frac{F_Y(y+\beta) - F_Y(y)}{1 - F_Y(y)} = \int_{t_2}^{t_1}f_Y(y)\dd y\frac{F_Y(y+\beta) - F_Y(y)}{1 - F_Y(y)}$$

$$= \int_{t_2}^{t_1}f_Y(y)\frac{S_Y(y) - S_Y(y+\beta)}{1 - S_Y(y)}\dd y$$

当 $y \geq t_1$ 时，$S_Y(y) = 0$；当 $y \leq t_2$ 时，$h(y) = 0$；经简化后得到下式：

$$P_{\text{fail}} = 1 - \int_{t_2}^{t_1} h(y) S_Y(y + \beta) \mathrm{d}y$$

因此，引理 1 得以证明。

对于具体的优先级情况而言，选择失败的概率可以从相应的分布函数获得。

6.3.2.3　有效延迟

利用一次选择尝试过程中相应的失败概率知识，推导得出其延迟 t。为了成功地发现节点的下一跳，需要经过反复的尝试，因为冲突的影响使得分布式中继选择过程可能失败。为了得出具体优先级的基准比较方法，需要计算出一次成功的中继选择过程的有效延迟。为此，只需简单地假设在 RTS 应答消息冲突的情况下，发送节点重新启动在固定的超时窗口（t_1）端的另一个选择过程，并且重复这个过程直到成功接收到 CTS[○]。在中继之前得出的有效平均延迟由下式给出：

$$D_{\text{eff}} = \frac{P_{\text{fail}}}{1 - P_{\text{fail}}} t_1 + D \tag{6.10}$$

式中，P_{fail} 是式（6.9）中得出的冲突概率；D 是从式（6.5）中获得的一次尝试过程的平均延迟。

数值仿真结果如下。

6.3.3　评估

为了评估接收端中继选择过程的优先级性能，考虑 uni_rand（t_2，t_1）情况和基于目的节点的最小剩余距离（LRD）优先级转发^[13]情况。在式（6.3）中已经给出了映射函数。这两种情况的等待时间范围设置为 $[t_2, t_1]$。映射参数 α 随着不同的优先级水平和不同符合条件的节点而发生变化。

假设网络中节点的休眠行为是独立且异步的，这也给出了发送节点在每一次传输尝试过程中有资格转发的活跃节点集的不同实现方式。这里还假设任何节点其活跃的邻居节点平均数（也称为节点密度）n 是固定不变的。为了简化所获得的分析结果，中继候选节点的平均数 λ 由图 6.2 的阴影面积表示，近似为 $\lambda = \frac{n}{2}$。

在本节中，所有的数值和仿真结果都是在节点发送范围 $R = 10$ 和距离初始发送节点为 $l = 100$ 处汇聚节点条件下获得。冲突脆弱性窗口取值是常见的可利用的硬件切换时间（$\beta = 250\mu s$）。预先设置的应答时间范围从 $t_2 = 250\mu s$ 到 $t_1 = 1s$。

○　实际上，每次发送失败都伴随着一个二进制指数退避算决，并且只能进行次数有限的重试。

首先获得在不同优先级情况下一次中继选择过程的延迟，其中特别对形状参数 α 所控制的相对优先级行为感兴趣。图 6.4 表明，α 越小，则延迟越低。这是因为正如图 6.3b 证明的一样，α 越小（$\alpha < 1$），预先设定的时间分布朝着较小值的方向收敛。另一方面，$\alpha > 1$ 使得时间分布朝着相反的方向收敛，从而导致更高的条件延迟。

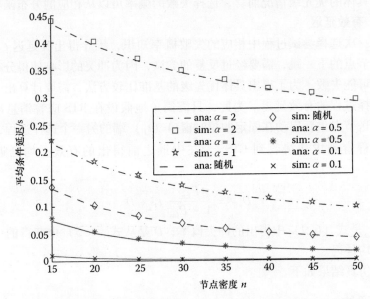

图 6.4　不同优先级方法中一次中继选择过程的节点密度与延迟之间的关系

选择失败概率 P_{fail} 与 α 的变化呈相反的变化趋势，如图 6.5 所示。这是因为，α 越小，预先设定的时间分布朝着越小的范围偏移，对于 CTS 消息而言，两个最佳中继节点都几乎接近同一个预先设定的时间 [见式（6.2）]，这会导致冲突发生。

通过对一次选择尝试中延迟的反方向趋势以及不同形状参数条件下选择失败概率的观察，首先计算并分析成功的中继选择过程中有效延迟的性能。图 6.6 显示了形状参数对有效延迟的影响。观察到形状参数最优值能够实现延迟和冲突概率之间的最佳平衡，这也是节点密度函数缓慢变化的原因。例如，当节点密度 $n = 20$ 和形状参数最优值 $\alpha_{opt} = 0.3$ 时，有效延迟接近 37.9ms，而当 $n = 20$ 且 $\alpha_{opt} = 0.5$ 时，有效延迟近似等于 31.5ms。

然后，针对不同的优先级方法，获得成功选择中继的有效延迟。图 6.6 中的直观感受经分析和仿真后在图 6.7 中得到证实，即形状参数的临界值可以实现最佳的选择性能。同样也可以观察到，除非优先级方案被适当地优化，否则其性能甚至不如随机选择过程。

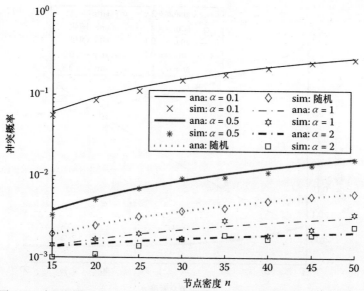

图 6.5 在不同优先级方法中选择失败概率P_{fail}与节点密度 n 之间的关系

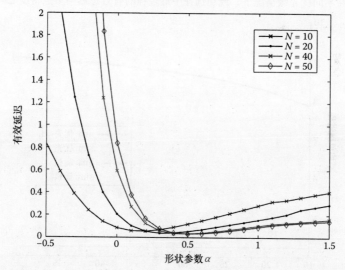

图 6.6 分析有效延迟与形状参数以及节点密度 n 之间的关系

　　注意,在基于 LRD 的绝对优先转发方案中,平均单跳的进程与形状参数相互独立,在所有情况下都能选出最佳的中继节点。从图 6.8 中可以观察到,随机转发的平均进程几乎比 LRD 方法的一半还低。虽然随机转发具有相当好的延迟性能,如果所选的形状参数最佳,甚至比基于 LRD 优先级的方法更具有优势,但是糟糕的单跳进程使得随机转发成为一种前途堪忧的方法。

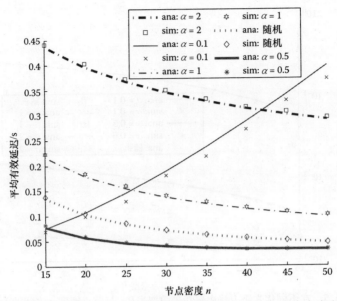

图 6.7　在不同优先级情况下，成功选择中继过程的有效延迟与节点密度之间的关系

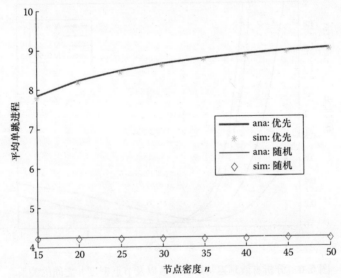

图 6.8　对于任何形状参数 α 而言，随机转发中单跳进程和基于 LRD 优先级方法与节点密度之间的关系

6.4　多标准接收端中继选择

6.4.1　在多标准情况下最优的概念

如前所述，基于单跳进程标准的多跳转发可能不是最优的方法，这是因为无

线连接的不可靠性以及其他节点的局限性，比如能量、缓冲能力等。然而该方法考虑了不止一个决策参数，使得可替换的候选节点的排名没有单一标准的情况明显。例如，图 6.9 中考虑使用两个标准选择最佳的中继节点。相对于一个特定的节点（节点 A），它与其他任何一个节点之间的关系可以划分为以下 3 类：

■ 与节点 A 相比，在主导区域中所有节点显然是被严格地标为"较差的"，因为它们按照多标准严格执行"较差的"，并且几乎所有的其他节点都是较优。

■ 与节点 A 相比，在主导区域中所有节点显然是严格的"较优的"，因为它们按照多标准严格执行"较优的"，至少与所有其他的节点一样具有优势。

■ 然而在两个非主导区域中的节点比节点 A 执行更好的单一标准，而对于其他节点而言更差。因此非主导区域节点相比节点 A 不能被定性为"较差的"或"较优的"。

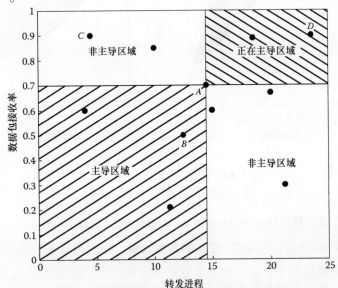

图 6.9　特定节点 A 和其他候选节点之间的关系。一般情况下，
在阴影区域中的候选节点可以与节点 A 进行严格的比较

　　注意，转发决策可以使得所有决策标准最大化，只要存在一个候选节点就能主导所有其他的候选节点（参见图 6.9 的节点 D）。然而在一般情况下，不可能一直存在单个主导的候选节点而且需要一个额外的模型以定义多个标准之间的性能和平衡。

6.4.2　多标准映射函数

　　现在，介绍一种通用的以聚集函数为形式的偏好模型，该模型将所有标准结合成为一种虚拟的标准，用于将所有较差的候选节点排除在外。

　　因为由可替换的候选节点组成的集合中其主导关系产生的顺序是部分的，在可替换的候选节点集合之间可能存在着一对相互无法比较的候选节点。随着映射函数概念的提出，这里的目标是引入一种单一的排名范围，通过使用聚集函数将所有标准权重成一个标准。针对每个候选节点 i，考虑基于 k 个标准的决策，其具有的性能指标由矢量公式表示：$\overline{\Omega}_i = (\Omega_{i1}, \Omega_{i2}, \cdots, \Omega_{ik})$。为了不失一般性，假设决策标准($\Omega_i$)有一个值在$[0, \Omega_i^{max}]$范围内并尽可能地使得该值最大化。

然后通过引入多维函数将所有决策变量映射到预先设定的时间（见图 6.10 中两个标准示例）：

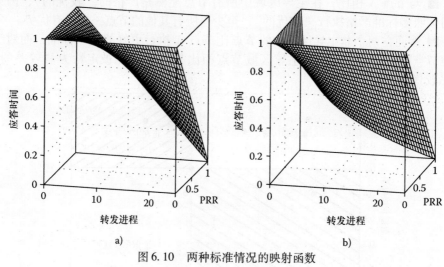

a)   b)

图 6.10   两种标准情况的映射函数

a) $\alpha_1 = 1$ $\alpha_2 = 1$ b) $\alpha_1 = 0.1$ $\alpha_2 = 1$

$$g_{\overline{\alpha}}(\Omega_{i1}, \Omega_{i2}, \cdots, \Omega_{ik}) = a(\overline{\alpha})\, \Omega_{i1}^{\alpha_1} \Omega_{i2}^{\alpha_2} \cdots \Omega_{ik}^{\alpha_k} + b(\overline{\alpha}) \qquad (6.11)$$

式中，$\overline{\alpha} = (\alpha_1, \alpha_2, \cdots, \alpha_k)$ 是 k 的参数矢量，用来衡量 k 个决策标准。

在单一标准情况下，每个候选节点的预先设定应答时间为$X_i = g_{\overline{\alpha}}(\overline{\Omega}_i)$。

从发送端中继选择的角度来看，相应的成本度量可以从$g_{\overline{\alpha}}(.)$得出：

$$C_{\overline{\alpha}}(\overline{\Omega}_i) = \Omega_{i1}^{\alpha_1}, \Omega_{i2}^{\alpha_2} \cdots \Omega_{ik}^{\alpha_k} \qquad (6.12)$$

关于$g_{\overline{\alpha}}$（按降序排列）或$C_{\overline{\alpha}}$（按升序排列）所有候选节点的排名可以在所有可替换的候选节点集合上创建一个总排序系统。也就是说，对于任意两个候选节点 i 和 j，$C_{\overline{\alpha}}(\overline{\Omega}_i) \leqslant C_{\overline{\alpha}}(\overline{\Omega}_j)$ 或者$C_{\overline{\alpha}}(\overline{\Omega}_i) \geqslant C_{\overline{\alpha}}(\overline{\Omega}_j)$。

需要注意的是，对于任意正的实常数 $m > 0$，$C_{m\overline{\alpha}}$，$m\,\overline{\alpha} = (m\,\alpha_1, m\,\alpha_2, \cdots, m\,\alpha_k)$ 与 $C_{\overline{\alpha}}$ 产生相同的排名。因此，$g_{\overline{\alpha}}$ 可视为一个虚拟标准 $(C_{\frac{1}{\alpha_1}\overline{\alpha}})$，因为在 6.3.2 节中单一标准情况下，出于接收端竞争解决方案的目的，将其映射到时间间隔 $[t_2, t_1]$ 内，则

$$g_{\overline{\alpha}}(\overline{\Omega}) = a(\overline{\alpha})\, [\, C_{\frac{1}{\alpha_1}\overline{\alpha}}(\overline{\Omega})\,]^{\alpha_1} + b(\overline{\alpha}) \qquad (6.13)$$

同样地，针对最差和最优的候选节点这两种限制条件，获得参数依赖型系数：

$$a(\overline{\alpha}) = \frac{t_2 - t_1}{\prod_1^k \left[\Omega_i^{\max} \right]^{\alpha_i}}; b(\overline{\alpha}) = t_1 \tag{6.14}$$

在单一标准情况下，多维映射函数 $g_{\overline{\alpha}}$ 是关于单独地考虑每个维度的递减函数。

6.4.3　贪婪算法与链路质量之间的平衡

随着通用的映射函数在上述内容中提出，现在将多标准映射函数应用到转发方案的示例中，该方案能够找到链路质量和贪婪转发进程之间最佳的平衡。因为关于两种标准的最佳权重目前还没有较优的建议，因此调查方法是必不可少的。例如，在 $\alpha_1 = \alpha_2 = 1$ 条件下，得出 $C_{(1,1)} = d_x * p_x$（由节点 x 提供的单跳进程与相应的数据包成功转发概率的乘积），这对应着归一化的进步（NADV）[5] 以及最大预期的进程（MEP）[19]。然而正如 6.3.3 节提出的，结果表明这个转发方案并不是很理想，因此可以通过适当地选择权重参数以获得更好的网络性能。

为了查看权重参数（α_i）对可替换的中继候选节点排名的影响，考虑图 6.11 中节点 A 的情况（在 $d_A = 14.5\text{m}$、$p_a = 0.7$ 条件下）。注意，当 $\alpha_1 = \alpha_2 = 1$

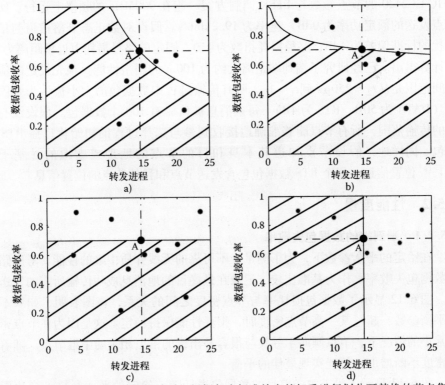

图 6.11　相对于特定节点的偏好关系。根据每个标准给定的权重进行划分可替换的节点集合
　　a）$\alpha_1 = 1$，$\alpha_2 = 1$　b）$\alpha_1 = 0.1$，$\alpha_2 = 1$　c）$\alpha_1 = 0$，$\alpha_2 = 1$　d）$\alpha_1 = 1$，$\alpha_2 = 0$

（见图 6.11a）时，转发进程的小幅增加如何补偿链路质量的大幅下降。另一方面，当 $\alpha_1 = 0.1$ 和 $\alpha_2 = 1$（见图 6.11b）时，距离节点 A 大约 10 个单位距离的节点能够提供与可替换中继节点几乎同样好的性能。

还需注意的是，要找到最佳转发决策的规律，只需要两个权重参数的相对值。换句话说，无论从接收端中继选择还是发送端中继选择的角度，都可以寻找出比值 $\frac{\alpha_1}{\alpha_2} \triangleq \lambda$ 作为优化网络性能的度量指标。通过网络仿真对 λ 的最佳值进行研究。

6.5 说明：最小能量链路感知转发方案

6.5.1 仿真模型

考虑具有不同平均密度 p（节点/m^2）的随机部署的节点。基于 Chipcon RFIC CC2420 的节点参数与 BFSK 调制方案一起在 900MHz 的频率上运行。所有节点发送的额定功率为 0dB，速率为 19.2kbit/s。假设对数正态衰落信道与信道干扰的标准偏差为 4dB，路径损耗指数为 4.0。固定的路径损耗由近场距离为 1m 时计算得出。已经研究了端到端距离大约为 100m 的网络性能。预先设定的应答时间范围是从 $t_2 = 250\mu s$ 到 $t_1 = 1s$。所有传输过程中数据包的大小被认为是固定的（DATA 为 50B，RTS 为 4B）。每条消息被认为有 100 个数据包。假设没有最佳的传输范围，所有节点能够准确地接收到参与选择过程的初始化广播 RTS 数据包。同样地，假设节点知道其本身和目的节点的地理或虚拟的（基于跳数）[18] 位置信息。每个 RTS 数据包包含发送节点和目的节点的位置信息。

6.5.2 性能度量

6.5.2.1 端到端的数据包失败率

在给定的平衡参数下，为了测量经不可靠的无线介质中继的性能，考虑路径的数据包失败率。作为基准比较，记录在最终目的地消息成功传输所需的发送次数。图 6.12 显示了数据包损耗率与节点密度之间的关系，该图表明，如果不考虑平衡参数，超过某一高节点密度时，损耗性能保持稳定。这是因为在节点密度非常小的情况下，节点倾向于寻找与很容易出错的信道相关的中继节点。随着节点密度不断增加，可能实现最佳的平衡。

图 6.13 显示了沿着整条路径的数据包损耗随着给定的平衡参数 λ 变化而线性减少。例如，$\lambda = \frac{1}{2}$ 时，相对于单跳路径和数据成功率（即在 $l = 1$ 的条件下）

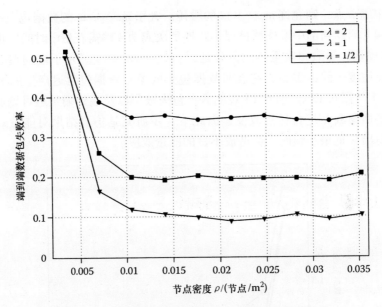

图 6.12　端到端数据包失败率与节点密度之间的关系

的简单乘积而言，数据包失败率降低 50%。

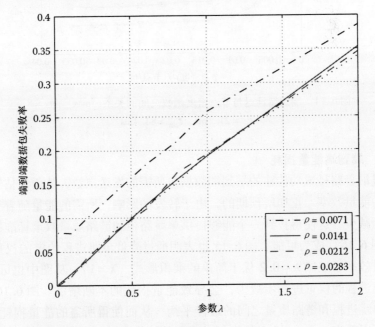

图 6.13　端到端数据包失败率随着平衡参数 λ 的变化示意图

6.5.2.2　端到端转发延迟

　　现在考虑由于数据包的传输或重传产生的端到端延迟。在这里的仿真中，一且选择中继节点，则允许 max_retx 的重传。大于 max_retx 的数据包失败会导致链路错误并启动新的中继选择过程。此外每次成功传输需花费t_{tx}时间，由于超时（否定的确认）导致每次重传的额外延迟为t_{out}。图 6.14 显示了端到端数据包延迟与节点密度之间的关系，它表明数据包失败率对数据包延迟产生的影响（比较图 6.14 与图 6.12）。图 6.13 表明数据包失败率以及端到端延迟可以通过选择较小的平衡参数 λ 进行任意改变，因此下一步研究是仿真结果对能量效率的影响，即超出 λ 的最小值时，会造成不良的能量效应。

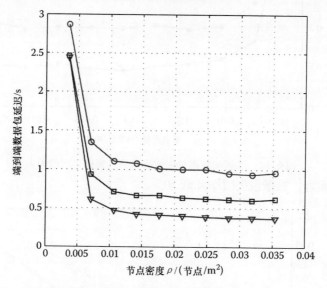

图 6.14   端到端延迟与节点密度函数之间的关系。max_retx = 8，
t_{tx} = 21.1ms，t_{out} = 84.4ms

6.5.2.3   端到端能量损耗

通过沿着路径成功传输的端到端数据包所需的发送次数，从而评估给定的转发策略的能量效率。正如所预期的，由于转发的影响，所需的能量随着节点密度的增加而减少，这使得找到一个能够提供单跳路径和链路质量双重标准的邻居节点（见图 6.15）成为可能。图 6.15 也表明通过降低单跳进程给定的权重有可能提高能量效率。显然 λ = 0.2 优于简单的乘积形式（λ = 1）。从图中也可以看到，随着单跳进程的权重进一步减少，会导致能量损耗的不断增加。图 6.16 显示可以找到单跳进程和链路质量之间的最佳平衡，从而使得所需的能量损耗最小化。从图中可以看出，在 λ = 0.2 处近似实现最佳性能。回顾图 6.13，这个 λ 的最佳值相对于简单的乘积形式（即 λ = 1）而言，它可实现数据失败率高达 5 倍的减少量。

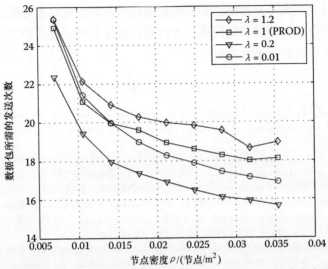

图 6.15　端到端数据包传输的能量损耗（所需的发送次数）与节点密度函数的关系

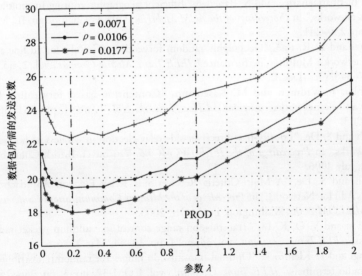

图 6.16　能量损耗（所需的发送次数）与权重参数之间的关系

6.6　小结

本章为 Ad Hoc 网络的多跳中继提出了一个多标准的接收端中继选择框架。通过直观的推理和举例，首先定性地反映了找到最佳权重的中继选择标准的重要性。已经提出了一种通用的以多参数映射函数为形式的度量方法，并将此方法应用于研究贪婪转发和链路质量之间的最佳平衡。已经表明，通过对平衡参数的明智选择，针对成功的端到端路由在总能量消耗方面可以实现更好的网络性能，其中权重参数使得贪婪转发和链路质量之间达到最佳平衡。通用的多标准映射函数也可以应用在发送端中继选择过程中。

参 考 文 献

[1] B. Karp and H. T. Kung, "GPSR: Greedy perimeter stateless routing for wireless networks," in *Proceedings of the ACM MOBICOM*, Boston, MA, Aug. 2000, pp. 243–254.

[2] R. Zheng, "On routing in lossy wireless networks with realistic channel models," in *Proceedings of the ACM International Workshop on Foundations of Wireless Ad Hoc and Sensor Networking and Computing*, New York, May 2008, pp. 1–6.

[3] K. Seada, M. Zuniga, A. Helmy, and B. Krishnamachari, "Energy-efficient forwarding strategies for geographic routing in lossy wireless sensor networks," in *Proceedings of the ACM SENSYS*, Baltimore, MD, Nov. 2004, pp. 108–121.

[4] M. Zuniga and B. Krishnamachari, "Analyzing the transitional region in low power wireless links," in *IEEE International Conference on Sensor and Ad Hoc Communications and Networks (SECON)*, 2004, pp. 517–526.

[5] S. Lee, B. Bhattacharjee, and S. Banerjee, "Efficient geographic routing in multihop wireless networks," in *Proceedings of the ACM MobiHoc*, Urbana-Champaign, IL, May 2005, pp. 230–241.

[6] M. Zorzi and R. R. Rao, "Geographic random forwarding (GeRaF) for ad hoc and sensor networks: Multihop performance," *IEEE Trans. Mobile Comput.*, vol. 2, no. 4, pp. 337–348, Oct.-Dec. 2003.

[7] H. Fubler, J. Widmer, and M. Kasemann, "Contention-based forwarding for mobile ad hoc networks," *Elsevier Ad Hoc Networks*, vol. 1, no. 4, pp. 351–369, Nov. 2003.

[8] K. Egoh and S. De, "Priority-based receiver-side relay election in wireless ad hoc sensor networks," in *Proceedings of the IEEE IWCMC'06*, Vancouver, British Columbia, Canada, July 2006.

[9] K. Egoh and S. De, "A Multi-Criteria Receiver-Side Relay Election Approach in Wireless Ad Hoc Networks," in *Proceedings of the Military Communications Conference, 2006. MILCOM 2006*, Washington, D.C., Oct. 2006.

[10] T.-C. Hou and V. O. K. Li, "Transmission range control in multihop packet radio networks," *IEEE Trans. Commun.*, vol. 34, no. 1, pp. 38–44, Mar. 1986.

[11] H. Takagi and L. Kleinrock, "Optimal transmission ranges for randomly distributed packet radio terminals," *IEEE Trans. Commun.*, vol. COM-32, no. 3, pp. 246–257, Mar. 1984.

[12] M. Mauve, J. Widmer, and H. Hartenstein, "A survey on position-based routing in mobile ad hoc sensor networks," *IEEE Network Mag.*, vol. 15, pp. 30–39, June 2001.

[13] S. De, "On hop count and Euclidean distance in greedy forwarding in wireless ad hoc networks," *IEEE Commun. Letters*, vol. 9, no. 11, pp. 1000–1002, Nov. 2005.

[14] P.-J. Wan, "A survey on position-based routing in mobile ad hoc networks," in *Network, IEEE*, Nov/Dec 2001, vol. 15, no. 6, pp. 30–39.

[15] R. Tanbourgi, H. Jakel, and F. K. Jondral, "Increasing the One-Hop Progress of Nearest Neighbor Forwarding," in *IEEE Communications Letters*, Jan. 2011, vol. 15, no. 1 pp. 64–66.

[16] C. Yi, P. Wan, X. Li, and O. Frieder, "Fault tolerant sensor networks with Bernoulli nodes," in *Proceedings of the IEEE WCNC*, New Orleans, LA, Mar. 2003.

[17] S. C. Zhang, F. I. Koprulu, R. Koetter, and D. L. Jones, "Feasibility analysis of stochastic sensor networks," in *Proceedings of the Conference on Sensor and Ad Hoc Communications and Networks*, Santa Clara, CA., October 2004.

[18] A. Rao, C. Papadimitrou, S. Ratnasamy, S. Shenker, and I. Stoica, "Geographic routing without location information," in *Proceedings of the ACM MOBICOM*, San Diego, CA, Sept. 2003, pp. 96–108.

[19] M. R. Souryal and N. Moayeri, "Channel-adaptive relaying in mobile ad hoc networks with fading" in *Proceedings of the IEEE SECON* Santa Clara, CA, Sept. 2005.

第 7 章　WSN 的能量优化技术

Sonali Chouhan

7.1　简介

超大规模集成（VLSI）技术的飞速发展使得制造非常小的传感器节点成为可能。传感器节点被广泛地合并到传感器、微控制器或微处理器、有限存储器和无线电设备中。这些传感器节点组成的无线网络称为无线传感器网络（WSN）。WSN 是为各种各样的应用程序所部署的网络，它包括室内和室外两种部署环境。一些应用举例如地雷检测、监控火山喷发活动、栖息地监测、油轮的振动和温度测量、医疗诊断、结构监控、火灾监测等[1]。将 WSN 部署在各种应用中，其中这些应用通常是无法用传统的方法收集数据或者难以实现的。这种情况的例子是指不安全的或是无法到达的环境，比如地雷检测、监控火山喷发活动以及测量油轮的振动和温度。WSN 也非常适用于关键数据的收集，如医学诊断、灾害管理、结构化监控、火灾监测等，对于用在收集所需的连续数据过程中也是非常经济的。WSN 的易于部署特性使得它们在许多其他领域里是很有前途的网络，像家庭自动化、智能农业、交通流量管理、智能幼儿园、生产监控等领域。在所有这些应用中，WSN 允许传感元件的部署都接近于感兴趣的领域。传感器节点不会对环境、动物或植物造成干扰。WSN 一旦部署，可以用于多重目的。一个传感器节点可能具有多于一个传感器的功能，它允许收集不止一个物理量。例如，部署在丛林中用于栖息地监测的传感器网络也可以同时用于收集该区域的温度。

在大多数应用中，传感器节点是由电池供电的。与有线节点相比，由电池供电的传感器节点很容易且快速地进行部署，这是因为它们不需要建立电气连接网络。同时，对于电池供电的传感器节点而言，频繁地更换电池显得既不方便也不经济。因此，降低传感器节点和整个 WSN 的能耗是至关重要的。

为了找到一个高效的 WSN，解决方案应从系统级到组件级不同的角度进行考虑。在系统级，为了设计一个高能效的 WSN，研究的重点是网络拓扑和路由协议，即将系统作为一个整体。通过恰当的网络基础设施可以降低通信能量。分组大小优化是降低数据传输过程中能量的方式之一。在数据中心网络中，可以由动态功率管理技术降低能量，例如调度协议。在较低的抽象级，优化每个组件以降低功率损耗。根据能量优化的方式，可以将这些方法划分为组件级和系统级能量优化技术。能量优化的一些方法可以由传感器节点的制造商进行,而另一些方法在用户端完成能量优化。每一种技术具有其自身的优点。本章的目标是讨论这些技术及其它们的优点和局限性。对于所有的这些技术而言,评估传感器节点和WSN 的能量显得非常重要,因此在本章中还将讨论能量模型。

本章的总体结构如下:首先简要介绍传感器节点的系统架构和 WSN 拓扑结构;然后将研究不同的能量模型以评估节点的能量损耗;最后讨论能量优化技术并将这些技术划分为组件级和系统级。

7.2 无线传感器节点和网络

传感器节点是一种非常小的单元,它能够传感物理量并将其发送到另一个节点。它可以使用其自身的处理能力来处理数据。传感器节点通常由供电单元、传感器单元、计算单元以及无线电单元组成(见图 7.1)。供电单元包括一个用于提供电量的电池和一个直流(DC)–直流(DC)转换器。在传感器节点中,电路的不同子部分可能运行在不同的电源电压上。DC–DC 转换器不仅调节输出,与电池提供的电压相比,它还允许满足其在不同电压上运行的电路电压要求。传感器和模–数转换器通常是传感器单元的一部分。计算单元一般具有一个或多个微控制器/微处理器和存储器。无线电单元包含发送器、接收器和天线。

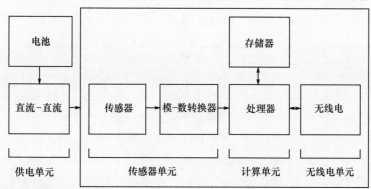

图 7.1 无线传感器节点的系统架构

由多个传感器节点共同组成 WSN。节点之间的连接可以是分层的拓扑[2],也可以是扁平的多跳拓扑[3]。在分层拓扑中,如图 7.2a 所示,每个节点与一个簇头(CH)连接。节点与 CH 的连接可以是静态的也可以是动态的。CH 是具有附加功能的节点。在特定区域内,每一个 CH 从其相连接的节点处获得数据。CH 与基站(BS)以无线方式连接并将数据发送至 BS。BS 通常是具有较高计算能力和存储能力的计算机,它收集数据、分析数据并执行控制操作。根据应用需求,BS 可以是一般的计算型设备,它是 WSN 与世界其他地区之间的接口。在扁平的多跳拓扑中（见图7.2b），每个节点收集并发送数据到其邻居节点。每个节点具有相似的功能和计算能力。与分层拓扑类似，邻居节点的选择可以是静态的，也可以是动态的。

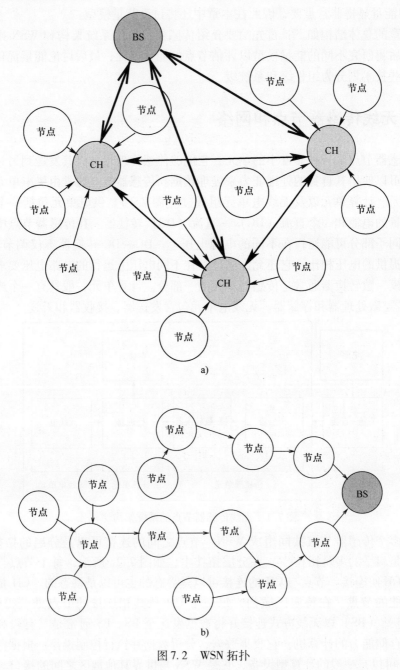

图 7.2 WSN 拓扑

为了采取任何措施来降低 WSN 能量损耗，要求人们针对不同的配置选项评估传感器节点的能量损耗。单个传感器节点能量评估可用于评估 WSN 的能量损耗，为此需要一个传感器节点的能量模型。传感器节点的能量主要消耗在无线电单元、处理器单元、传感器单元和电池单元上。对于一个特定的应用，所使用的传感器是固定的，因此传感器单元所消耗的能量在类似的使用条件下是固定不变的。同样地，由于直流 - 直流转换器的存在，电池单元中能量消耗也可以假设成常数。传感器节点能量的主要变化是由计算单元和无线电单元引起的。

传统的无线网络（CWN）其传输距离非常远，通常以千米计。在这些距离处，花费在数据处理上的计算能量与信号传输消耗的能量相比，其计算能量消耗并不明显。相反，WSN 的节点保持在邻近处。对于不同的应用，传感器节点之间的距离从几米到几百米不等。例如针对冰川环境监测中部署的 WSN[4]，节点保持在 20～25m，而火山监测[5]，节点间隔为 200～400m。这些距离的无线电和计算单元上消耗的能量是近似相等的[6]。因此为能量优化做出任何决策时，将计算和无线电的能量考虑在内显得十分必要。在 7.3 节，针对无线电和计算单元的能量评估将讨论各种不同的方法。

7.3　能量模型

研究者们已经提出了不同的能量模型来计算 WSN 的能量损耗。其中有些模型针对单个的传感器节点，而有些模型适用于 WSN。传感器节点的能量可以作为单个传感器节点单元能量的总和。针对单个传感器节点和网络参数，一些 WSN 仿真器在能量模型的基础上计算网络的能量[7,8]。

为了计算传感器节点能量，可以开发针对主要单元的能量模型，例如电池、传感器、无线电和计算单元。在相似的使用条件下，一个应用的电池和传感器单元上的能量仍或多或少地保持恒定，因此可以将无线电和计算单元的能量考虑在内[6,9]。下面将讨论用于评估无线电和计算单元能量的方法。

7.3.1　无线电能量模型

无线电收发器能量和发送信号能量为无线电单元的能量做出了主要贡献。在 WSN 中，传输距离通常很短。在短距离传输中，发送信号的能量和无线电电路能量在无线电能量消耗中其贡献是非常显著的。因此在计算无线电能量时，将这两部分能量考虑在内是很有必要的[6,9]。

7.3.1.1　收发器电路能量

典型的无线电发送器和接收器电路分别如图 7.3a 和图 7.3b 所示。典型的发送器电路的主要组件是数 - 模转换器（DAC）、低通滤波器（LPF）、混频器、频率合成器（FS）、功率放大器（PA）以及带通滤波器（BPF）。接收器电路组件主要是 BPF、低噪声放大器（LNA）、混频器、FS、中频放大器（IFA）、LPF 以及模–数转换器（ADC）。通过将这些组件单个的功率考虑在内，从而计算出无线电电路的功率如下：

$$P_{ckt\_compo} = P_{PA} + P_{DAC} + 2(P_{LPF} + P_{FS} + P_{BPF}) + P_{LNA} + P_{IFA} + P_{ADC} \quad (7.1)$$

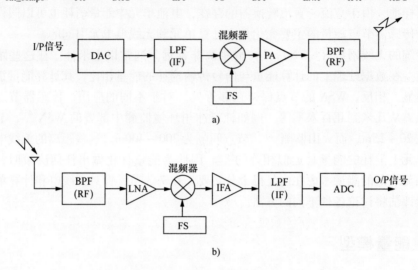

图 7.3 无线电单元电路组件

在 PA 中功率损耗取决于信号发射功率，即 $P_{PA} = \alpha P_{sig}$，其中常数 α 与 RF PA 的能量转换效率 η 有关，而系数 $\eta = \dfrac{1}{(1+\alpha)}$[10]。PA 的效率取决于所使用的功率放大器的类型。例如，AB 类的 PA 效率通常是 $30\% \sim 35\%$，而 C 类 PA 的效率通常是 75%。需要指出的是，PA 的功率随着发送器的输出功率而不断变化。这些典型的效率值是在输出功率过高或者饱和状态时得出的。在短距离传输的 WSN 中，输出功率低，因此 PA 的效率更低。例如，对于 CC2420 无线电而言，最大输出功率为 $1\mathrm{mW}$，在该输出功率条件下，PA 的效率仅为 3.3%。

无线电电路能量可以由下式表示：

$$E_{ckt\_compo} = P_{ckt\_compo} T_{on} \quad (7.2)$$

式中，T_{on} 是无线电电路保持开启的时间。

除了这种能量，其他外围组件也消耗了一些能量，称为基础能量。因此无线电电路能量可以表示为

$$E_{ckt} = E_{ckt\_compo} + E_{ckt\_base} \quad (7.3)$$

不同的无线电电路其 BS 的能量损耗也会不同。这可以针对特定的无线电进行测量得出。

7.3.1.2　发射信号能量

在自由空间中所需的信号功率可以由弗里斯（Friis）传输公式表示：

$$P_{sig} = \left(\frac{4\pi}{\lambda}\right)^2 d^n \frac{P_r}{G_r G_t} \qquad (7.4)$$

式中，d 是发送器和接收器之间的距离；λ 是发送信号的波长；P_r 是接收的功率；G_t 和 G_r 分别是发送器和接收器天线增益；n 是路径损耗指数。

接收功率与数据传输的信噪比（SNR）、每个调制符号的比特数 b、带宽 B 和接收器噪声系数（NF）有关，其中 NF 随着不同的信道模型而不同。噪声模型取决于 WSN 的环境，可以认为是加性高斯白噪声（AWGN）、瑞利噪声或者其他信道模型。例如在 AWGN 信道中，其噪声功率谱密度为 $\frac{N_0}{2}$，则接收功率为[12]

$$P_r = \mathrm{SNR} bB \frac{N_0}{2} \mathrm{NF} \qquad (7.5)$$

其相应的能量表示为

$$E_{sig} = P_{sig} T_{on} \qquad (7.6)$$

T_{on} 和 SNR 的值可以基于数据传输所用的调制方式来计算。例如对于 MPSK，T_{on} 和 SNR 可以由下式表示[12]：

$$T_{on} = \frac{L}{bB} \qquad (7.7)$$

$$\mathrm{SNR} = \begin{cases} (\mathrm{erfc}^{-1}(2 p_s))^2 & b = 1 \\ \dfrac{(\mathrm{erfc}^{-1}(2 p_s))^2}{b \left(\sin \dfrac{\pi}{2^b}\right)^2} & \text{其他} \end{cases} \qquad (7.8)$$

式中，L 是发送的比特数；erfc 是互补误差函数；p_s 是信道误码率。

最后，无线电能量可以由电路和发送信号能量进行相加来计算：

$$E_R = E_{ckt} + E_{sig} \qquad (7.9)$$

电路能量和它们的输入信号能量对每比特的无线电能量做出了很大贡献，如图 7.4 所示。

7.3.2　处理器能量估计

处理器的能量损耗主要取决于它的体系结构和指令集。对于能量估计的计算而言，没有分析能量模型是可行的，这是因为从一个处理器到另一个处理器，其体系结构和指令集会发生显著变化。不同的技术和工具对处理器的功率评估是有效的。接下来将讨论这些技术和工具。

在电池供电设备中，关键的问题是低功耗。在电池供电的嵌入式系统中，出

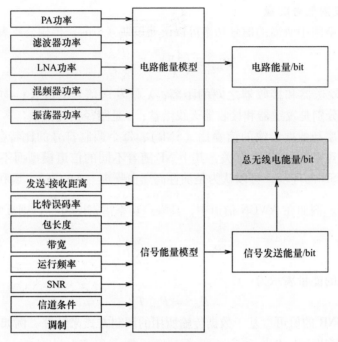

图 7.4 无线电能量模型

于计算的目的，使用特定用途的集成电路（ASIC）以满足低功耗的要求。嵌入式系统随着功能需求的迅速增加而变得越来越复杂。在这种情况下，使用低功率的处理器替代 ASIC 在降低成本的同时也缩短了推向市场的时间。这主要是因为，软件提供了巨大的灵活性，而且嵌入式系统使用处理器有助于维持设备的多功能性。用户在其用户端可以灵活地实现其需要的功能。随着处理器在电池供电的嵌入式系统中使用，这增加了能量估计的需求并降低了处理器的功率损耗。

在电路级[13-18]和门级[19-22]进行处理器的功率评估虽然准确但很费时间。在复杂的处理器情况下这个问题会变得更加突出，同时电路级和门级功率估计并不适用于评估处理器上运行软件的功率。结构级功率估计[23-25]提供结果的速度很快但是精度较低，此外这种评估方法需要内部处理器的细节。为了在估计时间和精度之间取得良好的平衡，处理器软件功率损耗估计以指令级[26-29]或者抽象的周期级[30-32]为主。

Tiwari 等人[26]最早提出了一种评估处理器功率的方法，即指令级。所提出方法的核心思想是测量由处理器执行不同的指令引起的电流，以此估计处理器消耗的功率。每条指令的功率损耗通过重复执行指令并测量平均电流来计算。经过这样的测量过程，分配给每个指令一些基础能量。另一方面，当运行一个程序时，一些内部指令也会产生影响。这是由于存在这样的事实：几乎所有的现代处理器都是流水线操作，因此在不同阶段可能同时执行多个指令。在这个模型中，将内部指令的影响也考虑在内。总的能量成本是基础能量和内部指令能量的总和。对于一个程序而言，指令级能量估计可以通过每一条指令消耗的能量简单求和来完成。针对特定的目标体系结构，可以预先计算出每条指令的能量。

随后，指令级模型已经被扩展成结构级模型[28]。这样的发展是非常有利的，它既结合了结构级易于变化的特性，又实现了能量估计速度的提高，而不会对其精度产生太大影响。

周期级能量估计是在一个周期内基于微结构单元上的活动量来进行的。每个单元上的活动量根据业务负载而发生变化。如果在一个周期内访问给定资源，则其能量可以基于该资源的能量模型来计算。最后可以计算出一个单元上或整个处理器上消耗的能量。

7.4　组件级能量优化技术

组件级能量优化是重要的，因为它决定了传感器节点的基础能量消耗，进而也决定了 WSN 的能量消耗。不论在 WSN 中，还是在许多由电池供电的设备中，必须保证尽可能低的功率损耗。为了满足低功率约束，持续进行的研究都针对降低无线电、计算机、传感器以及供电单元所使用组件的功率损耗。当设计传感器节点时，选择那些能够满足其功能所需的最小功率损耗的组件。例如，在商用的传感器节点中，低功率微控制器，例如 Mica 系列传感器节点 ATmega128L[33,34] 和传感器节点 TI's MSP430[35]，以及具有较高处理能力的微处理器，如已经使用的 Imote2 的英特尔 PXA271[36] 和 μAMPS 的 StrongARM SA - 1100[37]。对处理器和微处理器进行优化以实现低功耗。

计算单元的能量损耗不仅取决于处理器能量，还依赖于存储器配置。在传感器节点中，存储器单元通常由用于存储程序的闪存和存储数据的一个或多个随机存取存储器（RAM）或同步动态 RAM（SDRAM）构成。不断增加容量的存储器单元能够允许存储更多的传感器节点程序，然而这些复杂的程序会以较高的能量损耗为代价。与计算单元相类似，为了满足低功耗要求，传感器节点的其他组件也正在进行优化。对于组件级功率优化而言，根据抽象水平可以将优化技术分为电路级、逻辑级、结构级以及软件和系统级。这些技术超出了本章的范围，感兴趣的读者可以参考关于这些技术更多的文献[38-42]。除了个别组件的功耗外，可以通过定制传感器节点的设计同样能优化传感器节点的功耗。

组件级能量优化的主要局限在于它可以在传感器节点制造商这一级实现能量优化。用户在改变设置方面几乎没有或者具有非常少的选择空间以减少能量消耗。系统级能量优化技术方便用户根据应用程序和部署环境来定制传感器节点和 WSN 参数。在 7.5 节中，将讨论系统级能量优化技术。

7.5　系统级能量优化技术

系统级能量优化技术的主要优点是它们在节省巨大能量方面的有效性，并且它们也适用于用户端的应用。在本节中，将重点介绍 WSN 中系统级能量优化技术。

正如 7.3 节所述，一旦将部署在 WSN 的应用固定，其主要的能量变化发生在无线电和计算单元中。一种系统级技术是对无线电和计算单元能量损耗进行折衷。系统级的动态功率管理（DPM）机制允许将未使用的硬件单元保持在深度休眠状态以此降低能量损耗。另一种系统级能量优化技术是动态电压 – 频率调整（DVFS）。其他的系统级能量降低技术可以划分为与网络相关的能量优化技术。这些技术包括低能量协议、路由协议以及网络协议。在接下来的内容中，将一一讨论这些技术。

7.5.1　计算通信能量平衡

在这种技术中，传感器节点的配置是基于计算能量和无线电能量之间的平衡来选择的，以此降低传感器节点的能耗。以上观点是基于这样的观察：无线电单元消耗的能量可以通过花费计算单元的一些能量来减少。这最终导致整体的能耗降低。在数据压缩过程中可以看到这种平衡的一个非常简单的例子。当发送未经处理的数据时，可以选择使用其中一种数据压缩技术。在这个过程中，压缩和解压缩数据会消耗一部分能量，通过发送少量的数据节省无线电单元的能量。节省的总能量是无线电单元节省的能量和计算单元消耗的能量之差。如果计算单元消耗的能量大于无线电单元节省的能量，则表示未节省能量，相反将最终获得更多的能量损耗。

针对 WSN，已经探讨了不同的信源编码技术[43-45]，这些技术能够为给定的条件选择一种合适的编码技术。一些新的编码机制适用于具体的传感器网络并旨在降低所使用的无线电单元的功率[46,47]。分布式信源编码（DSC）技术更适合于 WSN，是因为这种机制使用了大量的数据冗余，由于 WSN 中节点密度较高，限制了节点之间的数据交换。在 DSC 中，节点独立地将数据发送至 BS 而与其他节点并不互相通信。在基站上进行联合解码。随着解码在非能量受限的 BS 上完成，在这种情况下，只有以编码方式发送的计算单元能量会影响传感器节点的能量[48]。在 DSC 中，基于 Slepian – Wolf 编码定理[49,50]，它属于无损压缩类[51-54]，而基于 Wyner – Ziv 编码定理[55]，它又属于有损压缩的范畴[56]。

利用信道编码技术可以实现计算能量和通信能量之间的平衡[6,9]。使用信道编码的必要性源自于如下事实：对于每一个应用而言，所需的比特误码率

（BER）可能显著不同。例如与环境监测应用相比，医学应用中可接受的误码率要低得多[57]。为了实现所期望的误码率，通常使用纠错码（ECC）。要达到某一个 BER，发送数据所需的 SNR 和 ECC 应低于发送未编码数据的 SNR 和 ECC。将这种节省的信号功率称为编码增益。ECC 的能量开销与数据编码和解码所消耗的能量以及发送"冗余"位所消耗的能量有关。由于 ECC 编码增益的存在，可以实现这些能量开销与能量增益之间的平衡。

例如，具有 CC2420 无线电和 ARM PXA271 处理器的传感器节点其能量损耗如图 7.5 所示。在图 7.5 中，针对未编码数据传输与具有 Reed – Solomon（RS）和汉明（Hamming）ECC 的数据传输，绘制出传感器节点的能量。图 7.5 表明，尽管在计算已编码的数据上有一些能量消耗，其中这些数据具有 RS 和汉明编码机制，但最终仍然能够节省能量，这是因为 ECC 的编码增益远远大于编码能量消耗的补偿。从图中可以看出，在给定的 RS 码中，RS（31，29，3）是最节能的集合；在汉明码集合中，汉明（65，57）是最节能的码。应注意的是，这种能量图形是在特定的 BER、路径损耗指数、节点间距和信道模型条件下绘制的。对于不同的网络和节点配置，能量优化方案会有所不同。

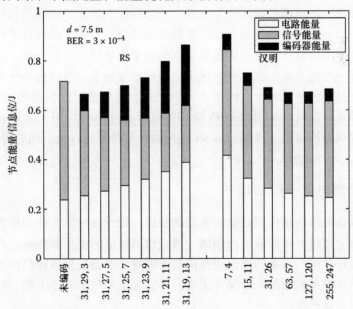

图 7.5　在节点间距为 7.5m 处汉明和 RS 码的节点能量

7.5.2　动态功率管理

降低功率损耗的技术之一是当不需要时关闭设备并在需要时唤醒它们。将这种技术称为动态功率管理（DPM）。为了降低功率损耗，各种不同的电路组件支持不同的操作模式，比如处理器、无线电以及存储器。例如 CC2420 无线电除了具有发送和接收模式，还具有稳压器关机、掉电和空闲模式[58]；StrongARM SA-1100 处理器具有 3 种操作模式：运行、空闲和休眠[59]。同样地，无线传感器节点也支持不同的操作模式，例如 Imote2 支持无线电关机、无线电开机和深度休眠模式[60]。

能量消耗从一种模式到另一种模式的转变对于传感器节点而言具有重要的意义。由于设备保持在休眠模式其节省的能量远远大于传输能量损耗的补偿，因此将设备设置为休眠模式可以节省能量。何时改变设备的运行模式同样也非常重要。将设备设置为特定模式的决定可以由操作系统基于事件发生或者网络和应用的一些参数来完成[59-65]。

与应用有关的任务可以划分为几个子任务。在这种情况下，可以调度一组子任务使得功耗最小，这种技术称为任务调度。将任务调度与 DPM 相结合能够节省更多的功率。例如为检测周围环境的温度，考虑部署 WSN。对于这种应用而言，通过各种传感器节点收集温度传感器数据，使用压缩技术对每个节点上的数据进行压缩，然后发送这些数据到另一个节点。为了完成这一系列的任务，以流水线的方式进行压缩和传输任务是方式之一。当发送之前压缩的数据时，压缩在计算单元中下一个序列的数据。如此传输数据的速度更快，但计算单元和无线电单元同时处于激活模式，导致传感器节点的功率损耗增加。另一种方式是压缩和传输一个接一个地完成。在这种情况下，根据数据速率，可以将一种单元保持在激活模式，另一种单元处于空闲或者休眠模式。这种情况的数据传输速率很低，而且功率损耗也非常低。通常 WSN 应用是低数据速率的应用，此外有时这些应用使得数据周期性可用。典型的 WSN 应用的这些特征允许人们结合 DPM 与调度从而增加所节省的功率。

7.5.3 动态电压—频率调节

如果设备的所有组件同时处于非活跃状态，则设备可能无法在最大运行频率和电源电压上运行。在设备运行期间，通过检测所需的电压和频率，可以改变电源电压和运行频率。设备的能量损耗由动态能量和静态能量损耗组成。动态能量损耗是由于在设备状态改变时刻开关电容器的充电和放电而产生的，静态能量损耗主要由漏电流产生。

设备在较低的运行频率和电源电压上运行时消耗较少的动态功率。这种技术称为动态电压-频率调节（DVFS）。频率调节和电压调节可以一起或者独立进行。

动态能量 E_d 与电源电压 V 和运行频率 f 有关[66]，即

$$E_d = CV^2fT \tag{7.10}$$

式中，C 是开关电容器的有效电容。

当运行电压减少时，完成任务的时间 T 线性增加，而动态能量以二次方的形式降低。

静态能量 E_s [66] 由下式给出：

$$E_s = I_0 V \qquad\qquad (7.11)$$

式中，I_0 是漏电流。

对于低阶电路制造工艺而言，漏电流的比例增加，因此静态能量损耗也随之增加[67]。由于运行频率减少的时间不断增加，最终导致静态能量损耗较高。由于采用 DVFS，节省的动态能量与增加的静态能量损耗之差则为最终节省的能量。因此 DVFS 可能无法总是实现节省能量的效果。例如已经发现，由于静态能量损耗的主导作用，在降低 SA – 1100 处理器（在 μAMPS 传感器节点上使用）运行频率的同时，运行能量不断增加[68]。

7.5.4　网络级能量优化

在系统级，为了设计高效节能的 WSN，主要的重点是与网络拓扑、路由技术和数据传输协议有关的 WSN 设计决策，即将系统作为一个整体来考虑。这些设计决策决定了网络寿命。网络寿命的定义依赖于应用程序。有时将第一个或最后一个传感器节点失效的时间称为网络寿命，或者将节点/簇与 BS 断开的时间测量为网络寿命，或者将部署的传感器失效的百分比称作网络寿命[69]。

网络拓扑对 WSN 的性能和功率损耗产生很大的影响[70]。正如 7.2 节中所讨论的，WSN 拓扑可以配置成扁平的或者集群拓扑。在低密度 WSN 情况下，扁平拓扑的 WSN 可能是一种更好的选择，是因为它具有不太复杂的结构。随着节点密度的不断增加，将网络划分为集群会让网络管理变得简单。另外，扁平化拓扑或者集群拓扑取决于已部署的 WSN 其应用类型。例如在测量区域温度时，通过测量邻居节点的平均温度就足以说明整个区域的温度。在这种情况下，簇头（CH）可以计算出从不同节点收集的温度数据的平均值并将该值发送给 BS。在集群式 WSN 拓扑中，能量损耗取决于集群完成的方式和簇头以及 BS 所在的位置[71-74]。

在扁平拓扑和多跳拓扑这两种结构中，其能量损耗是关于从源节点到目的节点发送数据时所需跳数的函数。无线电能量 E_R 与传输距离有关，即 $E_R = \alpha\, d_n$，其中 n 是路径损耗指数[12]。在跳数较少或者单跳情况中，两个节点之间的传输距离变大，则发送数据所需的无线电能量增加。另一方面，一旦跳数增加，则无线电能量损耗也会增加是因为接收数据变得频繁。因此当决定能量最佳路由时，必须考虑这些能量平衡。能量最佳路由可以由 BS 或节点本身决定。在 BS 决定能量最佳路由时，其消耗的能量与通信带宽有关。这是因为 BS 必须将路由信息发送给相关的节点并在 BS 做出决策时定期地收集网络的统计数据。此外在传感器节点做出能量最佳路由的决定，必须将运行该算法的能量损耗考虑在内。

　　研究者们已经提出了许多能量感知路由算法和高效的数据传输协议[75-77]。通过恰当的网络基础设施可以降低通信能量。对数据包大小进行优化是降低数据传输中能量的方式之一[78,79]。

7.6　小结

　　本章对用于 WSN 能量降低的各种技术进行了讨论，这些技术可以分为电路级技术和系统级技术。为了降低 WSN 的能量损耗以延长其寿命，不仅降低传感器节点的单个组件能量是必要的，而且本章还讨论了应用一个或多个系统级技术来降低能量损耗。节省的能量值根据电路级和系统级之间抽象水平的选择而不同。其中，这些技术中的一些由传感器节点制造商使用，一些技术根据其部署的WSN 应用需求在用户端使用。通过仔细研究应用特性，可以定制 WSN 以及配置传感器节点以进一步降低能量损耗。本章讨论的一些技术是相互正交的，因此可以使用它们来获得更多的能量效益。

参 考 文 献

[1] J. Yick, B. Mukherjee, and D. Ghosal, "Wireless sensor network survey," *Comput. Netw.*, vol. 52, no. 12, pp. 2292–2330, Aug. 2008.

[2] M. Vemula, M. F. Bugallo, and P. M. Djuric, "Target tracking in a two-tiered hierarchical sensor network," in *Proceedings of International Conference on Acoustics, Speech and Signal Processing*, vol. 4, 2006, pp. IV-969–IV-972.

[3] Z. Jin and S. Papavassiliou, "On the energy-efficient organization and the lifetime of multi-hop sensor networks," *IEEE Commun. Lett.*, vol. 7, no. 11, pp. 537–539, Nov. 2003.

[4] K. Martinez, P. Padhy, A. Riddoch, H. Ong, and J. K. Hart, "Glacial environment monitoring using sensor networks," in *Real-World Wireless Sensor Networks Workshop*, 2005, pp. 10–14.

[5] G. Werner-Allen, K. Lorincz, M. Welsh, O. Marcillo, J. Johnson, M. Ruiz, and J. Lees, "Deploying a wireless sensor network on an active volcano," *IEEE Internet Comput.*, vol. 10, no. 2, pp. 18–25, Mar. 2006.

[6] S. Chouhan, R. Bose, and M. Balakrishnan, "A framework for energy consumption based design space exploration for wireless sensor nodes," *IEEE Trans. Computer-Aided Design Integr. Circuits Syst.*, vol. 28, no. 7, pp. 1017–1024, July 2009.

[7] B. L. Titzer, D. K. Lee, and J. Palsberg, "Avrora: Scalable sensor network simulation with precise timing," in *Proceedings of the International Conference on Information Processing in Sensor Networks*, 2005, pp. 477–482.

[8] I. Downard, Simulating Sensor Networks in NS-2. Online at: http://nrlsensorsim. pf.itd.nrl.navy.mil

[9] S. Chouhan, R. Bose, and M. Balakrishnan, "Integrated energy analysis of error correcting codes and modulation for energy efficient wireless sensor nodes," *IEEE Trans. Wireless Commun.*, vol. 8, no. 10, pp. 5348–5355, Oct. 2009.

[10] T. H. Lee, *The Design of CMOS Radio-Frequency Integrated Circuits.* Cambridge, U.K.: Cambridge University Press, 1998.

[11] Q. Wang, M. Hempstead, and W. Yang, "A realistic power consumption model for wireless sensor network devices," in *Proceedings of Conference on Sensor, Mesh and Ad Hoc Communications and Networks*, Reston, VA, 2006, pp. 286–295.

[12] J. G. Proakis, *Digital Communications*, 4th ed. New York: McGraw-Hill, 2001.

[13] F. N. Najm, R. Burch, P. Yang, and I. N. Hajj, "Probabilistic simulation for reliability analysis of CMOS VLSI circuits," *IEEE Trans. Computer-Aided Design Integr. Circuits Syst.*, vol. 9, no. 4, pp. 439–450, Apr. 1990.

[14] F. N. Najm, I. N. Hajj, and P. Yang, "An extension of probabilistic simulation for reliability analysis of CMOS VLSI circuits," *IEEE Trans. Computer-Aided Design Integr. Circuits Syst.*, vol. 10, no. 11, pp. 1372–1381, Nov. 1991.

[15] R. Tjarnstrom, "Power dissipation estimate by switch level simulation," in *International Symposium on Circuits and Systems*, Portland, OR, 1989, pp. 881–884, vol. 2.

[16] A. Salz and M. Horowitz, "IRSIM: An incremental MOS switch-level simulator," in *Proceedings of Design Automation Conference*, 1989, pp. 173–178.

[17] S. M. Kang, "Accurate simulation of power dissipation in VLSI circuits," *IEEE J. Solid-State Circuits*, vol. 21, no. 5, pp. 889–891, Oct. 1986.

[18] L. W. Nagel, "SPICE2: A computer program to simulate semiconductor circuits," Memorandum ERL-M520, Electronics Research Laboratory, College of Engineering, University of California at Berkeley, Berkeley, Tech. Rep., 1975.

[19] F. N. Najm, "Transition density, a stochastic measure of activity in digital circuits," in *Proceedings of Design Automation Conference*, San Francisco, CA, 1991, pp. 644–649.

[20] A. Ghosh, S. Devadas, K. Keutzer, and J. White, "Estimation of average switching activity in combinational and sequential circuits," in *Proceedings of Design Automation Conference*, Anaheim, CA, 1992, pp. 253–259.

[21] C. Y. Tsui, M. Pedram, and A. M. Despain, "Efficient estimation of dynamic power consumption under a real delay model," in *International Conference on Computer-Aided Design*, Santa Clara, CA, 1993, pp. 224–228.

[22] F. N. Najm, "A survey of power estimation techniques in VLSI circuits," *IEEE Trans. Very Large Scale Integr. VLSI Syst.*, vol. 2, no. 4, pp. 446–455, Dec. 1994.

[23] T. Sato, M. Nagamatsu, and H. Tago, "Power and performance simulator: ESP and its application for 100 MIPS/W class RISC design," in *Proceedings of Symposium on Low Power Electronics*, San Diego, CA, 1994, pp. 46–47.

[24] T. Sato, Y. Ootaguro, M. Nagamatsu, and H. Tago, "Evaluation of architecture-level power estimation for CMOS RISC processors," in *Proceedings of Symposium on Low Power Electronics*, San Jose, CA, 1995, pp. 44–45.

[25] P. E. Landman and J. M. Rabaey, "Architectural power analysis: The dual bit type method," *IEEE Trans. Very Large Scale Integr. VLSI Syst.*, vol. 3, no. 2, pp. 173–187, June 1995.

[26] V. Tiwari, S. Malik, and A. Wolfe, "Power analysis of embedded software: A first step towards software power minimization," *IEEE Trans. Very Large Scale Integr. VLSI Syst.*, vol. 2, no. 4, pp. 437–445, Dec. 1994.

[27] V. Tiwari, S. Malik, A. Wolfe, and M. T.-C. Lee, "Instruction level power analysis and optimization of software," *J. VLSI Sig. Proc.*, vol. 13, no. 2-3, pp. 223–238, Aug. 1996.

[28] A. Sama, M. Balakrishnan, and J. F. M. Theeuwen, "Speeding up power estimation of embedded software," in *International Symposium on Low Power Electronics and Design*,

Rapallo, Italy, July 2000, pp. 191–196.

[29] A. Sinha and A. P. Chandrakasan, "Jouletrack: A Web-based tool for software energy profiling," in *Proceedings of Design Automation Conference*, Las Vegas, NV, 2001, pp. 340–345.

[30] D. Brooks, P. Bose, S. E. Schuster, H. Jacobson, P. N. Kudva, A. Buyuktosunoglu, J. Wellman, V. Zyuban, M. Gupta, and P. W. Cook, "Power-aware microarchitecture: Design and modeling challenges for next-generation microprocessors," *IEEE Micro*, vol. 20, no. 6, pp. 26–44, 2000.

[31] D. Brooks, V. Tiwari, and M. Martonosi, "Wattch: A framework for architectural-level power analysis and optimizations," in *Proceedings of International Symposium on Computer Architecture*, Vancouver, Canada, 2000, pp. 83–94.

[32] W. Yeand, N. Vijaykrishnan, M. Kandemir, and M. J. Irwin, "The design and use of simplepower: A cycle-accurate energy estimation tool," in *Proceedings of Design Automation Conference*, Los Angeles, CA, 2000, pp. 340–345.

[33] MICA2. Online at: http://www.xbow.com/Products/productdetails.aspx?sid=174

[34] MICAz. Online at: http://www.xbow.com/Products/productdetails.aspx?sid=164

[35] J. Polastre, R. Szewczyk, and D. Culler, "Telos: Enabling ultra-low power wireless research," in *Proceedings of the International Symposium on Information Processing in Sensor Networks*, 2005, pp. 364–369.

[36] imote2. Online at: http://www.xbow.com/Products/productdetails.aspx?sid=253

[37] E. Shih, S. Cho, N. Ickes, R. Min, A. Sinha, A. Wang, and A. Chandrakasan, "Physical layer driven protocol and algorithm design for energy-efficient wireless sensor networks," in *Proceedings of the International Conference on Mobile Computing and Networking*, Rome, Italy, 2001, pp. 272–287.

[38] J. Rabaey and M. Pedram, *Low Power Design Methodologies*. Kluwer Academic Publishers, 1995.

[39] J. Mermet and W. Nebel, *Low Power Design in Deep Submicron Electronics*. Dordrecht, The Netherlands: Kluwer Academic Publishers, 1997.

[40] A. Chandrakasan and R. Brodersen, *Low-Power CMOS Design*. Piscataway, NJ: IEEE Press, 1998.

[41] S. Devadas and S. Malik, "A survey of optimization techniques targeting low power VLSI circuits," in *Proceedings of the ACM/IEEE Design Automation Conference*, 1995, San Francisco, CA, pp. 242–247.

[42] L. Benini, G. D. Micheli, and E. Macii, "Designing low-power circuits: Practical recipes," *IEEE Circuits and Systems Mag.*, vol. 1, no. 1, pp. 6–25, 2001.

[43] G. Hua and C. W. Chen, "Distributed source coding in wireless sensor networks," in *Proceedings of the International Conference on Quality of Service in Heterogeneous Wired/ Wireless Networks*, 2005, Lake Buena Vista, FL, p. 6.

[44] M. Sartipi and F. Fekri, "Source and channel coding in wireless sensor networks using LDPC codes," in *Proceedings of Communications Society Conference on Sensor and Ad Hoc Communications and Networks*, October 2004, Santa Clara, CA, pp. 309–316.

[45] D. Marco and D. L. Neuhoff, "Reliability vs. efficiency in distributed source coding for field-gathering sensor networks," in *Proceedings of International Symposium on Information Processing in Sensor Networks*, April 2004, Berkeley, CA, pp. 161–168.

[46] C. H. Liu and H. H. Asada, "A source coding and modulation method for power sav-

ing and interference reduction in DS-CDMA sensor network systems," in *Proceedings of American Control Conference*, vol. 4, 2002, pp. 3003–3008.

[47] J. Kim and J. G. Andrews, "An energy efficient source coding and modulation scheme for wireless sensor networks," in *IEEE 6th Workshop on Signal Processing Advances in Wireless Communications*, 2005, New York, pp. 710–714.

[48] J. Chou, D. Petrovic, and K. Ramchandran, "A distributed and adaptive signal processing approach to reducing energy consumption in sensor networks," in *Proceedings of the INFOCOM*, San Francisco, CA, 2003, pp. 1054–1062.

[49] D. Slepian and J. Wolf, "Noiseless coding of correlated information sources," *IEEE Trans. Inform. Theory*, vol. 19, no. 4, pp. 471–480, 1973.

[50] T. Cover, "A proof of the data compression theorem of Slepian and Wolf for ergodic sources," *IEEE Trans. Inform. Theory*, vol. 21, no. 2, pp. 226–228, 1975.

[51] S. S. Pradhan, J. Kusuma, and K. Ramchandran, "Distributed compression in a dense microsensor network," *IEEE Signal Processing Mag.*, vol. 19, no. 2, pp. 51–60, 2002.

[52] Z. Xiong and A. D. Cheng, "Distributed source coding for sensor networks," *IEEE Signal Processing Mag.*, vol. 21, no. 5, pp. 80–94, Sept. 2004.

[53] M. Sartipi and F. Fekri, "Distributed source coding in wireless sensor networks using LDPC coding: The entire Slepian-Wolf rate region," in *Proceedings of Wireless Communications and Networking Conference*, March 2005, New Orleans, LA, pp. 1939–1944.

[54] H. Wang, D. Peng, W. Wang, H. Sharif, and H. Chen, "Cross-layer routing optimization in multirate wireless sensor networks for distributed source coding based applications," *IEEE Trans. Wireless Commun.*, vol. 7, no. 10, pp. 3999–4009, Oct 2008.

[55] A. Wyner and J. Ziv, "The rate-distortion function for source coding with side information at the decoder," *IEEE Trans. Inform.* (Theory), vol. 22, no. 1, pp. 1–10, 1976.

[56] S. Pradhan, J. Chou, and K. Ramchandran, "Duality between source coding and channel coding and its extension to the side information case," *IEEE Trans. Inform. Theory*, vol. 49, no. 5, pp. 1181–1203, IEEE Trans. Inform. Theory, 2003.

[57] R. Bose, *Information Theory, Coding and Cryptography*. New Delhi: Tata McGraw-Hill, 2002.

[58] CC2420 Datasheet. Online at: http://www.ti.com/lit/gpn/cc2420

[59] L. Benini, A. Bogliolo, and G. D. Micheli, "A survey of design techniques for system-level dynamic power management," *IEEE Trans. Very Large Scale Integr. Syst*, vol. 8, no. 3, pp. 299–316, June 2000.

[60] Imote2 Datasheet. Online at: http://www.xbow.com/Products/Product_pdf_files/Wireless_pdf/Imote2_Datasheet.pdf

[61] T. Simunic, L. Benini, and G. D. Micheli, "Dynamic power management for portable systems," in *Proceedings of the International Conference on Mobile Computing and Networking*, Boston, MA, 2000, pp. 49–54.

[62] A. Sinha and A. Chandrakasan, "Dynamic power management in wireless sensor networks," *IEEE Design & Test of Computers*, vol. 18, no. 2, pp. 62–74, Mar/Apr. 2001.

[63] C. F. Chiasserini and R. R. Rao, "Improving energy saving in wireless systems by using dynamic power management," *IEEE Transactions on Wireless Communications*, vol. 2, no. 5, pp. 1090–1100, Sept. 2003.

[64] R. M. Passos, C. J. N. Coelho, Jr, A. A. F. Loureiro, and R. A. F. Mini, "Dynamic power management in wireless sensor networks: An application-driven approach," in *Proceedings of the Second Annual Conference on Wireless On-Demand Network Systems*

and Services, 2005, San Moritz, Switzerland, pp. 109–118.

[65] F. Salvadori, M. de Campos, P. S. Sausen, R. F. de Camargo, C. Gehrke, C. Rech, M. A. Spohn, and A. C. Oliveira, "Monitoring in industrial systems using wireless sensor network with dynamic power management," *IEEE Trans. on Instrumentation and Measurement*, vol. 58, no. 9, pp. 3104–3111, Sept. 2009.

[66] J. Rabaey, *Low Power Design Essentials (Integrated Circuits and Systems)*. Berlin: Springer, 2009.

[67] The International Technology Roadmap for Semiconductors. Online at: http://www.itrs. net/

[68] R. Min, M. Bhardwaj, S. Cho, N. Ickes, E. Shih, A. Sinha, A. Wang, and A. Chandrakasan, "Energy-centric enabling technologies for wireless sensor networks," *IEEE Wireless Communications*, vol. 9, no. 4, pp. 28–39, Aug. 2002.

[69] Y. Chen and Q. Zhao, "On the lifetime of wireless sensor networks," *IEEE Communications Letters*, vol. 9, no. 11, pp. 976–978, Nov. 2005.

[70] A. Salhieh, J. Weinmann, M. Kochhal, and L. Schwiebert, "Power efficient topologies for wireless sensor networks," in *Proceedings of the International Conference on Parallel Processing*, Valencia, Spain, September 2001, pp. 156–163.

[71] O. Younis, M. Krunz, and S. Ramasubramanian, "Node clustering in wireless sensor networks: Recent developments and deployment challenges," *IEEE Network*, vol. 20, no. 3, pp. 20–25, May-June 2006.

[72] K. Akkaya, M. Younis, and W. Youssef, "Positioning of base stations in wireless sensor networks," *IEEE Communications Mag.*, vol. 45, no. 4, pp. 96–102, Apr. 2007.

[73] A. A. Abbasi and M. Younis, "A survey on clustering algorithms for wireless sensor networks," *Computer Communications*, vol. 30, no. 14-15, pp. 2826–2841, Oct. 2007.

[74] A. Chamam and S. Pierre, "On the planning of wireless sensor networks: Energy-efficient clustering under the joint routing and coverage constraint," *IEEE Trans. Mobile Computing*, vol. 8, no. 8, pp. 1077–1086, 2009.

[75] J. N. Al-Karaki and A. E. Kamal, "Routing techniques in wireless sensor networks: A survey," *IEEE Wireless Communications*, vol. 11, no. 6, pp. 6–28, 2004.

[76] Y. Yang, R. S. Blum, and B. M. Sadler, "Energy-efficient routing for signal detection in wireless sensor networks," *IEEE Trans. Signal Processing*, vol. 57, no. 6, pp. 2050–2063, 2009.

[77] N. Riaz and M. Ghavami, "An energy-efficient adaptive transmission protocol for ultra-wideband wireless sensor networks," *IEEE Trans. Vehicular Technology*, vol. 58, no. 7, pp. 3647–3660, 2009.

[78] Y. Sankarasubramaniam, I. F. Akyildiz, and S. W. McLaughlin, "Energy efficiency based packet size optimization in wireless sensor networks," in *International Workshop on Sensor Network Protocols and Applications*, May 2003, Anchorage, AK, pp. 1–8.

[79] M. C. Vuran and I. F. Akyildiz, "Cross-layer packet size optimization for wireless terrestrial, underwater, and underground sensor networks," *in Proceedings of the IEEE Conference on Computer Communications*, Phoenix, AZ, 2008, pp. 226–230.

第 2 部分　收集技术

第 8 章　EM 能量收集系统的设计问题

Gianluca Cornetta、David J. Santos、Abdellah Touhafi 和 José Manuel Vázquez

8.1　能量收集：技术和应用

　　能量收集（也称为能量挖掘）是指从外部能源（例如，太阳能、热能、风能、温度梯度以及动能）获得能量的过程并以某种方式进行存储。几个世纪以来，能量收集技术已经被人们所熟知并将它们利用在大规模的系统中，如风车和水车。

　　最近，能量收集技术已被成功地应用在微小型系统中以产生能量，尤其是在可穿戴的电子产品、有源标签和 WSN 上。这些设备具有非常迫切的节能需求，其严格的设计约束使得它们的实现具有真正的挑战性，并已迫使设计人员开发出新的技术以延长电池的寿命。事实上，如今正在经历一个全新的用于低功耗设计方法的过渡阶段，在该阶段设计人员将他们的注意力正在从电路向电源转移。

　　目前，超低功率电路技术很好理解，然而高效的功率输出仍然是一项极具挑战性的任务。仅仅凭借低功率技术不足以改善电池的寿命以超出实际的限制，但是在微型系统中应用能量收集技术的可能性已经为无处不在的传感器节点和许多其他应用的实现指明了道路，这对于电池能量损耗的降低具有至关重要的作用。

　　能量收集仍然面临着诸多挑战，而且仍然不可能实现完全自治的且无电池的电路。其主要原因是，从环境能源中获得的往往是不受控制的、间歇的且少量的能量。然而能量收集技术可以用于由电池供电的电路，并且已经证明，该技术能够有效地延长电池寿命。

　　以电池的自治要求为例，可以考虑将电子设备植入或附着在人体中的医疗应用。植入式医疗设备、入耳设备和皮肤表面设备对功耗和电池寿命有着不同的要求。设计约束取决于设备和应用的类型，例如植入式设备的典型功耗和电池寿命分别是 $10\mu W$ 和 15000h。对于入耳设备而言，其尺寸远比功率损耗更重要。这些设备的典型功率损耗和电池要求分别是 1mW 和 1500h。最后，皮肤表面设备的典型功耗和电池寿命分别是 $10\mu W$ 和 150h。用于收集能量的设备其最低下限是由那些功率损耗范围为几毫瓦的医疗应用来设置的。一些非医疗产品，包括计算器、手表、收音机、蓝牙耳机，通常使用微型能量收集技术来收集能量。也有许多应用其功率损耗以毫瓦计，它们还不适用于微型能量收集技术，比如远程传感器节点。

最有前景的微型收集技术是指从振动、温度梯度和光中收集能量。不幸的是，它们都依赖于昂贵又笨重的微机电系统（MEMS）工艺和太阳电池。第 4 种可能性是从射频（RF）辐射中收集能量，这是非常有意思的，但是其能量的可用性从数量级而言小于前 3 种能源。尽管如此，从电磁（EM）波收集能量相对于前面的技术是一种非常便宜的替代技术，因为它可以用简单且低廉的互补金属氧化物半导体（CMOS）电路来实现。

从射频信号收集能量是能量回收系统的一项极具挑战性的任务，因为它不仅涉及高效功率收集器的设计，而且意味着严谨的系统设计，从而优化从天线到功率收集器的功率传输。为了最大限度地降低天线的损耗，天线的几何形状和更适合于应用的极化这两种参数的选择是至关重要的。此外为了克服路径损耗和信道衰落导致的信号衰减以及保证其准确运行在由规范设置的距离范围内，升压网络的提出是必不可少的，以此为能量收集电路提供电源电压。升压网络必须与能量收集器相匹配以保证最大的功率传输。

EM 能量收集器的核心构件是射频 – 直流（RF – DC）整流器。该电路检测输入的 RF 信号，并对该信号进行放大和整流以产生未稳压的直流电压。需要对未稳压的直流电压进一步处理以产生稳压的直流输出（例如使用带隙电路），从而为其余电路提供稳定的功率。在这个阶段的主要挑战是设计一个功率调节电路，即从供电电容器中产生最小电流。最后应特别注意通信电路的设计，尤其是在发送端，其反向散射调制技术利用输入的载波能量而不消耗供电电压以发送信号。

能量回收系统的设计富有挑战性，在设计阶段必须考虑许多的因素，包括目标进程（例如肖特基二极管的可用性，多阈值晶体管，或者无损 – 基底进程，如绝缘硅或者 Saffire 硅，严重影响了设计的选择）、输入灵敏度以及天线和匹配网络的设计。在本章中，将回顾用于实际设计的基础技术和主要的设计问题，从实际和理论两个方面概括其性能范围。

本章的其余部分结构如下：8.2 节回顾了电压整流器设计的主要问题并确定在理想匹配和天线和整流器之间简单的 L – 匹配这两种条件下正确运行的下限；在 8.3 节中，介绍了最大限度提高获取的能量以及输出给 RF – DC 整流器功率的技术，还利用一个简单的 RLC – 集总模型来评估天线的性能；在 8.4 节中，使用 90nm 和 130nm 技术节点评估 RF – DC 整流器的几种实现，并给出了 Dickson 电荷泵的设计公式；8.5 节讨论了稳压器和功率调节系统的设计；而 8.6 节引入反向散射调制方法；最后，在 8.7 节中得出结论。

8.2 RF 能量收集方法的设计问题

正如之前提到的，RF 能量收集是一种为小型传感器供电的可替代传统能源的方法。使用遥测系统是实现芯片级无线电源的一种方法,该方法依赖于将电力感应耦合到芯片上的天线[1-3]。

最近,Intel 公司已经展示了使用标准的现成组件从 VHF 和 UHF 信号收集能量的可能性[4],而 Yan 等人[5]提出从全球移动通信系统（GSM）信号中收集能量的一种方案。然而所有方案尽管存在差异,但它们基本上都依赖于无源电压整流器或者电压倍增器,这些设备最初是为射频识别（RFID）标签应用而开发的,如 Karthus 和 Fischer[6]提出。图 8.1 描述了 RF 能量收集电路的典型架构。

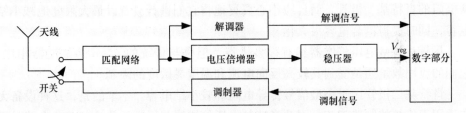

图 8.1　典型的 RF 能量收集电路架构

耦合元件是天线,通常为偶极子天线或贴片天线。电压倍增器将输入的交流电压转换为未整流的输出直流电压。该电压用于驱动一系列的稳压器,为收发器提供已整流的电源电压为 V_{reg}。匹配网络保证天线和收发器之间最大的功率传输以及对输入电压进行升压。大多数无源标签由读取器的反向散射载波信号进行发送[7]。反向散射调制器用于调制由收发器的天线在传输阶段的阻抗。

8.2.1　电压倍增器

电压倍增器是一种基于二极管的电路,它能够实现半波或全波整流以及电压倍增的作用。图 8.2 描述了一种基本的电压倍增方案:Dickson 电荷泵。

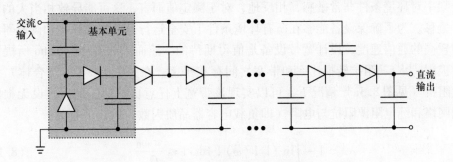

图 8.2　Dickson 电荷泵的原理图

耦合电容和二极管结电容是针对交流信号的分压器,而二极管的漏电流和串联电阻限制了直流输出可达到最大值。

对于典型的 50Ω 天线而言，接收 RF 信号功率为 -20dBm，输入电压幅度为 32mV。交流信号的峰值电压远远小于二极管的阈值。为了有充足电力驱动整流器，应使用基于 LC 谐振回路的升压网络，从而使得电路与天线相匹配并产生较大的电压摆幅。此外，使用具有非常低阈值电压的肖特基二极管以提高整流器的效率并减少级数。同样地，较小的反向恢复时间由它们的结电容决定，而非由少数载流子复合决定，这使得肖特基整流器非常适合于高频应用，当它们切换至反向偏置时要求它们的反向电流较小。为了获得最大输出电压，必须使用具有低串联电阻的肖特基二极管，而且应小心翼翼地将它们进行放置以最大限度地减小结电容，同时使得耦合电容最大化。

尽管肖特基电压倍增器具有很多优点，但是与传统的 p - n 结整流器相比，它们的应用数量还是受到其较高反向电流和温度灵敏度的限制。

肖特基二极管用于小型信号传导电阻和较小结电容。不幸的是，这种设备无法适用于传统的制造工艺，因此肖特基电压倍增器与标准的单片 CMOS 电路是不兼容的。

8.2.2　阻抗匹配

整流器必须从输入的电磁波中收集足够的 DC 功率为其余电路供电[6-9]。不幸的是，当输入功率很低时，实现射频 - 直流整流比较困难，这是因为整流器的输入电压可能低于晶体管的阈值电压。当输入电压过低时，整流器盲区会严重降低功率转换效率。出于这个原因，升压匹配网络是必不可少的。天线提供的源阻抗 Z_s 应与整流器输入阻抗 Z_{in} 相匹配，从而使得传输至整流器的功率最大。匹配网络进行阻抗变换以增加整流器的输入阻抗和 RF 电压幅度，然而无源阻抗的网络具有窄带特性并且能够在有限的频带上实现最佳的匹配。然而 RFID 标签的共振频率对环境条件非常敏感，相反地，对于额定值而言，这可能导致相当大的频率偏移。为了确保设备能够在所有环境条件下安全运行，并实现标签和读取器之间较高的通信速度，设计宽带设备是值得期待的。然而正如 Bode - Fano 所提到的极限[10,11]，阻抗转换比率和带宽之间存在平衡。在并联 RC（即复合体）负载阻抗（见图 8.3a）情况下，可以实现该带宽上任意良好的匹配，假设无损匹配网络和纯电阻源阻抗与电阻（即负载电容器品质因数）的比值有关：

$$| - \int_0^\infty \ln (| \Gamma (\omega) |) d\omega | \leqslant \frac{\pi \omega_0}{Q_{L0}} \tag{8.1}$$

式中，Γ 是负载的反射系数；$Q_{L0} = \omega_0 RC$ 是频带中心频率 ω_0 处计算所得的负载品质因数。

参照式（8.1），可以观察到积分的最大值受到 $\pi \omega_0 / Q_{L0}$ 的限制。为了充分

利用给定的限制，所需带宽 $B = \omega_2 - \omega_1$，除了有效带宽 B 之外，$|\Gamma|$ 应始终等于 1。这意味着，如图 8.3b 所示，在有效频带之外会出现最大的不匹配，而目标带宽 $|\Gamma|$ 应尽可能地保持在较小的恒定值 $|\Gamma_B|$。根据这些因素，在有效频带之外 $\ln(|\Gamma|) = 0$，这对式 (8.1) 的积分没有任何作用，因此

$$\int_0^\infty \ln(|\Gamma(\omega)|)\,d\omega = B\ln(|\Gamma_B|) \tag{8.2}$$

为实现阻抗匹配带宽，导致其理论上限为

$$B \leqslant \frac{\pi\,\omega_0}{Q_{L0}}\,\frac{1}{\ln(|\Gamma_B|)} = \frac{\pi}{RC}\,\frac{1}{\ln(|\Gamma_B|)} \tag{8.3}$$

从式 (8.3) 中可以得出两个重要的结论：首先，因为 $\ln(0) = -\infty$，则不可能实现完美匹配，除非 $B = 0$。其次，负载的 Q 越高，就越难在较大带宽上实现匹配。

对于式 (8.3) 中 $|\Gamma_B|$ 的值，回顾 $\ln(x) = -\ln(1/x)$，$B = \omega_2 - \omega_1 = \Delta\omega = 2\pi\Delta f$，可以得出频带内反射系数的下限为

$$\Gamma_B \geqslant e^{-\frac{1}{2RC\Delta f}} \tag{8.4}$$

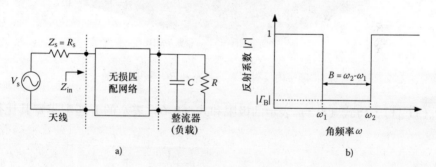

图 8.3　a) Bode - Fano 极限计算的电路；b) 为更好地利用 $\pi\,\omega_0/Q_{L0}$ 而得出的反射系数

图 8.4 所示是频带内反射系数 $|\Gamma_B|$ 与目标带宽和 RC 乘积的关系。对于较小的 RC 乘积而言，可以实现可接受的匹配和高带宽。这意味着当给定负载电容时，寄生负载电阻 R 必须尽可能地小以便最大限度地增加负载的品质因数。

在一般情况下，能量收集电路取决于简单的一阶 L 匹配网络[5,12]以提高整流器的输入电压。在文献 [13] 和 [14] 中已经证明，在一阶 L 匹配网络中，当天线与负载匹配时，可实现的带宽就变成

$$B = \frac{2\,\omega_0}{Q_{L0}}\,\frac{1}{\sqrt{|\Gamma_B|^2 - 1}} \tag{8.5}$$

在 Mandal 和 Sarpeshkar[14]中，由于匹配网络使得带宽减小，带宽可以表示

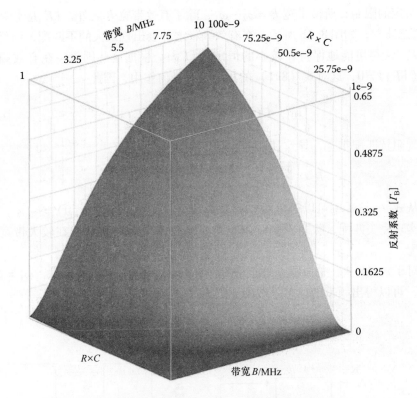

图 8.4 频带内反射系数与带宽和 RC 乘积之间的关系

为 $f_b(|\varGamma_B|)$，将式（8.3）表示的极限和式（8.6）表示的 L 匹配带宽其比值定义为

$$f_b(|\varGamma_B|) = \frac{\pi}{2} \frac{\sqrt{\frac{1}{|\varGamma_B|^2} - 1}}{\ln\left(\frac{1}{|\varGamma_B|}\right)} \tag{8.6}$$

当 $|\varGamma_B| \approx 0.451$ 时，$f_b(|\varGamma_B|)$ 的最小值是 3.9。这意味着相对于式（8.3）表示的最大理论极限而言，L 匹配网络引入 4 倍的带宽损失。

8.2.3 功率提升阈值

功率提升阈值 P_{th} 是天线端子上可用的最小功率，整流器产生负载所需的供电电压，以维持其正常的运行。天线端子上可用的功率由 Friis 传输公式给出：

$$P_r = G_r P_{rad} \frac{\lambda^2}{4\pi} \tag{8.7}$$

式中，$P_{rad} = P_t G_t / 4\pi\ r^2$ 是接收天线周围的辐射功率密度；P_t 是发射功率；G_t 是

发射天线增益；G_r 是接收天线增益；λ 是接收信号的波长。

在天线端子上捕获的部分输入功率被消耗在整流器输入阻抗的实数部分 R 上，其消耗的功率 P_{diss} 为

$$P_{diss} = \frac{V_{in}^2}{2R} \tag{8.8}$$

式中，V_{in} 是射频负载上的电压振幅。

当天线与负载匹配时，负载上消耗所有可用功率为 P_r，然而事实并非如此，因为由反射系数 $|\Gamma|$ 量化的不匹配问题始终存在，因此 $P_{diss} = (1 - |\Gamma|^2) P_r$ 是传输到负载的有效功率。

电压整流器的输入导纳可以表示为 $Y_{in} = \frac{1}{R} + jY$；综合式（8.7）和式（8.8），并且负载品质因数 $Q_L = YR$，则输入电压由下式得出：

$$V_{in} = \sqrt{\sqrt{\frac{(1 - |\Gamma|^2) G_r P_{rad} Q_L \lambda^2}{2\pi Y}}} \tag{8.9}$$

当设计接收器时，天线几乎是各向同性天线，这是因为接收器没有关于发送器的先验位置信息，因此无法提高天线的增益 G_r。因为需要保持较小的天线的尺寸和较大的传输带宽，波长 λ 不能被增加。式（8.9）中唯一的自由度由整流器电阻 R 提供。为了增加整流器的输入电压 V_{in}，期望增加电阻 R 的值（即增加整流器输入导纳 Y_{in} 的品质因数 Q_L）。

当天线与整流器相匹配（例如 $|\Gamma| = 0$）时，所有的可用输入功率都消耗在负载上，结合式（8.8），在给定的角频率 ω_0 处，为电路供电所需的功率阈值 P_{th0} 是

$$P_{th0} = V_{t0}^2 C \frac{\omega_0}{2 Q_{L0}} \tag{8.10}$$

式中，V_{t0} 是输入电压；P_r 是整流器的输入功率；$Q_{L0} = \omega_0 RC$。

非零带宽的功率提升阈值由下式给出：

$$P_{th} = \frac{V_{t0}^2}{2R(1 - |\Gamma_B|^2)} = \frac{P_{th0}}{1 - |\Gamma_B|^2} \tag{8.11}$$

阈值电压的最小值 $P_{th,min}$ 由式（8.3）表示的 Bode - Fano 极限确定。在 Mandal 和 Sarpeshkar 的研究[14]中，$P_{th,min}$ 与分数带宽 B/ω_0 和负载的品质因数 Q_{L0} 的函数 F_1 有关：

$$P_{th,min} = \frac{P_{th0}}{1 - e^{\left(-\frac{2\pi\omega_0}{BQ_{L0}}\right)}} = \omega_0 C V_{t0}^2 F_1\left(\frac{B}{\omega_0}, Q_{L0}\right) \tag{8.12}$$

同样地，在简单的 L 匹配网络情况下，从式（8.6）得出功率阈值与分数带

宽 B/ω_0 和负载品质因数 Q_{L0} 的函数 F_2 有关：

$$P_{th} = P_{th0}\left[1 + \left(\frac{B\,Q_{L0}}{2\pi\,\omega_0}\right)^2\right] = \omega_0\,C\,V_{t0}^2\,F_2\left(\frac{B}{\omega_0}, Q_{L0}\right) \quad\quad (8.13)$$

式中，

$$F_1\left(\frac{B}{\omega_0}, Q_{L0}\right) = \frac{1}{2\,Q_{L0}\left(1 - e^{\left(-\frac{2\pi\omega_0}{B\,Q_{L0}}\right)}\right)}$$

$$F_2\left(\frac{B}{\omega_0}, Q_{L0}\right) = \frac{1 + \left(\dfrac{B\,Q_{L0}}{2\pi\,\omega_0}\right)^2}{2\,Q_{L0}}$$

如果设置 V_{t0} 和 C 的值，在理想的 Bode - Fano 匹配网络条件下，对于给定的分数带宽而言，功率提升阈值随着 Q_{L0} 的增加而单调减少。相反，在简单的 L 匹配网络中，Q_{L0} 的最佳值使得功率提升阈值最小化。这由下式给出：

$$Q_{L0,opt} = \frac{2\,\omega_0}{B} = \frac{2}{\left(\dfrac{B}{\omega_0}\right)} \quad\quad (8.14)$$

因为分数带宽确定了能量收集系统的性能，因此分数带宽 B/ω_0 是极其重要的。一般而言，当 Q_{L0} 与 ω_0/B 不相上下时，阻抗匹配就成为主要的问题。

8.3 天线和匹配的注意事项

正如 8.2.3 节所述，接收器天线周围的辐射功率决定了接收器电路的功率提升阈值，因此天线及其天线与 RF - DC 整流器之间匹配网络上的功率损耗对接收器电路的操作规范提出了严格的要求。接收器上可用的功率取决于接收器与发送器之间的距离 r，然而必须指出的是，磁场的行为根据 r 发生显著变化。更准确地说，电磁场的某些属性决定着辐射天线的距离，而随着距离的增加，其他属性开始起主导作用。在文献 [15 - 17] 中将这些区域分别称为近场和远场。这些区域的宽度取决于工作频率：近场区是指从发送器的天线开始到一个波长的距离；而远场区域是指从两个波长到无穷大。从辐射天线到一个波长和一两个波长之间的区域称为过渡区。在远场区域中，电场和磁场工作正常，即它们向无限距离处辐射能量，电场 E 和磁场 H 在空间的任何点都相等，并且电磁辐射的振幅以 $1/r$ 的速度锐减。这意味着距离天线 r 处每单位面积上的总能量与 $1/r^2$ 成比例。与此相反，近场区的行为是完全不同的，根据源天线的距离，反应或辐射效应可能占据主导地位。反应近场区和辐射近场区之间的界限是 $r = \lambda/2\pi$。当 $r < \lambda/2\pi$ 时，平均功率为 $P_{avg} = \frac{1}{2}\Re e(E \times H^*)$。由于 E 和 H 是正交的，则在该区

域中没有实际的潮流，因此反应近场区也称为能量存储区，这是因为该区域的能量是虚数（即由于纯电容或者电感效应）。近场区的功率密度计算是一项具有挑战性的任务，由于很难预测出在给定空间区域中什么是电磁场的主导组件，此外测量 **E** 和 **H** 之间的相位关系以便计算出功率损耗。

　　由于反应近场区的反应行为，未被附近接收器吸收的能量从近场传送至发送天线。这反过来会导致可再生的自电感和自电容效应，该效应可能产生反向天线电流并改变源天线附近电场和磁场的分布。相反辐射近场不包含到源天线的反应近场组件，因为它到天线的距离太远以致近场的反馈耦合超出天线信号的相位，则源天线上可再生的自电感和自电容效应不会发生。虽然磁场和电场之间的关系仍然难以测量能量值，但与远场不同，辐射近场的能量是全部的辐射能量。下面简要介绍有关天线设计和电磁波传播的主要问题。

8.3.1　辐射和耦合

　　如前所述，辐射和耦合是无线介质中功率传输的两种不同方式。耦合通常在近场区域中发生并且可以是电感或电容。如果近场中存在负载，能量将通过耦合（例如变压器是一种能量可以通过磁耦合进行传输的电路，其中一次和二次电路是非物理连接的）从源传输至负载。如果没有负载，则能量返回至源端。

　　与天线尺寸相比，感应耦合系统受限于短距离传输。实际系统通常使用的天线范围是几厘米至 1m，其工作频率为频谱的低频（LF）或高频（HF）区域（即 125kHz/134kHz 或 13.56MHz）。因此 LF 区域波长约为 2000m 或 HF 区域波长约为 20m，远远大于天线的尺寸。

　　辐射通常发生在远场区域。在这种情况下，不管是否存在负载，距离源端天线较远的能量进行传输或辐射而从来没有返回到天线。这意味着当负载存在时，它会吸收辐射能量而不会对源端产生影响。

　　电磁耦合系统使用与波长相同尺寸的天线。实际系统运行在超高频（UHF）的频谱区域，工作频率为 900MHz 或 2.4GHz。因此，天线尺寸在 10 ~30cm 变化。正如将在 8.3.2 节中将看到的，远场实际系统的性能会受到信号传播问题的严重限制。

8.3.2　功率传输

　　在本章，主要关注的是远场操作，因此在本节中只考虑距离源天线足够远的位置上发生的功率传输机制。正如本章前面所提到的，假设一个完美的匹配网络并且使用 Friis 发送公式可以计算出从发送天线到接收天线的功率传输[18]：

$$\frac{P_r}{P_t} = G_t\, G_r \left(\frac{\lambda}{4\pi r}\right)^2 \tag{8.15}$$

当进行链路预算时，必须考虑 Friis 发送公式中两个主要的约束。首先式（8.15）只有在远场情况下才有效，发送天线和接收天线之间的距离为 r，r 满足以下条件：

$$r \geqslant \frac{2a^2}{\lambda} = 2\lambda$$

假设在简单的偶极子天线情况中，天线长度为 $a = \lambda$。如果工作频率为 2.4GHz，波长 λ 是 0.125m，则天线之间的最小距离至少为 0.25cm。其次式（8.15）只适用于自由空间传播，这意味着这个公式没有考虑多径衰落、干扰、大气损耗等因素，而这些因素应包含在链路预算中。此外，天线和发送器或接收器之间的匹配并不近乎完美，因此在进行链路预算时应考虑不匹配所产生的损耗。

接收器的直流功率损耗 P_{DC} 和 RF - DC 转换器的效率 η 是限制远场实际系统操作范围的关键因素。根据 Friis 发送公式，在接收器天线的输入端，可用功率 P_r 随着距离 r 的二次方而减少。此外，为了保证接收器的正确运行，$\eta P_r \geqslant P_{DC}$ 是必不可少的。通过增加发送功率以克服这个限制是不可能的，因为它受到政府法律法规的约束。例如在欧洲，有效辐射功率（ERP），即 $P_t G_t$ 的乘积仅限于 2W[19]。假设工作频率为 2.4GHz，线性偏振天线的典型增益 G_r 为 2.5dBi，极化损耗为 3dB，则可用功率 P_r 作为距离的函数，如图 8.5 所示。

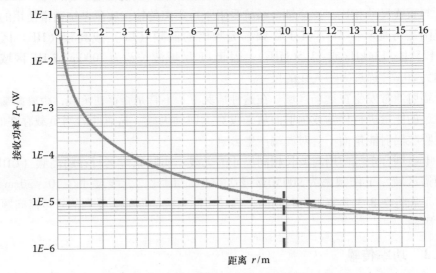

图 8.5　在天线端可用接收功率作为距离的函数

图 8.5 表明，在自由空间传播情况下，即不考虑多径衰落产生的影响，由于障碍物和反射的存在，到达接收器的功率是距离的二次函数，到发送器的距离为 10m 处，其功率为 9.98μW。假设 RF - DC 转换效率为 $\lambda = 20\%$，到发送器距离

为 10m 的接收器准确地运行所消耗的直流功率大约为 2μW，如果为了实现无电池电路的设计目标，则接收器上必须设置严格的设计约束。

实现远距离传输的关键在于接收器电路的不同阶段上几种技术的结合，以便最大限度地增加天线收集的能量和 RF – DC 的转换效率，并尽可能地减少功率损耗。这些技术的大多数被应用在 RFID 无源标签中。Dickson 电压倍增器的使用改善了肖特基二极管的转换效率，Karthus 和 Fischer[6] 最早提出放宽天线和电压倍增器之间匹配网络的要求，以实现传输距离 9.25m 处的有效全向辐射功率（EIRP）⊖ 为 4W，工作频率为 896MHz。然而 Curt 等人[8] 使用赛菲尔硅（Silicon – on – Saffire）技术实现了性能上真正的突破，使其具有非常低的寄生电容和晶体管阈值电压。

为了获得最大的传输范围，则必须尽可能地增加发送器、接收器和天线之间的传输功率。这可以通过共轭匹配的方法很容易地实现。图 8.6 描述了无线接收器集总元件的简化模型（对于发送器的类似考虑也是有效的），其中 V_s 是输入信号的相量峰值，$v(t) = \Re\{V_s e^{j\omega t}\}$，$Z_a = R_a + jX_a$ 是接收天线的阻抗（假设固定的源阻抗为 Z_a），$Z_L = R_L + jX_L$ 是负载的阻抗，即接收电路的阻抗。

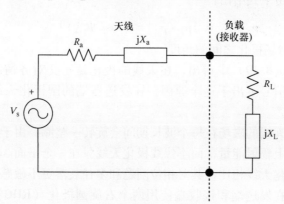

图 8.6　接收电路的简化模型

最大功率传输定理指出：对于一个具有恒定源阻抗的线性网络，如图 8.6 所示，当负载阻抗是源阻抗的复共轭时，从源端到负载的传输功率是最大功率，$Z_L = Z_a^*$ 这意味着 $R_L = R_a$，且 $jX_L = -jX_a$。

在这些假设下，可用的源功率是负载所消耗的平均功率，由下式给出：

$$P_r = \frac{|V_s|^2}{8 R_a} \tag{8.16}$$

⊖ 有效全向辐射功率（EIRP）是指理想情况下全向天线进行辐射以产生在最大天线增益方向上观察到的峰值功率密度的功率。

如果负载和天线之间不存在共轭匹配，负载上消耗的有效功率P_{diss}是

$$\frac{P_{diss}}{P_r} = \left| \frac{Z_s - Z_L^*}{Z_s + Z_L} \right|^2 \tag{8.17}$$

式中，Z_s是天线的阻抗；Z_L是负载电路的输入阻抗。

8.3.3 极化

天线极化是由电场 $\boldsymbol{E}$ 表示的矢量进行跟踪的形状曲线[15]。天线有 3 种极化类型：线极化、圆极化和椭圆极化。通常情况下，天线是线极化，然而当发送器和接收器移动时，这种运动会导致发送器和接收器天线之间的失调。如果接收器的天线极化与入射波的极化方式不同，则接收器的功率小于最大可用功率。如果入射场是

$$E^i = p_i E_0 \, e^{-jkr} \tag{8.18}$$

式中，$\boldsymbol{r} = x\hat{\boldsymbol{x}} + y\hat{\boldsymbol{y}} + z\hat{\boldsymbol{z}}$是传播方向；$\boldsymbol{k} = k_x\hat{\boldsymbol{x}} + k_y\hat{\boldsymbol{y}} + k_z\hat{\boldsymbol{z}}$是空间给定区域上的传播常数（$\boldsymbol{k} \cdot \boldsymbol{r} = k_x x + k_y y + k_z z$ 是传播方向上的常数值）；接收器天线的极化是$\hat{p}_a$。

则极化效率由下式给出：

$$\eta_{pol} = |\hat{p}_i \cdot \hat{p}_a| = |\cos(\Psi_{pol})|^2 \tag{8.19}$$

式中，Ψ_{pol}是入射场极化之间的角度。

因此，从式（8.19）中得出，在天线的极化是正交对齐情况下，接收器将无法检测到输入信号。出于这个原因，在发送器端的圆极化天线提供了更好的性能。

使用圆极化天线的磁场在每个波长期间会旋转一整圈，由于这个原因，这种天线在每个平面上辐射能量，而不像线极化天线只在一个平面。这种特性使得圆极化天线与线极化天线相比，其对相位问题和多径衰落更不敏感。

例如，假设在发送端和接收端使用两个右旋圆极化（RHC）天线。入射电场的极化矢量沿着 z 轴传播，即$p_i = \frac{1}{\sqrt{2}}(x - jy)$，因此（将接收器端入射场沿着 $-z$ 轴传播考虑在内），接收器 RHC 天线的极化矢量是$p_a = \frac{1}{\sqrt{2}}(x + jy)$。根据式（8.18），极化效率为$\eta_{pol} = |\hat{p}_i \cdot \hat{p}_a| = 1$。

8.3.4 性能评估

正如之前提到的，从天线到芯片的最大功率传输只在共轭匹配的情况下发生。通常天线阻抗是电感式的，如图 8.6 所示，由于寄生电阻的存在，还提出了电阻分量R_a的损耗模型。由于电压整流器的供电电容器存在，使得芯片阻抗本

质上是电容性的。典型的供电电容器的范围是从 1 ~几 pF。例如，一个 1pF 的电容器在 915MHz 的频率上具有 $-j200\Omega$ 的阻抗。芯片负载电阻大约是 10Ω。在实际的商业产品中[20]，制造商规定的输入阻抗为 380Ω，它与 2.8pF 的电容并联，或者它的等效串联阻抗为 $j9.786 \sim j60.192\Omega$。

使用谐振 RLC 电路为天线进行性能建模是很容易的。集总元件模型允许对天线的品质因数做首次评估。

图 8.7a 描绘了天线和芯片的等效谐振 RLC 电路。系统输入阻抗 Z_{in} 是

$$Z_{\text{in}} = R_{\text{a}} + R_{\text{c}} + X_{\text{a}} + X_{\text{c}} = R_{\text{a}} + R_{\text{c}} + j\left(\omega L - \frac{1}{\omega C}\right)$$

在谐振频率 ω_0 处，输入阻抗的虚部被抵消，则 $\omega_0 = 1/\sqrt{LC}$。从图中可以观察出，这也是天线和负载之间最大功率传输的条件之一。然而在接近谐振频率的适当范围内，谐振器的串联 RC 部分可以用并联电路代替（见图 8.7b）。如 Lee[21] 提出的，可以计算出串联部分和并联部分之间的等效电阻：

$$R_{\text{p}} = R_{\text{c}}(Q^2 + 1) \tag{8.20}$$

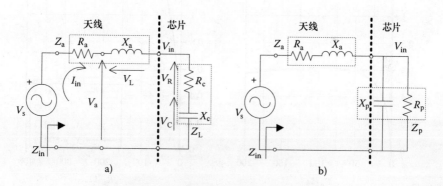

图 8.7　天线和芯片的等效 RLC 电路

a）串联电路　b）负载的并联变换

类似地，可以得出

$$X_{\text{p}} = X_{\text{c}}\left(\frac{Q^2 + 1}{Q^2}\right) \tag{8.21}$$

式中，$Q = \dfrac{1}{\omega_0 R_{\text{c}} C} = X_{\text{c}}/R_{\text{c}}$。

回顾式 $P_{\text{diss}} = (1 - |\Gamma|^2)P_{\text{r}}$，等效全向辐射功率是 $\text{EIRP} = G_{\text{t}}P_{\text{t}}$，从式（8.8）和式（8.15）得出整流器的输入电压是

$$V_{\text{in}} = \sqrt{2R_{\text{p}}(1 - |\Gamma|^2) \cdot \text{EIRP} \cdot G_{\text{r}}\left(\frac{\lambda}{4\pi r}\right)^2} \tag{8.22}$$

在式（8.21）中引入共振条件并将其代入 Γ，则可以得到

$$V_{in} = \sqrt{2R_p \cdot \left[\frac{4R_d R_c}{(R_d + R_c)^2}\right] \cdot EIRP \cdot \left(\frac{\lambda}{4\pi r}\right)^2} \qquad (8.23)$$

图 8.8 描绘了式（8.23）作为天线阻抗的函数，对于不同的芯片电阻 R_c 和芯片阻抗 X_c 其输入电压的曲线图。图 8.8 表明当 R_a 与 R_c 相等时，输入电压 V_{in} 在谐振条件（$X_a = -X_c$）下取得最大值。有意思的是，这也是天线和负载之间最大功率传输的条件。此外，图 8.8a 还显示，当芯片电阻 R_c 越小，获得的输入电压 V_{in} 峰值越高。从式（8.20）中得出，较小的 R_c 能够增加品质因数，则增加 R_p 可以使得 V_{in} 增加。进一步地，从图 8.8b 可以看出，芯片阻抗 X_c 越高，R_p 越高，则 V_{in} 越大。然而与 R_c 时的情况相比，V_{in} 的锐度增加更加柔和。

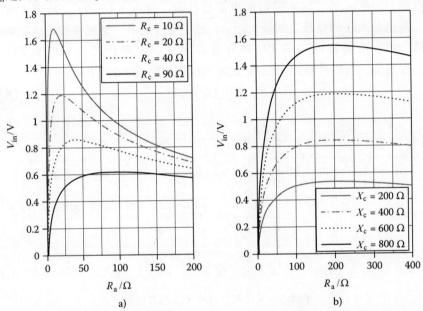

图 8.8　输入电压作为天线阻抗的函数（$G_r = -0.5dB$，$r = 1m$，$EIRP = 4W$，$f = 2.4GHz$）

a）不同的 R_c 值且固定的 $X_c = 200\Omega$　b）不同的 X_c 值且固定的 $R_c = 200\Omega$

从图 8.7a 中可以看出，在谐振条件下电容器两端的电压为

$$|V_C| = |V_L| = \frac{|I_{in}|}{Y} = \frac{|V_a| Z_c}{R_c} = \frac{|V_a|}{\omega_0 C R_C} = Q|V_a|$$

因为在谐振条件下由电容器存储能量而电阻消耗功率[21]，因此芯片端的输入阻抗其电压由下式给出：

$$V_{in} = V_C + V_R = (1 + Q)|V_a|$$

上式表明通过增加品质因数 Q 可以任意提高芯片的输入电压，然而如图 8.9 所示，不断增加 Q 会影响输入电流 I_{in} 的频率响应。

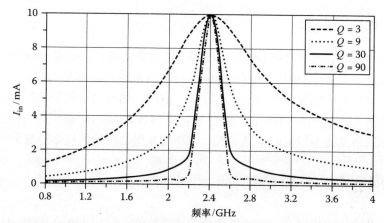

图 8.9　在不同输入电流值的条件下其频率响应（$V_a = 0.1\text{V}$，$R_c = 10\Omega$）

串联 RLC 电路的频率响应也可以描述为与品质因数有关的函数：

$$Q = \frac{f_0}{\text{BW}}$$

式中，f_0 是谐振频率；BW $= f_2 - f_1$ 是 3dB 的带宽，即输入电流 I_{in} 上频率范围从谐振频率值下降了 3dB。

最后，除了 R_a 的损耗电阻，天线也具有辐射电阻 R_r。辐射电阻是因来自天线的电磁波辐射引起的，它完全取决于天线的几何形状而不是天线的制造材料。图 8.10 显示了常用于许多应用中的几种天线拓扑。

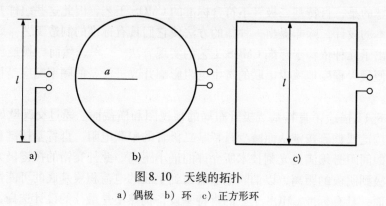

图 8.10　天线的拓扑

a）偶极　b）环　c）正方形环

假设天线的电流分布是均匀的，并且等于馈电点电流，则长度为 l 的电偶极子其电阻为 $R_r = 20(kl)^2\Omega$，其中 $k = \omega\sqrt{\varepsilon\mu}$ 是传播常数。在半径为 a 的环天线以及相同的假设情况下，辐射电阻给定为 $R_r = 20\pi^2(ka)^4\Omega$。它也是正方形环天线的辐射电阻，其边长等于 l，前提是 $\alpha = l/\sqrt{\pi}$。

8.3.5 匹配

天线的负载总是具有电容性，这是因为它主要由电压整流器进行 RF – DC 转换而形成。出于这个原因，使用具有电感特性的天线（诸如环天线），并对天线进行调谐使其在工作频率上与负载电容产生谐振，则可以实现简单的匹配。然而其他种类的天线，例如偶极子，通常具有电容性的输入阻抗[15]。在这种情况下，匹配网络是必不可少的，以实现共轭匹配并保证将最大功率传输至负载。

8.4 RF – DC 整流器拓扑

在本节中，将回顾几种整流器拓扑的主要特性。使用 130nm 和 90nm 的技术节点进行综合性的 Spice 仿真。如前所述，由于肖特基二极管的低阈值电压和其优越的开关特性，因此它们是实现整流器电路的最佳选择，这也使得它们在高频应用中非常受欢迎[22]。与传统的 p – n 二极管相比，肖特基势垒二极管的性能得到了极大改进，由于存在以下事实：势垒二极管的主要传输机制依赖于大多数载流子，而 p – n 二极管其少数载流子传输起主导作用，因此没有考虑存储的电荷效应以及更快的切换时间。肖特基势垒二极管是由金属层（阳极）和掺杂有 n 型或 p 型半导体区（阴极）的结合而构成。在这两种材料之间的交界处，存在源自势垒二极管的电位差，它阻碍了电子的流动。阳极的信号控制接口处的势垒高度或低（允许电流流动）或高（阻碍阳极和阴极之间的电流流动）。

遗憾的是，肖特基二极管不符合标准的 CMOS 工艺，因此这些组件并不适合于低成本的设计，除非提出一种新的方法使它们具有标准的制造工艺。研究者们已经提出了几种依赖于标准 CMOS 工艺的实现方法[23 – 25]，然而寻找最佳的布局技术以便最大程度地减少串联的寄生电阻影响并改进设备的频率响应是目前主要的挑战。

图 8.11 描绘了肖特基二极管布局的顶视图和横截面。通过交叉欧姆按键和肖特基按键或整流按键从而减少肖特基二极管的串联电阻。肖特基按键和欧姆按键之间的间距必须满足光刻技术所允许的最小距离。此外交错的按键极大地减少了从阳极到阴极的距离，以消除电子流失到生成的电荷积聚基底的可能性。

然而，具有标准 CMOS 工艺的肖特基设备仍然不是最佳的设计选择，因为它们的性能在很大程度上取决于工艺过程中的寄生效应和制造公差，而且即使在同一个制造车间也很难复制出一模一样的设备。出于这个原因，基于晶体管的整流器仍然是 CMOS 技术实施过程中低成本的最佳选择。

在本节中，将介绍 CMOS 射频到直流整流器（RF – DC）的 3 种实现方法及其主要特性，拓扑如图 8.12 所示。在这里仅仅比较完全 NMOS（n 型金属氧化

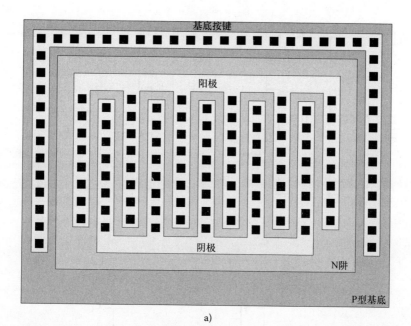

图 8.11　肖特基二极管

a）布局的顶视图　b）布局的横截面

物半导体）整流器，因为它们比 NMOS - PMOS（p 型金属氧化物半导体）实现
方法的效果更好[26]。事实上，在一个 NMOS - PMOS 差分驱动门交叉连接桥，
当天线电压小于存储电容器上的电压时，存储在电容器 C_L 的电荷通过 PMOS 晶
体管回流至天线，反过来，这会导致出现紧急状况并且负载上电压出现较大的
变化。

　　在晶体管的电压 V_t 为 0（减少晶体管两端的电压降并提高转换效率）以及
$W/L = 500$（选择 $W = 250\mu m$ 和 $L = 0.5\mu m$）的条件下进行仿真。对于桥转换器
而言，负载电容器的功率为 5pF，对于 Dickson 电荷泵，负载电容器的功率为
10pF，并且假设在频率为 2.4GHz 处射频峰值的输入电压 $V_p = 0.4V$。仿真结果

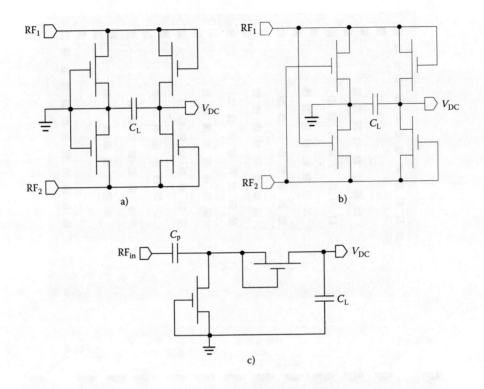

图 8.12 整流器拓扑

a) NMOS 差分驱动桥整流器　b) NMOS 差分驱动门交叉连接整流器　c) Dickson 电荷泵

见表 8.1。

表 8.1 整流器拓扑在测试条件下的仿真结果

技术节点	整流器拓扑	设置时间/ns	未调节的直流输出电压/V	电容器池/pF	负载电容器/pF	级数
130nm	差分驱动桥	50	1.26	1	5	4
	差分驱动门交互连接桥	50	1.1	1	5	7
	Dickson	100	1.2	0.8	10	3
90nm	差分驱动桥	250	1.32	1	5	4
	差分驱动门交互连接桥	200	1.23	1	5	7
	Dickson	250	1.34	0.7	10	3

8.4.1　电压倍增器的工作和设计原理

从表 8.1 所列的仿真结果可以推导出以上的实现方法在级数、硬件复杂度和直流输出电压方面提供最佳的性能，其中直流输出电压是指 Dickson 电压倍增器（或电荷泵）的电压。为此，研究这种设计方程是值得的，以优化电路的实施。

Dickson 电荷泵的工作原理类似于一个沿着二极管线输送电荷的"斗链式"延迟线，在交流信号周期的一半时电容器 C_p 持续地充电和放电。然而与"斗链式"线不同，沿着二极管链的直流电压不会在每个输送周期被重置，平均节点随着信号向输出端的移动而潜在地增加。

参照图 8.2，节点 n 和 $n+1$ 的输出电位差是

$$V_{n+1} - V_n = \Delta V_{ac} - V_{th} - V_{Cp} \tag{8.24}$$

式中，由于输入交流信号的电容耦合影响，ΔV_{ac} 是每个节点处的电压摆幅；V_{th} 是每个二极管的电压降（由二极管实现 NMOS 晶体管的阈值电压）；V_{Cp} 是指当电压倍增器为负载提供直流输出电流 I_{out} 时电容器 C_p 在每个周期充电和放电的电压。

如果 C_s 是晶体管的寄生电容，则每个节点处电容分压器引起的电压为

$$\Delta V_{ac} = \left(\frac{C_p}{C_s + C_p} \right) \cdot V_{ac}$$

此外，因为每个周期内由每个二极管输送的总电荷是 $(C_s + C_p)V_{Cp}$，由电压倍增器为负载供电的电流为 $I_{out} = f(C_s + C_p)V_{Cp}$，其中输入交流电压为 V_{ac}，频率是 f。通过替换式（8.24），可以得到

$$V_{n+1} - V_n = \left(\frac{C_p}{C_s + C_p} \right) \cdot V_{ac} - V_{th} - \frac{I_{OUT}}{(C_s + C_p)f}$$

因此，对于 N 级倍增器而言，将输入直流电压为 0 考虑在内，可以得出

$$V_N = V_{OUT} = N \cdot \left[\left(\frac{C_p}{C_s + C_p} \right) V_{ac} - V_{th} - \frac{I_{OUT}}{(C_s + C_p)f} \right] \tag{8.25}$$

从式（8.25）可以推导出，只有当以下条件成立时电压倍增才会发生：

$$\left(\frac{C_p}{C_s + C_p} \right) V_{ac} - V_{th} - \frac{I_{OUT}}{(C_s + C_p)f} > 0$$

从上述公式中可以观察到一个重要的结论：即以上公式并不依赖于级数 N，因此在实践中，不限制可以级联的数量。此外如果所提供的电压能够满足以上电压倍增的条件，则电流驱动电压倍增器的能力也与级数相互独立。

电压倍增器的输出也具有脉动电压 V_R，这是因为倍增器不是纯电容性的，它还具有一个电阻性分量 R_L，因此输出电容 C_L 通过 R_L 部分放电。尽管如此，在实际应用过程中足够高的负载电容能够得以保证，与未调节的输出电压 V_{OUT}

相比，脉动电压 V_R 可以忽略不计，即

$$V_R = \frac{I_{OUT}}{fC_{OUT}} = \frac{V_{OUT}}{fR_L C_{OUT}}$$

由于在二极管和交流信号之间存在电容耦合，实际的电压倍增器还具有额外的脉动电压组件。

8.5 稳压器

能量收集系统需要一个稳压器来调节 RF – DC 转换器产生的直流电压，并且为系统提供一种"洁净"的电源[1,27]。稳压器的设计应能够满足在目标技术固定的约束下传送系统所需的电流和电压，同时从供电系统中产生最小的电流。

RF – DC 转换器必须为后端电路提供足够高的功率以保证系统在正常条件下准确运行，然而电压倍增器所收集的能量并不完全取决于电路拓扑和级数。实际上，输入功率取决于发送器和接收器之间的距离。尽管如此，设计规范对接收器的灵敏度进行约束，这意味着如果输入功率超过灵敏度，电压倍增器将产生一个大于后端电路额定电源电压的输出未调节的直流电压。

为了防止损坏电路，电源电压应在任何情况下都高于目标技术规定的额定电压（例如130nm 的技术节点其电压为 1.3V，90nm 的技术节点其电压为 1.1 V）。

为后端电路实现稳压电源电压的最简单方法是使用如图 8.13a 所示的粗钳位电路[28 – 30]。它的工作原理非常简单：粗钳位电路由倍增器产生的电压对其供电，NMOS 二极管堆栈（晶体管 M1 ~ M4）产生已调节的输出电压，大约是 $4V_{th}$。如果倍增器的电压大于 $4V_{th}$，则输出的旁路设备（晶体管 M7）被激活，导致电容性负载产生电流并且输出电压降低。设置与二极管相连接的晶体管的大小以便它们从供电电流中减去最小电流（偏置电流低于 $1\mu A$ 是可取的），因此它们都是长沟道且宽度尽可能小的设备。与此相反，所设计的输出旁路装置应尽可能地接近弱反转并具有最小的沟道和较大的宽度。此外可以观察出稳压器不能直接与后端电路连接（由负载电容 C_L 建立模型），但当输入 RF 功率为零时，由二极管对负载进行去耦以防止功率从电路反馈到天线。

最后，图 8.13b 描绘了图 8.13a 中具有 130nm 技术节点电路的仿真结果，并假设负载电容为200fF[⊖]。电阻 R_W 建立供电线路的损耗模型。当输入电源电压从1V 增加到1.5V 以及温度在 0 ~ 100℃ 变化时，输出电压的变化趋势由曲线进行表示。在这些工作条件下，图 8.13a 中电路产生的供电电流只有 269nA。

⊖ 此处原书有误，应为 200nF。——译者注

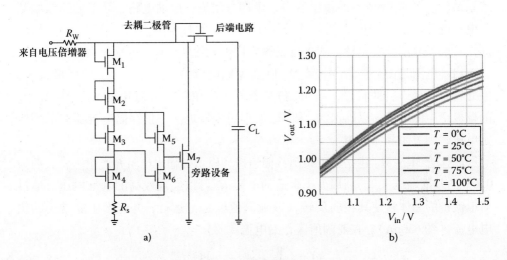

图 8.13　粗钳位调节器

a) 原理图　b) 5 种温度条件下的直流电压

　　图 8.13 所示的钳位调节器不是一种最佳的解决方案。在实际应用中，它被用作预处理阶段，对电压整流器的输出端进行电压削减使其满足稳压器的直流输入范围。在文献 [31 - 33] 中研究者们已经提出了几种实现的方法，尽管这些方法之间有一些细微的差别，但是所有提出的电路拓扑都依赖于图 8.14 所示的

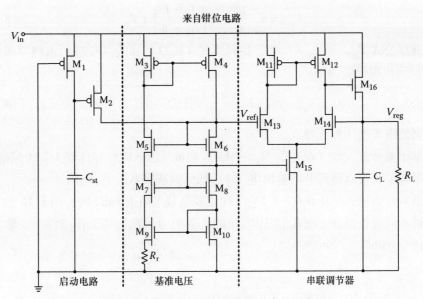

图 8.14　典型的低功率稳压器的完整示意图

体系结构。图 8.14 所示的稳压器由 3 个部分组成：启动电路、简单的双级联基准电压电路以及一个串联调节器。使用 130nm 的技术节点对该电路进行设计，晶体管的尺寸按照弱反转方式进行设置以提供大约为 0.6 V 的输出调节电压。

启动电路是由晶体管 M_1 和 M_2 以及存储电容器 C_{st} 组成。M_1 的栅极接地，因此它总是处于启动状态，而 M_2 扮演着开关的角色。最初开启 M_2、M_5 和 M_6 的栅极产生漏电流，以确保 M_5 和 M_6 的栅极未接地。一旦存储电容器充电到给定电压，则关闭晶体管 M_2。

晶体管 $M_5 \sim M_{10}$ 建立三重共源共栅连接，以增加输出电阻并产生一个大约为 0.6V 的基准电压 V_{ref}。利用大小合适的电阻 R_r 可以实现较高的基准电压。通过对电流镜的晶体管使其在弱反转（或亚阈值区）上运行，并且产生非常小的供电电流（约 630nA）。在亚阈值区，漏电流[34]是

$$I_D = I_{D0} \cdot \frac{W}{L} \cdot e^{q(V_{gt} - V_{th})l(n \cdot kT)} \tag{8.26}$$

式中，$\frac{kT}{q} = 0.026V$ 是热电压；n 是斜率参数（在体硅 CMOS 中，n 大约为 1.6）。

如果晶体管 M_9 的 W/L 值是 M_{10} 的 Q 倍，而且这两种晶体管具有相同的长度 L，则 M_9 和 M_{10} 的栅极到源极的电压可以分别表示成关于亚阈值电流 I_D 的函数：

$$V_{gs9} = n \cdot \frac{kT}{q} \cdot \ln\left(\frac{I_D \cdot L}{I_{D0} \cdot Q \cdot W}\right) + V_{th} \tag{8.27}$$

$$V_{gs10} = n \cdot \frac{kT}{q} \cdot \ln\left(\frac{I_D \cdot L}{I_{D0} \cdot W}\right) + V_{th} \tag{8.28}$$

观察公式 $V_{gs10} = V_{gs9} + I_D R_r$，并利用式（8.27）和式（8.28）求解亚阈值电流 I_D，可以得出

$$I_D = \frac{n \cdot kT}{qR_r} \ln Q \tag{8.29}$$

它与直流电源电压相互独立。

基于差分放大器（晶体管 $M_{11} \sim M_{15}$）和负反馈 NMOS 晶体管 M_{16}（偏饱和）的串联调节器可以将调节的输出电压 V_{reg} 稳压到基准电压 V_{ref} 范围。

最后，当输入电压在 $0 \sim 1.5V$ 变化以及负载电阻为 $1M\Omega$ 时，图 8.15 表示了在 5 种不同运行温度下图 8.14 中电路的直流响应。在这些工作条件下，输出电流大约是 630nA。

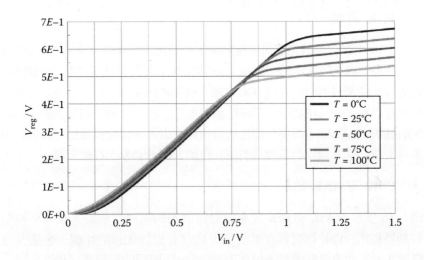

图 8.15 在 5 种工作温度下稳压器的电流响应

8.6 反向散射调制方案

设计的自主式无线无源系统从外部源收集能量时应消耗非常小的功率，因此高效的传输子系统的设计是一个主要问题。在超低功率系统中数据传输的常见方法是使用后向散射调制技术，例如 RFID 无源标签。在这种传输机制中，标签通过改变（调制）其反射系数将数据传送到入射辐射。反射系数要么是幅度发生变化，要么是相位发生变化，或者两者兼而有之，其中幅度的变化是由幅移键控（ASK）引起，而相移键控（PSK）导致相位发生变化。不断变化的反射系数对接收器反射回发射器上的功率数量进行调制，从而发送信息。当标签不必向周围的标签广播信息时，这种方法就是最佳的选择。

8.6.1 ASK 调制

一个简单的 ASK 调制器可以通过使用 CMOS 开关和电容器很容易地得以实现，从而改变天线上的反射系数。在理想的后向散射 ASK 调制器中，输入阻抗可以在匹配状态（天线和负载之间最大功率传输）和完全反射状态之间进行切换，其中完全反射状态是指天线阻抗是短路或者是开路。开关由二进制比特流进行控制，因此它调制着后向散射 RF 信号的振幅。在实际应用中，短路更容易实现且在高频中更可靠。

8.6.2　PSK 调制

对于 PSK 而言，将信息编码成反向散射信号的不同相位状态。为了改变相位，调制器简单地切换天线上的输入阻抗，使其在两个复数和共轭阻抗之间进行变换。这可以通过改变调制器的输入电容来实现，例如使用变容二极管。理想情况下，为了确保发送器恒定的可用功率，天线的辐射电阻其阻抗在两个调制状态期间必须具有恒定的模块。在实际应用中，即使能够找到可以保证恒定模块的电容值，但其实部并不是常数。这导致反射系数是不断变化的，因此会发生振幅调制。

8.6.3　PSK 与 ASK 比较

图 8.16 显示了 ASK 和 PSK 反向散射调制器的两种可能的集总表征模型。与 ASK 调制器相比，PSK 调制器在低功耗方面具有更加优越的性能，这是因为 ASK 调制机制在发送功率阶段需要增加 0.74dB 以达到相同的误码率（BER）[35]。尽管如此，由于 0.74dB 的差别相当小，因此无法证明调制器的电路复杂度会增加。此外与 ASK 相比，用于实现 PSK 调制的阻抗在整流器输入端产生较小的可用电压。这反过来导致 PSK 输入灵敏度较低，即电路的工作范围减少，因此在无源的超低功率电路中进行 PSK 调制和 ASK 调制没有明显的差别。De Vita、Battaglia 和 Iannaccone[36] 对几种反向散射 PSK 调制机制的 CMOS 实现方法进行了比较，而 Curty 等人[35] 提供了 ASK 和 PSK 两种调制机制的综合比较方案。

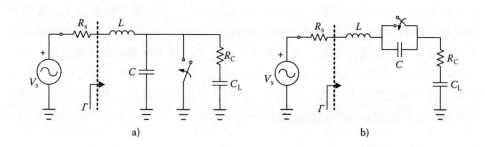

图 8.16　a）ASK 调制机制和 b）PSK 调制机制的简化图

8.7　小结

本章讨论了有关射频能量收集系统设计过程的许多问题。所讨论的大多数技术已经应用到 RFID 标签的实际应用中，因此它们是针对无电池操作的无源设备。在这种情况下，天线扮演着至关重要的角色——它对功率传输和反向散射调制的影响是最基本的且不容忽视。射频系统的能量收集技术取决于几种技术的结合以及天线和接收器之间最大功率传输的能力。

　　能量收集系统的核心部件是 RF – DC 整流器，该系统的电路能够从输入的射频信号中收集能量并将所收集的能量存储在内部存储系统（即大型电容器）中。最佳整流器的配置选择主要由目标技术、工艺流程、功率效率以及到发送器的距离来决定。电压整流器必须为后端电路供电，而后端电路应简单设计以保证无电池操作并且消耗非常少的功率。具有降低电压振幅功能的深亚微米技术是必不可少的，以遵从由 Friis 传输公式设置的功率约束，但是深亚微米技术节点对电源电压的波动非常敏感，甚至会导致设备损坏。出于这个原因，需要具有钳位电路的功率调节电路系统以便产生稳定的"洁净"能量。功率调节系统的设计是一项极具挑战性的任务，因为该电路在提供稳定电压的同时应产生最小的供电电流。

　　综上所述，所有与从射频信号中收集能量有关的问题都可以得到很好的解决，而且许多超低功率且低廉的实施方法是可行的。尽管如此，从射频信号中收集能量的主要局限在于可收集的功率是有限的。这是复杂的且是耗电系统的主要缺点，RF 收集并不是一种最佳的方法，这项技术只局限于在 WSN 和无源 RFID 系统中应用，这些应用系统的结构简单，因此仅需要很少的能量就可以使其运行。

参 考 文 献

[1] Huang H., and Oberle, M., "A 0.5 mW Passive Telemetry IC for Biomedical Applications," *IEEE Journal of Solid State Circuits*, v. 33, n. 7, pp. 937–946, 1998.

[2] Marschner, C., Rehfuss, S., Peters, D., Bolte, H., and Laur, R. "Modular concept for the design of application-specific integrated telemetric systems." in *Proceedings of SPIE 4408*, 246–255, Cannes-Mandelieu, France, April 2001.

[3] Schuylembergh, K., and Puers, R. "Self tuning inductive powering for implantable telemetric monitoring systems," in *Proceedings of the 8th Conference of Solid-State Sensors and Actuators*, Stockholm, Sweden, June 1995.

[4] Sample, A., and Smith, J. R., *"Experimental results with two wireless power transfer systems,"* in Proceedings of the IEEE Wireless and Radio Symposium, San Diego, CA, 2009.

[5] Yan, H., Macias Montero, J. G., Akhnoukh, A., de Vreede, L.C.N., and Burghartz, J. N., "An integration scheme for RF power harvesting," in *Proceedings of the 8th Annual Workshop on Semiconductor Advances for Future Electronics and Sensors*, Veldhoven, The Netherlands, 2005.

[6] Karthus, U., and Fischer, M., "Fully Integrated Passive UHF RFID Transponder IC with 16.7 mW Minimum RF Input Power," *IEEE Journal of Solid-State Circuits*, v. 38, n. 10, pp. 1602–1608, 2003.

[7] De Vita, G., and Iannacone, G., "Design Criteria for the RF Section of UHF and Microwave Passive RFID Transponders," *IEEE Transactions on Microwave Theory and Techniques*, v. 53, n. 9, pp. 2978–2990, 2005.

[8] Curty, J.-P., Joehl, N., Dehollain, C., and Declercq, M. J., "Remotely Powered Addressable UHF RFID System," *IEEE Journal of Solid-State Circuits*, v. 40, n. 11, pp. 2193–2202, 2005.

[9] Umeda, T., Yoshida, H., Sekine, S., Fujita, Y., Suzuki, T., and Otaka, S., "A 950-MHz Rectifier Circuit for Sensor Network Tags with 10-m Distance," *IEEE Journal of Solid-State Circuits*, v. 41, n. 1, pp. 35–41, 2006.

[10] Bode, H. W., *Network Analysis and Feedback Amplifier Design*, 1st ed., Princeton, NJ: D. Van Nostrand Company, 1945.

[11] Fano, R. M., "Theoretical Limitations on the Broadband Matching of Arbitrary Impedances," DSc disser., Massachusetts Institute of Technology, Department of Electrical Engineering, May 1947.

[12] Yan, H., Popadic, M., Macías-Montero, J. G., de Vreede, L. C. N., Aknoukh, A., and Nanver, L. K., "Design of an RF power harvester in a silicon-on-glass technology," in *Proceedings of IEEE-STW PRORISC 2008*, Veldhoven, The Netherlands, pp. 287–290, 2008.

[13] Mandal, S., "Far Field RF Power Extraction Circuits and Systems," master's thesis, Massachusetts Institute of Technology, Department of Electrical Engineering and Computer Science, June 2004.

[14] Mandal, S., and Sarpeshkar, R., "Low Power CMOS Rectifier Design for RFID Applications," *IEEE Transactions on Circuits and Systems I*, v. 54, n. 6, pp. 1177–1188, 2007.

[15] Balanis, C. A., *Antenna Theory: Analysis and Design*, 3rd ed. New York: John Wiley & Sons, 2005.

[16] Johnson, R. C., and Jasik, H., *Antenna Engineering Handbook*, 3rd ed. New York: McGraw-Hill, 1993.

[17] Wheeler, H. A., "The radiansphere around a small antenna," *Proceedings of the IRE*, v. 47, n. 8, pp. 1325–1331, 1959.

[18] Friis, H. "A note on a simple transmission formula," *Proceedings of the IRE*, v. 34, pp. 254–256, May 1946.

[19] European Telecommunications Standards Institute (ETSI). Available online: http:// www. etsi.org/WebSite/homepage.aspx

[20] Texas Instruments. UHF Gen2 STRAP. Available online: http://www.ti.com/rfid/ docs/manuals/pdfSpecs/RI-UHF-STRAP DataSheet.pdf

[21] Lee, T. H., *The Design of CMOS Radio-Frequency Integrated Circuits*, 2nd ed., Cambridge, U.K.: Cambridge University Press, 2004.

[22] Neudeck, G., and Pierret, R., *The PN Junction Diode*, Vol. 2, Reading, MA: Addison-Wesley, 1989.

[23] Li, Q., Han, Y., Min, H., and Zhou, F., "Fabrication and Modeling of Schottky Diode Integrated in Standard CMOS Process," Auto ID Labs White Paper WP-HARDWARE-011, Massachusetts Institute of Technology, 2005.

[24] Milanovic, V., Gaitan. M., Marshall, J. C., and Zaghloul, M. E., "CMOS foundry implementation of Schottky diodes for RF detection," *IEEE Transactions on Electron Devices*, v. 43, n. 12, pp. 2210–2214, 1996.

[25] Cha, S. I., Cho, Y. H., Choi, Y. I., and Chung, S. K., "Novel schottky diode with self-aligned Guard Ring," *IET Electronics Letters*, v. 28, n. 13, p. 1221–1223, 1992.

[26] Mazzilli, F., Thoppay, P. E., Jöhl, N., and Dehollain, C., "Design methodology and comparison of rectifiers for UHF-band RFIDs," in *Proceedings of IEEE Radio Frequency Integrated Circuits Symposium*, pp. 505–508, Anaheim, CA, May 2010.

[27] Chatzandroulis, S., Tsoukalas, D., and Neukomm, P., "A Miniature Pressure System with a Capacitive Sensor and a Passive Telemetry Link for Use in Implantable Applications," *Journal of Microelectromechanical Systems*, v. 9, pp. 18–23, March 2000.

[28] Zhu, Z., Jamali, B., and Cole, P. H., "An HF/UHF RFID Analogue Front-End Design and Analysis," White Paper Series Edition 1. CD. Auto-ID Labs, Massachusetts Institute of Technology, September 2005.

[29] Zhang, L., Jiang, H., Sun, X., Zhang, C., and Wang, Z., "A passive RF receiving and power switch ASIC for remote power control with zero stand-by power," in *Proceedings of IEEE Asian Solid-State Circuits Conference*, Fukuoka, Japan, pp. 109–112, 2008.

[30] Che, W., Yan, N., Yang, Y., and Min, H., "A Low Voltage Low Power RF Analog Front-End Circuit for Passive UHF RFID Tag," *Journal of Semiconductors*, v. 29, n. 3, 2008.

[31] De Vita, G., and Iannaccone, G., "Ultra-low power series voltage regulator for passive microwave RFID transponders," in *Proceedings of NORCHIP Conference*, Oulu, Finland, 2005.

[32] Morales-Ramos, R., Vaz, A., Pardo, D., and Berenguer, R., "Ultra-low power passive UHF RFID for wireless sensor networks," in *Proceedings of EUROMICRO Conference on Digital System Design, Architecture, Methods, and Tools*, Parma, Italy, pp. 671–675, 2008.

[33] Yao, Y., Wu, J., Shi, Y., and Foster Dai, F. "A Fully Integrated 900-MHz Passive RFID Transponder Front End with Novel Zero-Threshold RF–DC Rectifier," *IEEE Transactions on Industrial Electronics*, v. 56, n. 7, pp. 2317–2325, 2009.

[34] Baker, R. J., *CMOS Circuit Design, Layout, and Simulation*, 3rd ed. New York: John Wiley & Sons, 2010.

[35] Curty, J.-P., Declerq, M., Dehollain, C., and Johel, N., *Design and Optimization of Passive UHF RFID Systems*, New York: Springer, 2007.

[36] De Vita, G., Battaglia, F., and Iannaccone, G., "Ultra-Low Power PSK Backscatter Modulator for UHF and Microwave RFID Transponders," *Microelectronic Journal*, v. 37, n. 7, pp. 627–629, 2006.

第9章　磁耦合通信设备的能量收集

Mehrnoush Masihpour、Johnson I. Agbinya 和 Mehran Abolhasan

9.1　简介

能量收集可以追溯到水车和风车的使用，它们从周围环境中收集能量并将其转换为有用的能量形式[1]。能量收集技术已经发展了几十年，这些技术从不同的自然资源收集能量以提供电力，如风力发电、水力发电、热能、太阳能以及振动能。然而由于无线传感器和低功率电子产品的大规模增加，近些年研究者们对能量收集的方法产生了新的兴趣[1]。电子设备，如手机、便携式计算机、PDA（个人数字助理）、医疗植入设备以及不同类型的传感器节点，所有的这些设备都需要电源以维持其运行，因此需要使用电线或者一次性/可再充电电池为它们提供电力供应。多亏了先进的制造工艺，生产出尺寸非常小的电池，它们足够小以至于可以位于芯片中为传感器节点或者小型手持电子设备供电[1]。电池本身的问题在于寿命有限或需要定期充电，然而技术的进步极大地优化了电池的性能和使用寿命，如电压和时钟频率的动态优化、模拟数字的混合设计以及允许设备不需要执行任务时进入非激活模式的智能唤醒程序[1]。

所有这些先进的技术允许电子设备在正常工作的前提下消耗较少的功率，因此使用环境中现有的能源甚至是其他系统浪费的能源为它们供电是可行的。例如低功率状态监测传感器能够对机器的故障进行报警，并通过工作场所周围工作的设备产生的电磁场为该机器供电[2]。另外一个例子是，由于周围环境中工作的机器和设备会造成地板或墙壁的振动，可以使用其振动产生的能量为低功率传感器节点提供执行任务所需的电能[1]。甚至可以使用人体散发的热量为低功率可穿戴设备供电，如手表[1,2]。利用环境中存在的大量的能源为不同功能的设备提供所需的电能。一般地，有两种主要类型的能量收集设备：小型能量收集设备和大型能量收集设备。大型能量收集器是一种使用自然现象，如风力、水力、潮汐或者地热来发电的设备[2]，然而小型能量收集器的尺寸通常略小于微型能量收集器[2]。不同类型的小型能量收集发电机有动能收集器和电磁辐射收集器。电磁辐射，如太阳能（光伏）、RF（射频）辐射以及热能（热电）产生辐射能转换成电能以提供直流或交流电压，如光、热或微波能。例如，为了对 ID（身份证）卡或无源射频识别（RFID）标签供电，利用无线电波为设备提供电能以使其能够执行任务[2,3]。体温和环境温度之间的差异被用于将热能转换为少量的电能来激活手表[1]。此外，太阳光的能量可以使用太阳电池将其转换为电能。从太阳光收集的能量其大小取决于曝光的面积和太阳电池板可用尺寸。小型太阳电池板可以为一对 AA 电池进行充电，但是如果使用大型太阳电池板，所产生的电力将足以运行一个工业厂区或为一套房子供电。

　　本章重点是为低功率磁耦合谐振器供电的能量收集技术。无源 RFID 标签、生物医学监测设备和一些传感器网络可能使用磁感应方法进行通信或者操作。其余的部分介绍了近场磁感应通信（Near Field Magnetic Induction Communication，NFMIC）。在本章，将讨论为 NFMIC 设备供电的可能的能源。本章的顺序如下：首先介绍 NFMIC 及其应用；然后讨论适用于 NFMIC 设备供电的振动能、太阳能以及热能收集方法；因为这些系统的输出是直流电压，引入一个直流 - 交流电压转换器，它能够为 NFMIC 设备提供其所需的交流电压；最后将讨论 NFMIC 的应用，即嵌入式医疗设备的无线功率传输以及提高传输效率的一些技术。

9.2　磁耦合通信设备的能量收集

　　NFMIC 可以认为是物理层的应用，它的通信发生在人体内部或者人体极为贴近的部位、地下（如隧道）以及水下[4-14]。NFMIC 使用近场磁通量进行数据传输而不是辐射电磁（EM）波[15]。基于 RF 的传输系统辐射 EM 波，它能够通过通信信道（通常是空气）从远端进行传输。与 EM 波传输不同，当发送（辐射传输）时它不会返回至源端，磁感应（MI）波由于相互耦合（无源传输）可以返回至源端，这是因为通信链路是通过两个电感线圈之间的磁耦合建立的。

　　虽然电磁波适合于远距离通信，但是它们有时不能解决短距离通信的要求。然而 NFMIC 的独特特性使得其非常适合于短距离通信系统，尤其是在通信信道不再是空气而是含有湿度、土壤或者身体组织时。在这样的信道条件下，电磁波很容易被信道吸收，例如信道是 BAN（身体区域网络）的身体组织。在可穿戴的 BAN 中，电磁波的使用还具有多径效应，这是因人体所导致的一个主要问题[16-18]。因此可靠性和 QoS（服务质量）可能会下降，此外人体对 MI 波的影响是不同的。MI 波能够以最小的损耗很容易地穿透组织，因此由人体导致的多径效应和信号吸收并没有在基于电磁 - 射频系统中的那样严重[4-6]。影响电磁波最重要的因素是信道内材料的磁导率。由于水、土壤以及人体组织几乎具有同空气一样的磁导率，因此它们对信号传输产生与空气相同的影响[12-14]。不论在 BAN 中还是在隧道、岩石和海岸地区，NFMIC 的这种特性都具有更高的可靠性和 QoS。

　　对于短距离通信系统而言，NFMIC 比 RF 具有更多的优势，例如较低的传输功率（几毫瓦）用于提供数米内的通信[4,5,7]。根据 Bansal 的研究[4]，NFMIC 的有效功率比蓝牙设备的功率高 6 倍。因为 NFMIC 设备不要求运行在繁忙的 2.4GHz 频带上，因此频繁地重复使用也是对 NFMIC 设备效率的有利促进。由于分配给每个用户的频率都在他或她的通信"气泡"内，则相同的频率使得多个用户的干扰概率最小。所传输的信号功率随着距离的增加而快速地减少，减少的功率值甚至比射频信号的还多。NFMIC 的这种特性会产生密封良好的通信气泡。换句话说，它很难被未授权方进行干扰或者干扰其他用户的"气泡"。此外由于距离导致功率的迅速衰减，NFMIC 无需重视多径造成的衰落[4]。虽然较高的路径损耗（由于功率随距离减少其速率较高）提供了一些好处，但是它使得通信距离变得非常短（厘米范围），因此难以将 NFMIC 用于要求较长距离的应用中。

磁感应通信系统的基本原理将在后面进行讨论。为这样的系统提供主电源，往往会使用电池，但是这会导致设备的尺寸较大且寿命有限。一方面，超低功率的微型系统开发正在加速增长，诸如穿戴式设备、状态检测传感器以及可植入装置。另一方面，电池技术的改进速度比不上集成电路技术的发展[19,20]。为微系统提供所需能量的电池尺寸仍然较大，且具有有限的寿命，还需要经常进行充电或者频繁地更换[19,20]。一些像身体植入物的设备不需要物理连接，如电线和非常小且长时间持续运行的电源。在某些情况下，对它们的电池进行更换甚至为它们充电通常是非常困难的或者是不可能的，因此迫切需要利用可再生能源来替换这些设备中的电池。从周围环境中收集能量为这种设备供电可视为最具前景的解决方案。

9.2.1 磁感应原理

在一般情况下，磁感应系统具有两个主要单元：无源单元和有源单元。有源单元是由能源馈电并在电路中产生电压和电流，它包含一个电磁线圈。这个线圈会产生一个电磁场，并且当无源设备中另一个线圈位于已产生的电磁场附近时，它们之间会发生谐振。谐振导致无源设备中产生感应电压和电流，而该设备本身没有单独的电源。通过在相同频率下谐振，使耦合产生的能量最大化，因此感应功率在无源单元中创建电路从而激活该单元执行任务。

磁感应功率传输系统的框图如图 9.1 所示。发送器（有源单元）和接收器（无源单元）由两个半径分别为 r_T 和 r_R 的线圈构成，它们的间隔距离为 d，它们之间的传输链路其电感耦合参数为 k。通过使用下式可以计算出两个磁感应天线之间的耦合度[21]：

$$k = \frac{M}{\sqrt{L_T L_R}} \tag{9.1}$$

式中，M 是两个电感电路之间的互感值；L_T 和 L_R 分别是发送器和接收器的

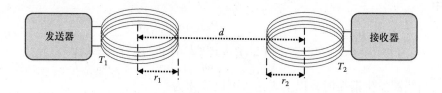

图 9.1　磁感应系统

自感。

图 9.1 所示的电路模型如图 9.2 所示。

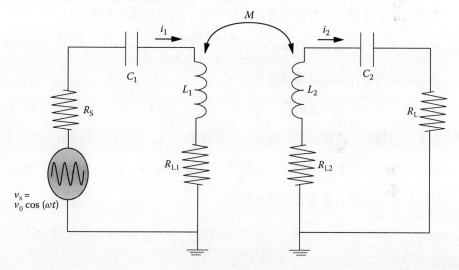

图 9.2　电路模型

线圈的效率旨在描述线圈在发送功率中的有效性，根据定义，它们分别是

$$\eta_{\mathrm{T}} = \frac{R_{\mathrm{S}}}{R_{\mathrm{S}} + R_{\mathrm{LT}}}; \quad \eta_{\mathrm{R}} = \frac{R_{\mathrm{L}}}{R_{\mathrm{L}} + R_{\mathrm{LR}}} \tag{9.2}$$

因此，为了实现较高的线圈效率应选择具有较低寄生电阻的电线，同样根据定义给出质量因子的计算公式：

$$Q_{\mathrm{T}} = \frac{\omega_0 L_{\mathrm{T}}}{R_{\mathrm{LT}} + R_{\mathrm{S}}}; \quad Q_{\mathrm{R}} = \frac{\omega_0 L_{\mathrm{R}}}{R_{\mathrm{LR}} + R_{\mathrm{L}}} \tag{9.3}$$

传输至接收器负载的功率由下式给出[15]：

$$\frac{P_{\mathrm{L}}(\omega)}{P_{\mathrm{S}}} = \frac{V_{\mathrm{C}}}{V_{\mathrm{D}}} \eta_{\mathrm{T}} \eta_{\mathrm{R}} Q_{\mathrm{T}} Q_{\mathrm{R}} = \eta_{\mathrm{T}} \eta_{\mathrm{R}} Q_{\mathrm{T}} Q_{\mathrm{R}} k^2(d) \tag{9.4}$$

$$k^2(d) = \frac{V_{\mathrm{C}}}{V_{\mathrm{D}}} \tag{9.5}$$

式中

$$P_{\mathrm{L}} = \frac{|i_{\mathrm{R}}|^2 R_{\mathrm{L}}}{2} = \frac{P_{\mathrm{S}} \eta_{\mathrm{T}} \eta_{\mathrm{R}} Q_{\mathrm{T}} Q_{\mathrm{R}} k^2}{\left(1 + Q_{\mathrm{T}}^2 \frac{(2\Delta\omega)^2}{\omega_0^2}\right)\left(1 + Q_{\mathrm{R}}^2 \frac{(2\Delta\omega)^2}{\omega_0^2}\right)} \tag{9.6}$$

当线圈发生谐振时，以上表达式可以简化为

$$P_{\mathrm{L}} = P_{\mathrm{S}} \eta_{\mathrm{T}} \eta_{\mathrm{R}} Q_{\mathrm{T}} Q_{\mathrm{R}} k^2(d) \tag{9.7}$$

对于空心线圈而言，其耦合系数为

$$k^2(d) = \frac{V_{\mathrm{C}}}{V_{\mathrm{D}}} = \frac{\mu_0 A_{\mathrm{R}}^2 \mu_0 r_{\mathrm{T}}^4}{4 L_{\mathrm{T}} L_{\mathrm{R}} \left[(r_{\mathrm{T}}^2 + d^2)\right]^3} \tag{9.8}$$

当利用铁氧体磁心使得磁通量得以增强时，耦合系数将会增大至[21]

$$k^2(d) = \frac{V_{\mathrm{C}}}{V_{\mathrm{D}}} = \frac{\mu_{\mathrm{T}} \mu_0 A_{\mathrm{R}}^2 \mu_{\mathrm{R}} \mu_0 r_{\mathrm{T}}^4}{4 L_{\mathrm{T}} L_{\mathrm{R}} \left[(r_{\mathrm{T}}^2 + d^2)\right]^3} \tag{9.9}$$

通过下式可以计算出自感强度：

$$L = \frac{\mu_0 \pi r^2 N^2}{l + 0.9r} = \frac{\mu_0 \pi r^2}{l + 0.9r}; \quad N = 1 \tag{9.10}$$

在实际应用中，线圈的半径远远小于线圈的长度：$r \ll l$ 且 $l = 2\pi r$，因此有

$$L_{\mathrm{T}} \approx \frac{\mu_0 r_{\mathrm{T}}}{2}; \quad L_{\mathrm{R}} \approx \frac{\mu_0 r_{\mathrm{R}}}{2}; \quad A_{\mathrm{R}} = \pi r_{\mathrm{R}}^2; \quad N = 1 \tag{9.11}$$

最后，获得的耦合系数其表达式如下：

$$k = \frac{r_{\mathrm{T}}^2 r_{\mathrm{R}}^2}{\sqrt{r_{\mathrm{T}} r_{\mathrm{R}} \sqrt{(r_{\mathrm{T}}^2 + d^2)^3}}} \tag{9.12}$$

式中，$r_{\mathrm{R}} \ll r_{\mathrm{T}}$。

从图9.2的等效电路模型中可以看出，天线之间的谐振频率关系为 $\omega_0 = \frac{1}{\sqrt{L_{\mathrm{T}} C_{\mathrm{T}}}} = \frac{1}{\sqrt{L_{\mathrm{R}} C_{\mathrm{R}}}}$。因此选择两种线圈使得它们能够在同一频率上发生谐振，则它们之间可以建立起最佳的相互耦合。

最后，接收器的功率为[21]

$$P_{\mathrm{R}} = P_{\mathrm{T}} Q_{\mathrm{T}} Q_{\mathrm{R}} \eta_{\mathrm{T}} \eta_{\mathrm{R}} \frac{r_{\mathrm{T}}^3 \mu_{\mathrm{T}} \mu_0 r_{\mathrm{R}}^3 \mu_{\mathrm{R}} \mu_0 \pi^2}{(r_{\mathrm{T}}^2 + d^2)^3} \tag{9.13}$$

9.3 使用磁感应方法将动能转换为电能

磁耦合传感器适用于短距离通信和室内环境，因此收集室内环境中的能源从而为这样的设备供电。振动、辐射、太阳能和热能是能源中可以为磁感应节点提供所需功率的一些示例。在这些可行的解决方案中，振动能是一种能够为低功率

的小型电子产品供电的合适的清洁能源，因为在许多环境中都存在着非常丰富的动能[19-22]。

　　振动能向电能转换可以通过 3 种不同的方法来完成，其分别为压电、静电和磁感应[20]。在压电方法中，压电材料由振动产生压力，从而导致一些电压的生成[22]。所产生的电压只为低功率的微型系统供电。然而为了使静电技术将振动能转换为电能，由振动能产生的静电吸引力将充电电容器的两个板块分开[22]，但是这两种方法超出了本章的范畴。第 3 种技术通过磁感应发电机将振动能转换为电能，该技术更适合于此目的。这是因为，尽管压电技术和静电技术对于在较小体积和较高频率处生成大量的能量是可行的，但是磁发电机适合体积较大且频率较低的情况[22]，从环境中产生的振动能通常具有非常低的频率，一般小于500Hz[19,20,22]，因此从振动能转换的电能与振动的频率息息相关。

　　由 Williams 等人在 1996 年首次提出了使用弹簧 - 物体方法的磁能收集器[22-24]。针对振动能转换的磁感应发电机其基本原理是基于法拉第感应定律[19,20,22]。磁感应发电机由一个永久磁铁和一个移动的金属线圈组成[1-3,19,20,22]。利用振动源移动其中的一个组件（线圈或者磁铁），这两个组件彼此相关，线圈中的感应电动势在电路中产生电流从而为电子产品供电[19,20,22]，然而在更高的频率处可以实现更多的功率。为了增加环境中所收集的振动频率，研究者们已经提出不同的方法用于提高这种系统的性能以收集更多的电功率[19,22-25]。

9.3.1　磁发电机的基本原理

　　将作用在磁通发生器的振动作为输入能量源时，它会引起磁铁或者线圈运动，这将导致闭环周围产生电动势（EMF）。EMF 是通过改变闭环的磁通量而建立的时间函数。如果有 N 匝线圈，根据法拉第定律，则 EMF 可以由式（9.14）来计算[22]：

$$\text{EMF} = -N\frac{\text{d}\boldsymbol{\Psi}}{\text{d}t} \tag{9.14}$$

式中，$\dfrac{\text{d}\psi}{\text{d}t}$ 是韦伯理论中磁通量随着磁铁的时间而改变的函数。

　　然而根据楞次定律，式（9.14）中负号表示感应电动势与磁通量的变化正好相反[22]。换句话说，由电动势产生的电流是随着磁通量的变化而改变而非磁通量本身[22]。为了提高系统的性能，可以改变电磁微型发电机的一些有影响力的属性[22]，如输出功率、加速度和谐振频率。为了设计出最佳的电磁发电机，研究人员主要关注磁性、弹簧 - 物体以及线圈属性，这些内容将在后面进行讨论。

9.3.1.1　磁感属性

　　式（9.14）表明感应电动势随着磁通量的变化而变化，因此可以得出磁通密度在磁发电机设计中扮演着重要的角色。不同类型的磁铁可以根据应用在不同的磁发电机设计中进行使用[22]：

■ 稀土磁铁：这些磁铁可以提供非常强的磁通密度，它们适用于微型磁发电机。

■ 铝镍钴磁铁：这种常规类型的磁铁其磁通密度比稀土磁铁强约5倍。

■ 钕铁硼（NdFeB）：这种类型的磁铁被归类为最强的磁铁类型，它能在高达140℃的温度条件下运行。因为它们可以提供强磁通密度，因此将它们用在许多微发电机上。

■ 钐钴：如果需要较高的温度（高达300℃），可以使用来自于稀土磁铁家族的钐钴磁铁。它们比 NdFeB 价格便宜，但是其磁通密度不如 NdFeB。

9.3.1.2 弹簧 – 物体属性

使用弹簧 – 物体方法可以实现磁铁的振荡，如图9.3所示，从而提供一种磁通量切割机制并产生特定数量的电动势[22]。为了获得更高的电动势，可以使用具有较小弹簧系数和较低应力集中的螺旋形弹簧[22]。这些特性会导致较大的位移，即物体的位移 $x(t)$ 是指物体在垂直方向上的距离与时间（横轴）关系的函数，因此产生更多的磁通量切割和更高的电动势[22]。

当时间为 t 时，物体的位移可以由下式表示：

$$x(t) = A\cos(\omega t + \varphi) \quad (9.15)$$

式中，A 是垂直方向上的振幅；ω 是角频率；φ 是初始相位。

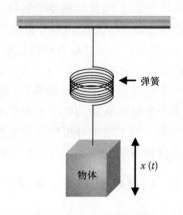

图9.3 弹簧 – 质量系统的
简谐运动（引用自 W. C. Chye, et al.,
in IEEE Symposium on Industrial Electronics &
Applications（ISIEA），2010，2010，pp.
376 – 382。授权转载）

初始相位表示波的起点，然而质量的速度可以表示为位移的导数：

$$v(t) = \frac{\mathrm{d}x}{\mathrm{d}t} = -\sin(\omega t + \varphi) \quad (9.16)$$

此外，物体的加速度可以使用式（9.17）来计算：

$$a(t) = \frac{\mathrm{d}v}{\mathrm{d}t} = \frac{\mathrm{d}^2 x}{\mathrm{d}t} = -A\omega^2 \cos(\omega t + \varphi) \quad (9.17)$$

为了提高可靠性和达到更高的发电效率，据说铜弹簧比硅弹簧具有更好的性能[22,25-27]。铜比钛和 55 – Ni – 45 – Ti 具有较高的成本效益，因此它可以用在许多微型磁发电机的设计中[22,26-28]。

9.3.1.3　线圈属性

通常有两种主要类型的线圈，每种类型的线圈具有不同的属性：第一种类型的线圈用于巨型设备的原型设计，即绕线铜线圈；第二种是电镀铜线圈，它用在小型设备的设计中，如微型发电机[22]。铜被广泛应用在线圈设计中是因为它符合成本效益并且具有较高的导电性。

9.3.2　微型磁发电机的设计

在本节中，使用磁感应理论对简单的振动发电机进行讨论。在该系统中，当存在振动输入时，线圈将移动并且切断由永久磁铁产生的磁通量。然后在线圈中产生一个正弦电动势，从而将机械能转换为电能[29]。简单的磁发电机结构如图9.4所示。

这样的设计能够提供大约 1 ~ 20mW 的功率，可以为低功率小型设备供电，比如传感器节点[29]。根据 Xinping 和 Yi – Kuen[29] 的研究，所产生的力（F_e）与线圈的磁通密度（B）和感应电流（i）成比例：

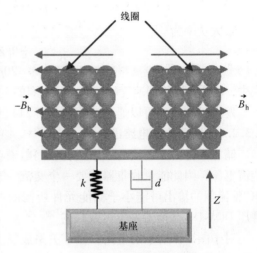

图 9.4　磁发电机的简化结构（引用自 C. Xinping and L. Yi – Kuen，in 2006 IEEE International Conference on Information Acquisition，2006，pp. 91 – 95。授权转载）

$$F_e = -\frac{B}{i} \tag{9.18}$$

电路中产生的电动势（EMF）可以由以下式子表示：

$$EMF = \frac{B}{z} \tag{9.19}$$

式中，z 是线圈的速度。

为了创建一个闭环，线圈的两端将阻值为 R 的电阻连接在一起。然而由于电动势的阻尼比值的影响，由 ξ_t 表示，c 是阻尼系数，Z_{max} 是最大位移，ω_n 是角频率，则可达到的最大功率（P_{max}）是[29]

$$P_{max} = m\xi_t \omega_n^3 Z_{max}^2 \tag{9.20}$$

$$\xi_t = \frac{c}{2m\omega_n} \tag{9.21}$$

$$c = \frac{(B_h l)^2}{R} \tag{9.22}$$

式中，B_h 是磁场水平矢量的平均值；l 是电感器的总长度。

基于典型的设计参数，利用式（9.23）可以计算出可实现的功率[29]：

$$P = \frac{(\omega B_h l Z)^2}{2R} = \frac{k B_h^2 l^2 Z^2}{2mR} = \frac{B_h^2 l^2 Za}{2R} \tag{9.23}$$

线圈的尺寸（D）可以定义为

$$D \approx 10Z \tag{9.24}$$

最大功率为[29]

$$P_{max} = \frac{\pi B_h^2 Z^4 a}{20\rho} \tag{9.25}$$

式中，a 是物体的加速度峰值；ρ 是线圈的金属电阻率。

发电机的尺寸可以通过使用式（9.24）和式（9.25）来确定。

9.3.2.1　能量收集电路设计

储能元件需要直流电压来运行，而电磁功率设备的输出电压所产生的电压为交流电压，因此能量收集器需要一个交流 – 直流（AC – DC）转换器[29]。AC – DC 整流器的输出可能小于储能元件所需的电压，因此为了提高所收集的能量，升压 DC – DC 转换器是不可或缺的[29]。

对于图 9.5 所示的电路，以下关系成立[29]：

$$M = \frac{V_o}{V_g} = \frac{1}{1 - D} \tag{9.26}$$

转换效率可以定义为负载电阻占空比的函数，即

$$\eta = \frac{1}{1 + \dfrac{R_d}{D'R} + \dfrac{DR_s + R_1}{D'^2 R}} \tag{9.27}$$

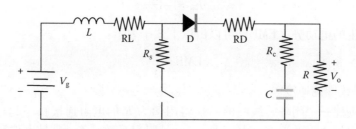

图 9.5　典型的升压转换器（引用自 Xinping and L. Yi – Kuen，in 2006
IEEE International Conference on Information Acquisition，2006，pp. 91 – 95。授权转载）

这种转换器的整体性能并不是最佳的，因为一方面，振动输入通常是随机的，另一方面，DC – DC 升压转换器的占空比是恒定不变的并且与直流输入电压

成正比[29]。因此整流器具有不同的输出电压,它很难实现较高的转换效率[29]。为了改善 DC – DC 升压转换器的性能,Xinping 和 Yi – Kuen[29] 提出了一种前馈控制电路(DPBC),如图 9.6 所示。

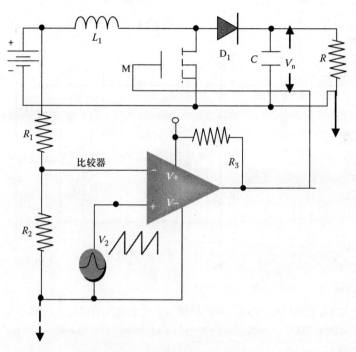

图 9.6　DC – DC PWM 升压转换器的前馈控制电路(引用自 J. C. Xinping and L. Yi – Kuen, in 2006 IEEE International Conference on Information Acquisition,2006,pp. 91 – 95。授权转载)

电路中以下电压关系式(输入和输出电压)成立:

$$V_o = (R_1/R_2 + 1)V_{Tm} \tag{9.28}$$

式中,V_{Tm} 是锯齿波电压的峰值。

能量存储单元的电压可能在不同值范围内变化,因此转换器的输出电压也应与能量存储元件的电压变化兼容[29]。为了实现兼容性,应在 DPBC 电路的前馈控制单元上增加一个反馈控制电路,如图 9.7 所示。

根据调整后的电路,锯齿波电压可以定义为[29]

$$V(t) = V_o \frac{R_4}{R_3 + R_4}(1 - e^{-t/RC}) \tag{9.29}$$

假设 $t \gg RC$,可以将式(9.29)简化为

$$V(t) \approx V_o \frac{R_4}{R_3 + R_4}\left(\frac{t}{RC}\right) \tag{9.30}$$

锯齿波电压值与存储单元的电压成正比,当开关闭合时获得锯齿波电压的最

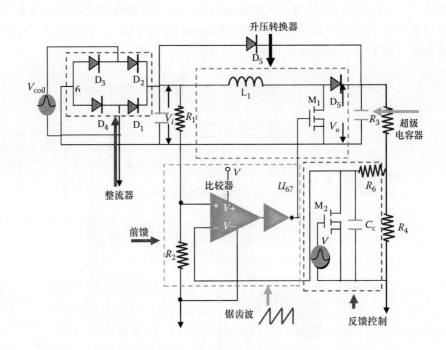

图 9.7　具有前馈和反馈控制 DPBC 的能量收集电路（引用自 J. C. Xinping and L. Yi - Kuen，in 2006 IEEE International Conference on Information Acquisition，2006，pp. 91 - 95。授权转载）

大值[29]：

$$V_{\mathrm{Tm}} \approx V_{\mathrm{o}} \frac{R_4}{R_3 + R_4} \frac{(1 - D_{\mathrm{p}}) T}{R_{\mathrm{c}} C} \tag{9.31}$$

$$t = (1 - D_{\mathrm{p}}) T \tag{9.32}$$

式中，T 是升压转换器的占空比周期；D_{p} 是开关闭合时的占空比；V_{o} 是储能元件的电压。

然而为了达到更高的转换效率，要求输出电压高于能量存储单元的电压[29]。为了实现这个目标，则式（9.33）应成立：

$$V_{\mathrm{o}} \frac{R_4}{R_3 + R_4} \frac{(1 - D_{\mathrm{p}}) T}{R_{\mathrm{c}} C} \geqslant \frac{R_2}{R_1 + R_2} \tag{9.33}$$

所讨论的设计应保持尽可能小的占空比以便实现转换系统更好的性能。然而当输入电压较高并且负载电阻较小时，输出电压会严重影响占空比的大小。如果将微型振荡器作为输入应用到这个设计中，则会收集 35mW 的功率[29]。这样的功率量足以为设备供电，例如使用 4 个商业加速器的微型传感器网络[29]。

9.4　太阳能收集

与其他能源相比，太阳能收集可以提供最高的功率密度，并且被建议作为无线传感器节点最有效的功率来源[30]。太阳能系统主要由太阳电池板、DC – DC 转换器以及电池组成（见图 9.8），其中 DC – DC 转换器可以提高所产生的 DC 功率。太阳能系统所产生的功率量取决于很多因素，比如太阳电池板的特性、由太阳能充电的电池类型以及功率管理系统等。

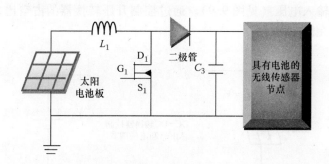

图 9.8　无线传感器节点的太阳能收集器示意图（引用自 W. Ko Ko，et al.，in 2010. IEEE International Conference on Communication Systems（ICCS），2010，pp. 289 – 294。授权转载）

通过光伏效应以太阳电池板的方式将太阳能转换为电能。光电效应是指从物质（金属和非金属固体、液体或气体）发射电子，因为它们从较短波长的电磁辐射中收集能量，比如可见光或者紫外线。太阳电池板有两种常见的类型，即多晶硅太阳电池板和非晶硅太阳电池板[30]。在相同条件下，多晶硅太阳电池板提供的功率大于非晶硅太阳电池板，其功率大约多 25%[30]。

然而为了提高太阳能系统的效率，最佳电池的选择非常重要。在现有的电池中，SLA（密封铅酸）和 NiCd（镍镉）电池由于低能量密度的影响使得其效率较低，而锂电池和 NiMH（镍金属混合）电池具有更长的寿命和更高的成本效益。

太阳电池板的输出根据不同的负载和太阳能密度而不断变化。为了在太阳电池板上提供最大的输出功率并提高转换效率，需要系统在 MPP（最大功率点）附近运行。MPP 指正确加载太阳电池板的工作点以使输出功率最大化。大多数的太阳能收集器使用 DC – DC 转换器的两级：一级用于实现 MPPT（最大功率点跟踪）；另一级用于调节输出电压[30]。太阳能系统需要输出功率调节电路，是因为电池板的输出电压不是恒定不变的，而且往往小于电池所需的输入电压。然而 DC – DC 转换器的每一级都伴随着一些功率的损耗，因此完成这两种任务的最佳方式是实施一个 DC – DC 转换器以使功率损耗最小化。在 Ko Ko 等人[30]的研究中，太阳能收集器设计只包含了一级 DC – DC 转换器，以此提高系统的总效率。

为了实现 MPPT，主要有两种技术，称为降压和升压。Ko Ko 等人[30]认为升压技术更适合，因为太阳电池板的输出电压往往小于电池所需的输入电压，因此升高电池板的输出电压是必需的。升压方法优于降压的另一个优势是，升压方法需要非隔离的栅极驱动电路，而降压方法则需绝缘的栅极驱动电路。

为了保持太阳电池板的输出电压处于恒定值，甚至在不同的太阳能强度水平条件下，电池板应接近于 MPP 运行。为了实现固定的电压，需要一个控制系统以调节电池的输入电压（见图 9.9）。通过控制升压转换器的占空比，将电池的输入电压保持在恒定值[30]。

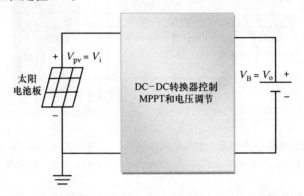

图 9.9　所实施的系统示意图（引用自 W. Ko Ko, et al., in 2010 IEEE International Conference on Communication Systems (ICCS), 2010, pp. 289 – 294。授权转载）

V_o 是电池板的输出电压（电池的钳位电压为 V_B），V_i 是受控输入电压（MPPT 电压），对于任意的 DC – DC 转换器而言都有 $f(D) = \dfrac{1}{1-D}$：

$$V_o = V_i \cdot f(D) \tag{9.34}$$

$$V_i = v_c \cdot k; k = V_B = V_o \text{ 以及 } v_c = \frac{1}{f(D)} \tag{9.35}$$

函数 $f(D)$ 因 DC – DC 转换器的不同而不同。根据式（9.35）得

$$D = f^{-1}\frac{1}{v_c} \tag{9.36}$$

按照上述公式，如果在控制回路上增加非线性反馈实现模块 $\left(f^{-1}\left(\dfrac{1}{n}\right)\right)$，则结果是线性控制回路并达到预期的控制性能，即实现简单的比例 – 积分（PI）控制器[30]。图 9.10 和图 9.11 分别显示了整个控制回路的示意图和其简化框图。

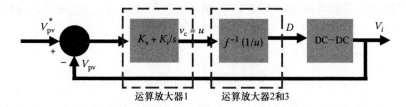

图 9.10　所实现的框图（引用自 W. Ko Ko, et al., in 2010 IEEE International Conference on Communication Systems（ICCS），2010，pp. 289 – 294。授权转载）

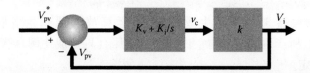

图 9.11　简化的框图（引用自 W. Ko Ko, et al., in 2010 IEEE International Conference on Communication Systems（ICCS），2010，pp. 289 – 294。授权转载）

图 9.12 显示了 MPPT 控制器的控制电路图。如图 9.12 所示，它由 3 个部分组成[30]：

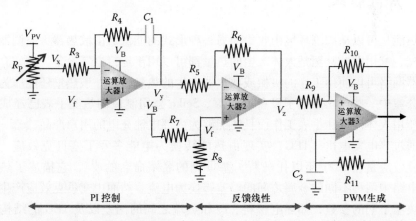

图 9.12　MPPT 控制器的控制电路示意图（引用自 W. Ko Ko, et al., in 2010 IEEE International Conference on Communication Systems（ICCS），2010，pp. 289 – 294。授权转载）

1）运算放大器 1（PI 控制）：第一个运算放大器完成 PI 控制器的功能。首先它收到太阳能输入电压（V_{pv}），然后将 V_{pv} 与参考电压值（V_r）进行比较，该参考值是由运算放大器的内置参考发电机产生的。两个电阻 R_3 和 R_4 的比值决定了比例增益，而积分增益由电容器 C_1 决定。太阳电池板的工作电压（V_{pv}）由电位器（R_p）进行设置。通过在 PI 控制器的设计中仅使用一个运算放大器，可添加 PI 控制动作和参考前馈以实现 PI 控制器。这种设计通过减少控制电路的功率损耗来提高功率效率。它还通过配置参考前馈使得控制回路的速度加快[30]。在 PI 控制器中以下关系式成立：

$$v_c = v_y = \frac{sR_4C_5 + 1}{sR_3C_5}(-V_x + V_r) + V_r \qquad (9.37)$$

2）运算放大器 2（反馈线性）：MPPT 控制器的这部分是一个非线性模块，下式表示反馈线性部分的操作：

$$v_z = (2 \times v_f) - v_y; \; v_f = \frac{V_B}{2} \qquad (9.38)$$

3）运算放大器 3（PWM 生成）：使用运算放大器 3 生成脉冲宽度调制（PWM）信号。所产生的信号占空比与输入电压（V_z）成比例，然而信号的频率由 R_{11} 和 C_2 决定。

太阳能收集器是一种为磁耦合传感器供电的可行的、清洁的且低廉的方法。然而从系统输出的功率是直流电压，并且该直流电压被用作电感耦合系统的输入，因此应将直流电压转换为交流电压。在 9.6 节中介绍了 DC – AC 转换系统。

9.5　热能收集

热能是可以从周围环境中收集的另一种形式的能量。由散热器、空调器、工业机械、家用电器甚至是人体产生的热量都可以用于运行电气设备。例如仓库的传感器网络可以使用工作的机械或散热器产生的热量供电，该热量还能作为房子和办公室中一些低功率电子设备的能源。Seiko 公司制造的热能手表已经成为第一批使用人体热量让手表工作而且还能够为内部电池充电的用户产品[31]。

通过热电发电机（TEG）实现由热能转换为电能多亏了塞贝克效应[31,32]。塞贝克效应是在 1821 年以托马斯·塞贝克的名字命名的[31]，它描述了热电现象，电路中两种不同的金属之间的温差转换为电流。然而由塞贝克效应产生的功率取决于不同的参数，如热电材料、冷和热端之间的温差以及 TEG 的结构和紧密度。更高的温度梯度和紧密的 TEG 导致发电率增加和系统效率提高。此外使用具有较高热传导能力的材料会改善系统的性能。

由于热能收集系统的可靠、简单、没有移动组件以及更长的生命周期，则利用热能为电子产品（例如传感器节点）供电比使用电池更具优势[31]，但是低效率是这种系统的限制因素。市场上现有的 TEG 通常提供 5%~6% 的效率，有的 TEG 效率可以达到 10%[31,33,34]。Xin 和 Shuang – Hua[31]声称他们的 TEG 可以提供 15% 的效率。因此本节将详细讨论这种设计，但是在讨论之前先介绍一种通用的热能收集系统。

9.5.1 热能收集系统

热能收集器的一般等效电路模型如图 9.13 所示。从温度为 T_H 的热源产生能量经 TEG 以及导热材料进行传输，比如银油脂，这种材料能够提供表面之间最大的电导率和热导率，同时还可以防止潮湿和腐蚀。散热器累积热量并将其释放到较低温度 T_C 的周围环境中[32]。由于热端和冷端的热接触（$R_{con}(H)$，$R_{con}(C)$，）以及热油脂电阻（$R_g(H)$，$R_g(C)$），使得 TEG 节点两端的温度差低于温度梯度（$\Delta T = T_H - T_C$）。如果将 TEG 的热电阻（R_{TEG}）设计成最大电阻或者将其他电阻设计成阻值尽可能小的电阻，则这种不良影响就会被削弱[32]。为了优化热能收集器，大部分热量必须通过 TEG 进行传输。

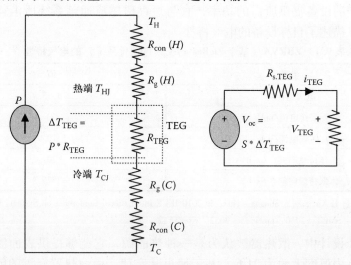

图 9.13　热能收集器的等效电路模型（引用自 Y. K. Tan and S. K. Panda，Industrial Electronics，IEEE Transactions on，vol. 58，9，pp. 4424 - 4435，2010。授权转载）

根据塞贝克效应，TEG 的开路电压 V_{oc} 由 n 个热电偶以电方式串联以及以热方式并联构成，当 α 和 S 分别是塞贝克系数和热电偶时，可以得出开路电压为

$$V_{oc} = S * \Delta T = n * \alpha(T_H - T_C) \tag{9.39}$$

将负载电阻（R_L）与电路相连，该电路的电流为 I_{TEG}。其中，$R_{s,TEG}$ 是 TEG 的内部电阻，TEG 的电流是

$$I_{TEG} = \frac{V_{oc} - V_{TEG}}{R_{s,TEG}} = \frac{n * \alpha(T_H - T_C) - V_{TEG}}{R_{s,TEG}} \tag{9.40}$$

因此，TEG 中产生的总功率为

$$P_{TEG} = V_{TEG} * I_{TEG} = \frac{V_{TEG} * n * \alpha(T_H - T_C) - V_{TEG}^2}{R_{s,TEG}} \tag{9.41}$$

为了设计热能收集器，需要考虑不同的因素。应仔细地确定 3 个重要因素：①目标系统的电特性；②环境中可用的热能量密度；③收集器的传输效率[31]。关于这一点，以下内容将讨论一种针对无线传感器节点的典型的高效热能收集器。

9.5.2　WSN 的热能收集器

正如前面提到的，为了设计热能收集器，了解目标系统的属性至关重要。因此在本节中，TEG 是专门为低功率传感器节点而设计的。然而需要确定目标系统的属性和行为，例如输入电压、工作电流、休眠电流、工作持续时间以及系统的休眠持续时间。正如 Xin 和 Shuang – Hua[31] 所描述的，这种 TEG 设计能够为 ZigBee 类型的设备提供所需的功率，它与短程磁感应通信系统所消耗的功率相同。表 9.1 描述了目标设备的电气特性。

表 9.1　ZBRVA（基于 ZigBee 的家庭自动化系统）的电气特性[31]

参数	值
电源电压/V	2.3 ~ 3.7
工作电流/mA	60
休眠电流/μA	10
工作持续时间/（s/h）	20
休眠持续时间/（s/h）	3579

注：引用自 L. Xin and Y. Shuang – Hua, in 2010 IEEE International Conference on Systems Man and Cybernetic（SMC），2010, pp. 3045 – 3052, 授权转载。

在这个设计中，散热器被认为是一种热能源，它能够提供表面温度大约为 50℃以及室内温度大约为 21℃。基于傅里叶定律，由散热器提供的能量密度为 1.6kW/m^3[31]。在散热器中的 TEG 通过使用散热器和周围空气之间的温差提供电能。图 9.14 显示了这种热能收集系统的功能图。

从图 9.14 中可以看出，整个系统由 3 个主要部分组成，其中能量收集单元负责收集热能并将热能转换为电能；DC – DC 转换器升高收集器单元的输出电压；功率管理单元支持所产生的能量朝着目标系统进行高效地分布[31]。

9.5.2.1　TEG 单元

因为热能收集器的效率是非常重要的，因此高效的设计是成功的关键。热能收集器的效率受到热电模块和热温度水平的影响。利用高导热材料、增加温差以及高热流通过热电模块使得系统效率得以提高[31]。在模块中用作导热体的最好材料是铋（Bi）、锑（Sb）、碲（Te）和硒（Se）[31]，它们能够在室温和温度高达 200℃条件下工作[31]。然而出于成本效益的考虑，Bi_2Te_3 是 Pelteir 冷却器中最常用的材料[31]。

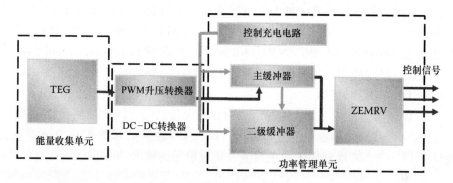

图 9.14　热能收集系统的功能图（引用自 L. Xin and Y. Shuang - Hua，in 2010 IEEE International Conference on Systems Man and Cybernetics（SMC），2010，pp. 3045 - 3052。授权转载）

　　模块结构也会影响系统的最大功率转换和电气特性。热电模块由若干热电元件（通常是数百个）构成。这些元件由 p 型和 n 型半导体在两个陶瓷层以电气方式串联以及热方式并联[31]。输出电压随着部件数量（串联组合）、部件引脚长度以及 TEG 的表面积而变化。通过使用具有短引脚的部件，使得输出电压增加。TEG 的表面积与输出功率成正比。

　　如前所述，温差在实现高效设计中扮演着重要的角色。因此为了保持较大的温差，必须将两种部件添加到收集器中：一种部件是热交换器，它类似于金属的热导体，将其部署在热端；另一种部件是高效的散热器，需要将它在冷端放置（见图 9.15）[31]。散热器用于将能量从冷端去除。散热器有 3 种常见的类型：铜、铅和热导管散热器。根据 Xin 和 Shuang - Hua[31]的研究，热导管型散热器能够更好地转换冷端的热量。

　　环境中的空气温度会影响散热器的热导率。因此为了使得散热器周围的空气温度最小，应采取一些行动。通过增加热源和散热器之间的距离，提高散热器的传热能力。一种方法是将热电模块附着在堆栈上，但是这个设计中堆栈的模块数量最佳值应为 4[31]。通过增加

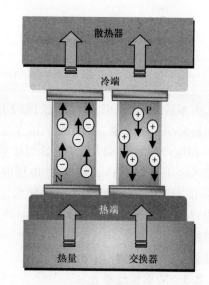

图 9.15　热能收集单元（引用自 L. Xin and Y. Shuang - Hua，in 2010 IEEE International Conference on Systems Man and Cybernetics（SMC），2010，pp. 3045 - 3052。授权转载）

模块数量，使得每个模块之间的温差变得太小以致无法产生足够的电能[31]。此外 TEG 相对于散热器的位置也是非常重要的。将 TEG 放置在散热器的底端会使温差最大化，然而为了实现模块中更多的热流，热源应该与环境空气相互隔离。关于这一点，可以使用一些海绵或棉花将模块与周围环境隔离[31]。

9.5.2.2 DC - DC 转换器

从 TEG 输出的直流功率往往不足以为目标设备供电，因此还需要经过 DC - DC（直流 - 直流）转换器对其进行升压。DC - DC 转换器如图 9.16 所示。在这个设计中 DC - DC 转换器用于放大热能收集器单元的输出功率[31]。

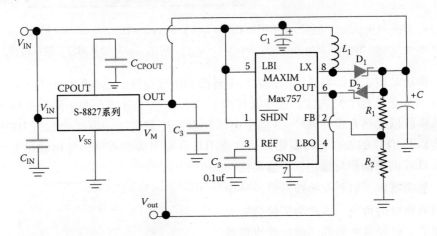

图 9.16　DC - DC 转换器单元的示意图

大多数的升压 DC - DC 转换器的工作电压至少为 0.7V，而由收集器产生的电压通常小于这个值。因此传统的充电泵用于升高收集器的输出电压，例如 Seiko 公司生产的 S - 8827 集成电路可以将电压升高至 2.2V。集成电路（IC）所需的输入电压仅为 0.3V，则 IC 的电压可以由收集器来提供[31]。因此从 IC 输出的功率可以作为 DC - DC 转换器的输入，而 DC - DC 转换器将此功率升高使得其能够为目标设备供电。S - 8827 和 Max757 可以组合成本设计中恰当的 DC - DC 升压转换器（见图 9.16）[31]，然而 DC - DC 转换器单元的另一个功能是隔离从存储池到热电模块的反向电流[31]。

9.5.2.3 功率管理单元

功率管理单元负责系统每个部分的功率分布并将可用能量存储在存储器中[31]。在功率管理子系统中有两种缓储器和一个控制充电单元。因为从收集器中产生的电压随着时间的变化而变化，则需要能量存储单元积累来自 DC - DC 转换器输出的可用能量。当系统启动时，能量存储部件或者缓冲器可以防止过大的功率脉冲[31]。主缓冲区由热能收集单元直接充电并为目标设备供电。当第一个缓冲器充满时，第二块电池才开始充电，这种情况在主缓冲区能量不足以为目标设备供电时发生[31]。二级缓冲器正在充电时，主缓冲器也可以为目标设备供电，但是控制充电电路应支持整个系统所收集的功率优化。

9.6　DC – AC 功率转换

由于磁感应设备运行时需要交流功率，因此将能量收集器的直流输出功率转换为交流功率是必要的。能量收集器的直流输出首先应输入到 DC – AC（直流 – 交流）功率转换器中，然后将输出的交流电压提供给磁耦合系统。不同的 DC – AC 转换器具有不同的能力并且用于不同的目的，比如高或低电压转换以及功率转换/放大。然而为了设计一款 DC – AC 转换器，其尺寸、重量以及效率是限制转换器在某些特定应用中使用的一些关键因素。

传统的功率转换器通常由两个或两个以上的基本转换器构成，转换器之间具有稳定的直流电压/电流连接。因此为了消除两个基本转换器之间的功率差波动，大型滤波电容器或电感器用于能量存储并产生较大尺寸的转换器[35]。然而由 Isobe 等人[35]提出了一种不具有滤波电容器的软切换 DC – AC 转换器，从而为磁感应设备提供交流功率，在本节中将对这项研究进行讨论。这项设计优于传统的功率转换器，是因为它显得更紧凑且高效，它无需滤波电容器便能实现在升压斩波器和 DC – AC 转换器之间进行软切换。

功率转换器配置由两个基本的转换器组成：升压斩波器和 DC – AC 转换器，如图 9.17 所示。4 个半导体开关（$S_1 \sim S_4$）、一个电感器以及一个小型电容器组成斩波器，而 DC – AC 转换器由 6 个半导体开关构成[35]。在电容器中产生脉冲直流电压，由斩波器和 DC – AC 转换器通过切换脉冲电压将该直流电压转换为交流。

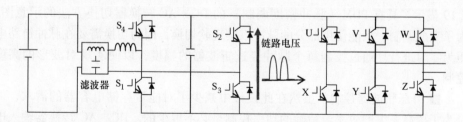

图 9.17　软切换 DC – AC 转换器的电路配置（引用自 T. Isobe, et al., in 2010 International Power Electronics Conference（IPEC），2010, pp. 2815 – 2821。授权转载）

■ 升压斩波器工作原理[35]：在斩波器上的两个开关用来实现正潮流，同时关闭其他的两个开关（图9.18a 中由一个二极管表示）。两个有源开关在同一时刻被控制。当开关开启时，源极和电容器的电压被施加到电感器上，从而使得输入电流快速地增加（见图9.18b）直到电容器的电压变为零。这导致电流的两条路径根据半导体的性质进行划分，然而输入电流的增加是由源电压施加到电感器上引起的。当关闭开关时，输入电流下降，电容器充电直到输入电流变为零为止（见图9.18c）。由于负载电流的影响，电容器的电压减少而输入电流保持为零，它们之间的电压根据半导体的特性进行划分。

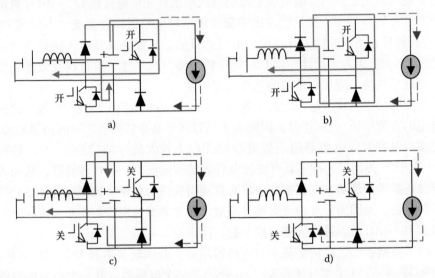

图 9.18 正潮流的升压斩波器可能的电流路径（引用自 T. Isobe, et al., in 2010 International Power Electronics Conference（IPEC），2010，pp. 2815 – 2821。授权转载）

■ DC – AC 转换器工作原理[35]：如上所述，DC – AC 转换器包含 6 个有源开关，这些开关将脉冲链路电压分配到交流负载的各个阶段。作为示例，图 9.19 显示了具有 PDM（脉冲密度调制）的 DC – AC 转换器切换方法的示意图。为了完成调制，只能使用部分脉冲以实现软切换，因为切换需要在脉冲链路电压为零时进行。通过控制每个脉冲经过斩波器的幅度，以便实现对波形的高度控制。

■ 升压斩波器控制：虽然在此设计中减少了对能量存储电容器的需求，但是为了提高系统的效率，精确的功率控制是必不可少的。DC – AC 转换器输入电流 i_{dc} 发生变化的原因是由斩波器的负载造成的，假设该电流为恒定电流[35]。这种变化导致脉冲链路电压峰值的波动以及效率的下降。因此为了克服不希望的波动，需要实施一种严格的控制系统。通过定义电压阈值和防止脉冲电压峰值超过每个切换周期的阈值来完成控制[35]，然而在这样的系统中唯一可用的直接控制参数是开关关闭的时间。

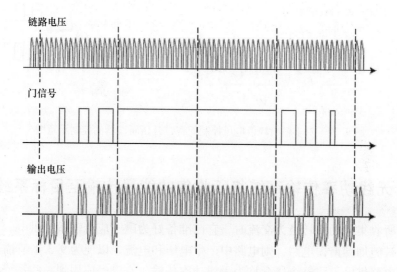

图 9.19　具有 PDM 的 DC – AC 转换器的切换方法示意图（引用自 T. Isobe，et al.，in 2010 International Power Electronics Conference（IPEC），2010，pp. 2815 – 2821。授权转载）

输入电流 i_{in} 和电容器电压 v_{c} 与其他电路参数之间存在以下关系式[35]：

$$i_{\text{in}}(t) = I_{\text{dc}} + E\sqrt{\frac{C}{L}}\sin\omega t + (I_{\text{off}} - I_{\text{dc}})\cos\omega t \tag{9.42}$$

$$v_{\text{c}}(t) = E - E\cos\omega t + \sqrt{\frac{L}{C}}(I_{\text{off}} - I_{\text{dc}})\sin\omega t \tag{9.43}$$

式中，I_{off} 是 i_{in} 的初始值；I_{dc} 是切换周期的 i_{dc}，并且被认为是一个常数值；E 是源电压；C 和 L 是斩波器的参数；$\omega = 1/\sqrt{LC}$ 是谐振频率。

然而根据式（9.43），电压峰值被用来描述开关关闭时输入电流和所得峰值之间的关系[35]：

$$V_{\text{p}} = E + \sqrt{E^2\frac{L}{C}(I_{\text{off}} - I_{\text{dc}})^2} \tag{9.44}$$

因此当 V_{p}^* 是给定的峰值电压设定值时，关闭开关的输入电流设定值被描述为[35]

$$I_{\text{off}}^* = \sqrt{\frac{C}{L}(V_{\text{p}}^{*2} - 2V_{\text{p}}^* E)} + I_{\text{dc}} \tag{9.45}$$

对于输出峰值电压控制而言，升压斩波器的控制框图如图 9.20 所示。

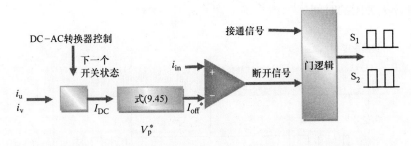

图 9.20　对于输出峰值电压控制而言，升压斩波器的控制示意图

9.7　无线功率传输系统将所收集的能量传输至目标系统

当所收集的功率转换为交流时，它已准备好为磁感应传输系统供电。一旦交流功率被施加到谐振电路，则电路中产生电压和电流，以便为 9.3.1 节描述的匹配谐振电路供电。将这个概念称为无线功率传输，它已经应用到一些系统中，例如医疗监控设备、无源 RFID 标签、电动车以及一些自主式机器。为了描述这个概念，下面将讨论无源 RFID 标签的无线功率传输。

9.7.1　RFID 功率传输系统

RFID 技术作为一种短距离的通信技术，已经引起了商业、工业以及学术界的广泛关注[3,36]。这种技术已被用于识别、在供给关系中跟踪对象、监控对象的状态以及更多的应用中[36]。RFID 通信系统由一个或者多个读取器和一个或大量的标签构成，并且它们在给定的频率和一定的距离上与对方进行数据通信。RFID 标签有两种类型，即有源标签和无源标签。有源标签使用电源（电池）供电以完成指定的功能。无源标签没有电池，只有当它们向读取器发送信息时，才能从读取器上接收到所需的功率。无源标签通过相互的磁感应耦合获得所需的功率。不必要的单独的功率源使得无源标签比有源标签便宜得多[36]。

读取器的天线线圈产生一个主要由磁性分量组成的射频场[37]。然后无源标签上的线圈和读取器进行电感耦合并且在它们之间建立功率链路，它不仅可以为无源标签供电，而且经读取器的射频场发送时钟和数据信号。

典型的无源标签包括天线线圈和具有内部电容器的 IC。谐振电路由天线线圈和电容器创建，与线圈所产生的电压相比，电容器能够向谐振电路传输更高的电压。然而将电路设计成在相同或非常接近的频率处发生谐振，谐振频率作为读取器射频场的频率[37]。要求将电路中产生的交流电压转换为直流电压。转换的过程可以通过简单的电路整流器来完成，转换后的直流电压用于激活无源 RFID

标签。图 9.21 显示了 RFID 系统的典型装置。

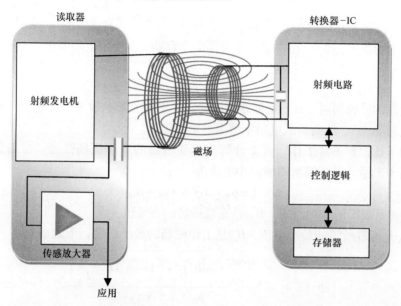

9.21　RFID 系统的典型装置（引用自 S. Cichos，et al.，in 2nd International IEEE
Conference on Polymers and Adhesives in Microelectronics and Photonics，
POLYTRONIC，2002，pp. 120 – 124。授权转载）

　　标签获得的功率是以场强为变量的函数，它受到线圈规格和特性的严重影响。磁场强度（H）可以使用式（9.46）进行计算，其中 r 是读取器线圈的半径，d 是耦合距离，N 是读取器线圈的匝数[37]。

$$H = \frac{I \cdot N \cdot r^2}{2 \sqrt{(r^2 + d^2)^3}} \quad (9.46)$$

　　在无源标签上天线线圈的等效电路模型如图 9.22 所示。电路的感应电压以电源电压（u_i）表示。R 表示欧姆损耗，它随着线圈的材料类型而发生变化。线圈的寄生电容由 C_p 表示，C_R 表示集成电路的内部谐振电容[37]。电压 u_o 是负载电阻（R_L）两端的电压，可以用下式描述[37]：

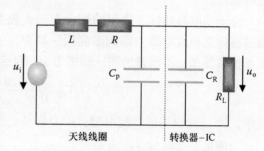

图 9.22　标签的等效电路（引用自
S. Cichos，et al.，in 2nd International IEEE
Conference on Polymers and Adhesives in
Microelectronics and Photonics，POLYTRONIC，
2002，pp. 120 – 124。授权转载）

$$u_o = u_i \frac{1}{j\omega\left(\dfrac{L}{R_L} + RC\right) + \left(1 - \omega^2 LC + \dfrac{R}{R_L}\right)} \tag{9.47}$$

将电容器 C_p 和 C_R 组合成一个共同的电容器 C，使用下式得出：

$$C = \frac{L}{R^2 + \omega^2 L^2} \tag{9.48}$$

线圈的欧姆损耗（R）是标签设计中应考虑的关键参数之一，它会对谐振频率产生影响[37]。然而负载电阻不会影响谐振频率。

为了让标签正常工作，需要计算出标签所需的最小磁场强度。根据感应定律，用于激活无源标签所需的最小电压为[37]：

$$|u_i| = \mu_0 \cdot A \cdot N \cdot \omega \cdot H_{eff} \tag{9.49}$$

式中，A 是线圈的平均面积；H_{eff} 是正弦磁场的有效值。

u_o 是标签所需的最小电压，H_m 是工作磁场的最小强度，下式成立：

$$|H_m| = u_o \cdot \frac{\sqrt{\left(\dfrac{\omega L}{R_L} + \omega RC\right)^2 + \left(1 - \omega^2 LC + \dfrac{R}{R_L}\right)^2}}{\mu_0 \cdot A \cdot N \cdot \omega} \tag{9.50}$$

式（9.50）表明标签的属性与读取器是相互独立的[37]。已知最小的工作磁场强度、线圈匝数、电感值以及天线线圈的半径，则可以估计出最大的供电范围（d_{max}）：

$$d_{max} = \sqrt{\left(\frac{I \cdot N \cdot r^2}{2|H_m|}\right)^{\frac{2}{3}} - r^2} \tag{9.51}$$

式中，d_{max} 是标签和读取器之间的最大距离，其中读取器可以驱动无源标签与它进行通信。

由于读取器和标签之间的耦合在很大程度上取决于它们之间的互感（M），通过将标签和读取器电路调谐到同一频率，使得传输至标签的功率最大化[38]。如果读取器和标签调谐的同一频率为 ω，则标签电路的电流（I_t）为

$$I_t = V_{in} \frac{\omega M}{\{R_t R_r - \omega^2 M^2\}} \tag{9.52}$$

式中，R_r 是读取器的负载电阻；R_t 是标签的源电阻；V_{in} 是读取器的输入电压。

当满足下式时标签电流最大[38]：

$$\omega M = \sqrt{R_t R_r} \tag{9.53}$$

因此最佳耦合是可以实现的。如果耦合值小于最佳值，则标签和读取器的电流响应可以模仿单峰谐振曲线，这是由于标签和读取器之间的隔离不断增加导致耦合值下降[38]。另一方面，如果耦合值大于最佳值，则耦合度增加。因此它降低了读取器电流频率响应的峰值，并在谐振频率的任一端产生一个小峰值[38]。

在同一时间，由于"驼峰"的出现，标签电流当读取器电流降低时取得最大值[38]。因此为了实现最佳耦合，满足式（9.53）描述的条件是至关重要的。

9.7.2　在医疗植入物中使用磁感应进行无线功率传输

虽然利用磁感应理论进行射频能量收集会根据配置、规格以及不同应用类型所需的部件而不尽相同，但是其基本原理几乎是保持不变的，如本章前面所述。设备中所收集的射频能量经磁耦合转换为电能，以便完成特定的任务。与无源 RFID 标签类似，在医疗植入物中利用这种理论为患者身体中的电子设备供电，这些设备通常可以监控患者的身体情况、诊断甚至是治愈疾病。植入式设备应足够小以便在人体内工作，因此这些设备中放置的电池会增加设备的尺寸从而限制了使用效率。它们也能以电线的形式供电但这样会令患者感觉不舒服。然而为了给患者的生活带来舒适感并提供便于移动、节能和小型的嵌入式设备，射频能量可以通过嵌入式电路的外部单元收集能量（无线功率传输）。

嵌入式设备的一般工作原理与 RF 能量收集或者无源 RFID 标签的无线功率传输相同，但为了提高植入式设备的性能，研究者们提出了不同的技术。在9.7.3 节中对其中的一些技术进行讨论。

9.7.3　多电压输出系统

利用射频能量收集系统为可植入式设备提供电能，往往需要具有不同的电压水平[39]。仿真器需要较高的电压为其供电，而其他模拟电路和数字电路则需要常规的电压供电[39]。多电压系统具有两种主要的类型：第一种方法是使用电压振荡器驱动谐振电路，然后将电压进行整流并转换成其他所需的电压水平；而第二种方法利用抽头和非抽头两种线圈，这种方法较复杂且需要较大尺寸的线圈，因为它增加了总电感[39]。第一种方法容易实现，但它的效率较低。使用一种级联谐振电路可以解决效果过低的问题[39]，级联谐振电路能够提高供电系统的效率（43%的供电效率），多电压无线功率传输系统不需要大型线圈。简化后的电路模型如图 9.23 所示。接收电路具有两个端子 T_1 和 T_2，分别提供高电压和常规电压[39]。

当谐振槽发生谐振时，存在两个谐振频率（ω_1，ω_2）[39]。为了计算 ω、R_a 和 R_b 的值，将测试电压 V_a 和 V_b 分别用它们对应的电流 i_{ta} 和 i_{tb} 进行替换[39]。在图 9.23 中可以看到在点 b 和接地 $\left(\dfrac{di_{tb}}{d\omega}=0\right)$ 之间出现第一个谐振频率，第二个谐振频率位于点 a 和点 b $\left(\dfrac{di_{ta}}{d\omega}=0\right)$ 之间。将接收端的两个谐振频率分配到发送端的谐振频率，计算设计组件的频率需要两种条件。这两种谐振条件如下[39]：

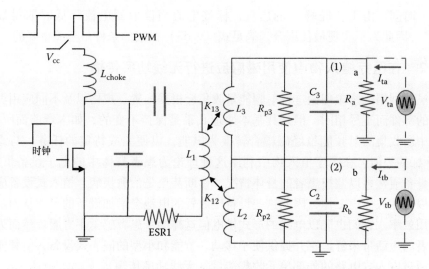

图 9.23 多电压功率遥感系统的简化模型（引用自 M. Sawan, et al.,
Biomedical Microdevices, vol. 11, pp. 1059 – 1070, 2009。授权转载）

$$\frac{1}{\omega_1^2} \approx L\,\gamma^2\left(\frac{1}{\gamma}-1\right)^2 C_3 \qquad\qquad (9.54)$$

$$\frac{1}{\omega_2^2} \approx L\,(1-\gamma)^2 C_3 + L\,\gamma^2 C_2 \qquad\qquad (9.55)$$

式中，L 是两个终端之间的总电感；$\gamma = \dfrac{V(\text{常规})}{V(\text{高})}$。

通过使用式（9.54）和式（9.55），可以计算出系统参数。

但是品质因数（Q）和耦合系数（k）严重影响了链路的效率。耦合系数的值在 0.01 ~ 0.1，它是距离和线圈尺寸的函数[39]。对于最佳设计而言，需要确定其最佳值 Q。根据 Sawan 等人[39]的研究，线圈可以等效成一个集总电容与电感器的并联，在频率 f 处使用下式可以计算出最佳值：

$$Q(f) \approx 2\pi f L\left(1-\frac{f^2}{f_{\text{self}}^2}\right)/R_{\text{DC}}\left(1+\frac{f^2}{f_{\text{h}}^2}\right) \qquad\qquad (9.56)$$

式中，f_{h} 表示邻近效应或所谓的趋肤效应的量化影响，其定义为[39]

$$f_{\text{h}} = \frac{2\sqrt{2}}{\pi r_{\text{s}}^2 \mu_0 \sigma \sqrt{N_t N_s \eta A}} \qquad\qquad (9.57)$$

式中，r_{s} 是线圈所使用的导线半径；μ_0 是磁导率；σ 表示磁导系数；N_t 是匝数；N_s 表示每匝的股数；A 是线圈横截面积；η 是 0.2 ~ 1 的值，它的大小取决于线圈的几何形状。

在式（9.58）中 f_{self} 是线圈的自谐振频率，利用下式可以计算出：

$$f_{\text{self}} = \frac{1}{2\pi\sqrt{LC_{\text{self}}}} \tag{9.58}$$

$C_{p,k}$ 是 p 匝和 k 匝之间的寄生电容：

$$L = N_t^2 L_i \qquad C_{\text{self}} = \sum_{p<k} C_{p,k}(k-p)^2 / N_t^2 \tag{9.59}$$

然而线圈的频率处最大值 Q（f_{peak}）可以从下式得出：

$$f_{\text{peak}}^2 \approx f_h^2 \left\| \frac{f_{\text{peak}}^2}{3} \right\| \tag{9.60}$$

通过使用式（9.54）和式（9.60），不仅可以计算出最佳值 Q，而且可以确定多电压功率遥测系统的最大效率[39]。

9.7.4　使用螺旋形线圈为嵌入式医疗设备进行 RF 能量收集

圆柱形配置是感应线圈最常见的类型之一。这种配置提供了一个良好的品质因数和电感以相关损耗的简单建模[40]。然而对于嵌入式设备的电感耦合而言，它并不是一种最佳的选择，因为它不能进一步优化功率效率[40]。感应线圈的另一种类型称为螺旋形线圈，这种类型的线圈可以提升品质因数和耦合链路强度以及效率[40]。螺旋形线圈由许多导电环组成，当它们位于同轴且在同一平面时可以实现最大的耦合[40]。螺旋形线圈最重要的设计参数是内部和外部的半径影响、分离绕组以及金属条的宽度[40]。螺旋形线圈可以看作一组同心环。下面将讨论针对嵌入式设备使用螺旋形微线圈进行无线功率传输建模。

9.7.4.1　发送器线圈模型

本节所描述的模型是基于传统的模型，其中电感与导体电阻进行串联[40]。由同心环构成的螺旋形线圈其自感可以通过式（9.61）进行计算。它是由平均环半径（b）和导线半径（R）以及线圈材料的磁导率构成的函数。然而在自由空间中，导线半径远远大于平均环半径[40]。

$$L_P(b) = \mu_0 b \left(\ln\left(\frac{8b}{R}\right) - 2 \right) \tag{9.61}$$

线圈（发送或接收线圈）之间的互感可以由下式得出[40]：

$$M_{\alpha_1 \alpha_2} = \pi\mu_0 \sqrt{\alpha_1 \alpha_2} \left(\frac{2}{\pi} \sqrt{\frac{\alpha_1}{\alpha_2}} \right) \cdot \left[K\left(\frac{\alpha_2}{\alpha_1}\right) - E\left(\frac{\alpha_2}{\alpha_1}\right) \right] \tag{9.62}$$

式中，α_1 和 α_2 是两个同心环的平均半径；$K(x)$ 和 $E(x)$ 是第一阶和第二阶的椭圆积分[40]，因此线圈的总电感是每一环的电感和不同线圈之间的互感相加的结果[40]。

然而圆形导体的电阻也可以表示为[41]

$$R_1(\omega) = \frac{\sum_{k=1}^{\infty} \dfrac{R_k}{R_k^2 + \omega^2 L^2}}{\left(\sum_{k=1}^{\infty} \dfrac{R_k}{R_k^2 + \omega^2 L^2}\right)^2 + \omega^2 \left(\sum_{k=1}^{\infty} \dfrac{L}{R_k^2 + \omega^2 L^2}\right)^2} \qquad (9.63)$$

公式中，$R_k = \xi_k^2 / 4\pi\sigma R^2$；$L$ 是线圈的自感，且 $L = \mu_0\mu_r / 4\pi$，μ_r 是相对磁导率，σ 是线圈绕组材料的电导率；$\xi_k = \dfrac{(2k-1)\pi}{2} + \pi/4^{[40]}$。

发送线圈和接收线圈之间的相互耦合度取决于不同的参数，如线圈的尺寸和形状，以及它们的边长和角度对准。感应链路受到接收线圈和发送线圈的边长和角度对准的严重影响，并且这种影响即使是小的错位都可能显著地降低链路的强度。另一方面，在嵌入式医疗设备中，收发器并不是固定不变的，它们往往不断移动并且其方向发生变化，因此效率容易受到移动或设备位置变化的影响。将上述所有的功能参数都考虑在内，可以计算出互感值为

$$M(r_T, r_R, \Delta, d) = \pi\mu_0 \sqrt{r_T r_R} \int_0^{\infty} J_1\left(x\sqrt{\frac{r_T}{r_R}}\right) \cdot J_1\left(x\sqrt{\frac{r_R}{r_T}}\right) \cdot J_0\left(x\frac{\Delta}{\sqrt{r_T r_R}}\right) \cdot e^{\left(-x\sqrt{\frac{d}{r_T r_R}}\right)} dx$$

$$(9.64)$$

式中，Δ 是边错位；r_T 和 r_R 分别是发送线圈和接收线圈的半径；d 是两个线圈之间的距离，则：

$$J(r) = \begin{cases} \dfrac{1}{\omega} f(r) & \left(a - \dfrac{\omega}{2}\right) \leqslant r \leqslant \left(a + \dfrac{\omega}{2}\right) \\ 0 & \text{其他} \end{cases} \qquad (9.65)$$

式中，$\int f(r) = \omega$ 是径向分布[40]。

然而为了提高链路质量，并且降低链路错位的敏感度，Lihsien 等人[40]对此已经提出了一种解决方法。在该方法中，嵌入式设备将螺旋形微线圈的阵列作为接收天线。发送单元仅具有一个微线圈用于将功率传输至多线圈接收器。图 9.24 描述了这种配置[40]。

对于图 9.24 所示的系统而言，有下式成立[40]：

$$V_1 = Z_1 I_1 + j\omega M I_2 + j\omega M I_3 + j\omega M I_4 + j\omega M I_5 \qquad (9.66)$$

$$0 = Z_i I_i + j\omega M I_i \qquad i = 1、2、3、4、5 \qquad (9.67)$$

因此，发送电路的电流为

$$|I_1| = \frac{|V_1|}{R_1 + \dfrac{(\omega M)^2}{Z_2} + \dfrac{(\omega M)^2}{Z_3} + \dfrac{(\omega M)^2}{Z_4} + \dfrac{(\omega M)^2}{Z_5}} \qquad R_1 = Z_1 \qquad (9.68)$$

然而当两个线圈同轴时，它们可以提供最大的电感耦合。由于位移的影响，导致耦合系数和链路质量下降，因此错位引起的结果是接收功率的降低。为了增

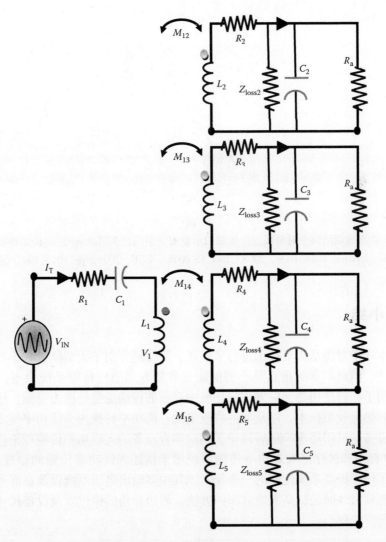

图 9.24 具有 4 个接收器的感应链路其等效电路模型（引用自 W. Lihsien, et al., in Biomedical Circuits and Systems Conference, 2008, BioCAS 2008. IEEE, 2008, pp. 101–104。授权转载）

加接收器的灵敏度，Lihsien 等人[40]提出了接收器线圈的良好配置方法。如图 9.25 所示，它的拓扑由 4 个同类螺旋形线圈构成，这 4 个线圈以对角线的方式串联[40]。在位移情况下，在接收线圈的一半（L_1 或 L_2）处接收功率增加，而在剩余的另一半处接收功率下降[40]。因此外部功率传输单元和微线圈的嵌入式接收阵列之间的感应链路其错位率将会增加，而两边和角位移对它的影响较小[40]。

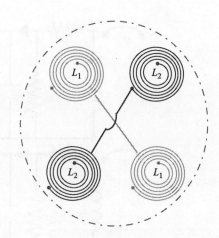

图 9.25　在多线圈结构中对角线连接线圈的示意图（引用自 W. Lihsien，et al.，in Biomedical Circuits and Systems Conference，2008．BioCAS 2008．IEEE，2008，pp. 101 – 104。授权转载）

9.8　小结

在本章中对能量收集技术进行了概述，简要地介绍了大型能量和小型能量的收集方法，然而本章的重点是小型的能量收集为磁感应传输系统供电。在这方面，说明了如何使用磁感应方法将环境中存在的振动能量转换为电能。还探讨了太阳能和热能收集技术，以及如何将收集的直流功率转换为交流功率使之成为磁感应型设备的可用功率。最后讨论了感应耦合设备的无线功率传输理论。引入无源 RFID 标签和医疗植入式功率传输系统用于描述无线功率传输的原理。此外，还介绍了用于提高系统性能的一些技术。其中多输出电压系统以及在嵌入式设备中使用螺旋形线圈是提高系统效率的方法，而边和角的错位以及设备尺寸的变小对系统的影响较小。

参 考 文 献

[1] H. Pei, et al., "Efficient solar power scavenging and utilization in mobile electronics system," in *International Conference on 2010 Green Circuits and Systems (ICGCS)*, 2010, pp. 641–645.

[2] O. Bertoldi and S. Berger, "Abservatory NANO, report on energy," ed, 2009. http://www.observatorynano.eu/project/filesystem/files/WP2_5Energy_7EnergyHarvesting.pdf (accessed November 29, 2011).

[3] J. Bing, et al., "Energy Scavenging for Inductively Coupled Passive RFID Systems," in *Proceedings of the IEEE Instrumentation and Measurement Technology Conference, 2005. (IMTC)* 2005, pp. 984–989.

[4] R. Bansal, "Near-field magnetic communication," *Antennas and Propagation Magazine, IEEE*, vol. 46, pp. 114–115, 2004.

[5] C. Bunszel. (2001). *Magnetic induction: A low-power wireless alternative*. Available online at: http://rfdesign.com/mag/radio_magnetic_induction_lowpower/index1.html (accessed November 11, 2010).

[6] C. Evans-Pughe, "Close encounters of the magnetic kind [near field communications]," *IEE Review,* vol. 51, pp. 38–42, 2005.

[7] N. Jack and K. Shenai, "Magnetic Induction IC for Wireless Communication in RF-Impenetrable Media," in *IEEE Workshop on Microelectronics and Electron Devices, 2007. (WMED)* 2007, pp. 47–48.

[8] V. Palermo. (2003) *Near Field Magnetic comms emerges*. Available online at: http://www.eetimes.com/design/other/4009227/Near-field-magnetic-comms-emerges/ (accessed December 21, 2010).

[9] J. J. Sojdehei, et al., "Magneto-inductive (MI) communications," in *OCEANS, 2001. MTS/IEEE Conference and Exhibition,* 2001, pp. 513–519, vol. 1.

[10] R. R. A. Syms, et al., "Low-loss magneto-inductive waveguides," *Journal of Physics D: Applied Physics,* vol. 36, pp. 3945–3951, 2006.

[11] R. R. A. Syms, et al., "Magneto-Inductive Waveguide Devices," *IEE Proceedings Microwaves, Antennas and Propagation,* vol. 153, pp. 111–121, 2006.

[12] S. Zhi and I. F. Akyildiz, "Underground Wireless Communication Using Magnetic Induction," in *IEEE International Conference on Communications, 2009. (ICC '09)* 2009, pp. 1–5.

[13] S. Zhi and I. F. Akyildiz, "Magnetic induction communications for wireless underground sensor networks," *IEEE Transactions on Antennas and Propagation,* vol. 58, pp. 2426–2435, 2010.

[14] S. Zhi and I. F. Akyildiz, "Deployment Algorithms for Wireless Underground Sensor Networks Using Magnetic Induction," in *2010 IEEE Global Telecommunications Conference (GLOBECOM),* 2010, pp. 1–5.

[15] J. I. Agbinya, et al., "Size and characteristics of the 'cone of silence' in near-field magnetic induction communications," *Battlefield Technology,* vol. 13, 2010.

[16] H.-B. Li and R. Kohno, "Body area network and its standardization at IEEE 802.15. BAN," in *Advances in Mobile and Wireless Communications.* vol. 16, F. István, et al., eds., Berlin/Heidelberg: Springer Publishing, 2008, pp. 223–238.

[17] S. F. Heaney, et al., "Fading Characterization for Context Aware Body Area Networks (CABAN) in Interactive Smart Environments," in *Antennas and Propagation Conference (LAPC), 2010 Loughborough,* 2010, pp. 501–504.

[18] K. Y. Yazdandoost and R. Kohno, "UWB Antenna for Wireless Body Area Network," in *Asia-Pacific Microwave Conference, 2006. (APMC)* 2006, pp. 1647–1652.

[19] H. Kulah and K. Najafi, "Energy scavenging from low-frequency vibrations by using frequency up-conversion for wireless sensor applications," *Sensors Journal, IEEE,* vol. 8, pp. 261–268, 2008.

[20] W. Peihong, et al., "A Microelectroplated Magnetic Vibration Energy Scavenger for Wireless Sensor Microsystems," in *5th IEEE International Conference on Nano/Micro Engineered and Molecular Systems (NEMS), 2010,* pp. 383–386.

[21] J. Agbinya and M. Masihpour, "Power equations and capacity performance of magnetic induction communication systems," *Wireless Personal Communications,* pp. 1–15, 2011.

[22] W. C. Chye, et al., "Electromagnetic Micro Power Generator: A Comprehensive Survey," in *IEEE Symposium on Industrial Electronics & Applications (ISIEA), 2010,* pp. 376–382.

[23] C. B. Williams and R. B. Yates, "Analysis of a Micro-electric Generator for Microsystems," in *The 8th International Conference on Solid-State Sensors and Actuators, 1995 and Eurosensors IX. Transducers*, 1995, pp. 369–372.

[24] C. Shearwood and R. B. Yates, "Development of an electromagnetic microgenerator," *Electronics Letters*, vol. 33, pp. 1883–1884, 1997.

[25] S. Turkyilmaz, et al., "Design and Prototyping of Second Generation METU MEMS Electromagnetic Micro-Power Generators," in *International Conference on Energy Aware Computing (ICEAC)*, 2010, pp. 1–4.

[26] W. J. Li, et al., "Infrared Signal Transmission by a Laser-Micromachined, Vibration-Induced Power Generator," in *Proceedings of the 43rd IEEE Midwest Symposium on Circuits and Systems*, 2000, pp. 236–239, vol. 1.

[27] J. M. H. Lee, et al., "Vibration-to-Electrical Power Conversion Using High-Aspect-Ratio Mems Resonators," presented at the *Power MEMS, 2003*.

[28] P.-H. Wang, et al., "Design, fabrication and performance of a new vibration-based electro-magnetic micro power generator," *Microelectronics Journal*, vol. 38, pp. 1175–1180, 2007.

[29] C. Xinping and L. Yi-Kuen, "Design and Fabrication of Mini Vibration Power Generator System for Micro Sensor Networks," in *2006 IEEE International Conference on Information Acquisition*, 2006, pp. 91–95.

[30] W. Ko Ko, et al., "Efficient Solar Energy Harvester for Wireless Sensor Nodes," in *2010 IEEE International Conference on Communication Systems (ICCS)*, 2010, pp. 289–294.

[31] L. Xin and Y. Shuang-Hua, "Thermal Energy Harvesting for WSNs," in *2010 IEEE International Conference on Systems Man and Cybernetics (SMC)*, 2010, pp. 3045–3052.

[32] Y. K. Tan and S. K. Panda, "Energy harvesting from hybrid indoor ambient light and thermal energy sources for enhanced performance of wireless sensor nodes," *IEEE Transactions on Industrial Electronics*, vol. PP, pp. 1–1, 2010.

[33] A. J. Minnich, et al., "Bulk nanostructured thermoelectric materials: Current research and future prospects," *Energy and Environmental Science*, 2009.

[34] J. Tervo, et al., "State-of-the-art of thermoelectric materials processing," presented at the VTT Technical Research Centre of Finland, Oulu, Finland, 2009, vol. 2, No. 5, pp. 446–479.

[35] T. Isobe, et al., "A Soft-Switching Boost DC to AC Converter without Smoothing Capacitor Using a MERS Pulse Link Concept," in *2010 International Power Electronics Conference (IPEC)*, 2010, pp. 2815–2821.

[36] J. Bing, et al., "Energy scavenging for inductively coupled passive rfid systems," *IEEE Transactions on Instrumentation and Measurement*, vol. 56, pp. 118–125, 2007.

[37] S. Cichos, et al., "Performance Analysis of Polymer-Based Antenna Coils for RFID," in *2nd International IEEE Conference on Polymers and Adhesives in Microelectronics and Photonics, 2002. (POLYTRONIC)*, 2002, pp. 120–124.

[38] G. D. Horler, et al., "Inductively coupled telemetry and actuation," in *The IEE Seminar on (Refl No. 2005/11009) Telemetry and Telematics*, 2005, pp. 5/1–5/6.

[39] M. Sawan, et al., "Multicoils-based inductive links dedicated to power up implantable medical devices: Modeling, design and experimental results," *Biomedical Microdevices*, vol. 11, pp. 1059–1070, 2009.

[40] W. Lihsien, et al., "An Efficient Wireless Power Link for High Voltage Retinal Implant," in *IEEE Biomedical Circuits and Systems Conference, 2008. (BioCAS)*, 2008, pp. 101–104.

[41] O. M. O. Gatous and J. Pissolato, "Frequency-Dependent Skin-Effect Formulation for Resistance and Internal Inductance of a Solid Cylindrical Conductor," *IEE Proceedings of Microwaves, Antennas and Propagation*, vol. 151, pp. 212–216, 2004.

第 10 章　能量收集系统的混合信号低功耗技术

N. Fragoulis、L. Bisdounis、V. Tsagaris 和 C. Theoharatos

10.1　简介

能量收集系统是电路设计领域新的挑战，因为它们必须在低功率下进行工作。显然在这样的能量匮乏的环境中电路必须在基本的低功率极限附近工作，并且电路功能应在非常严格的指导基础上进行设计，以符合低电压和低功耗设计的最新发展要求。

作为能量收集技术的主要应用领域，现代的便携式系统主要是由数字核心构成的混合信号系统，除其他外，数字核心包括中央处理单元（CPU）或数字信号处理器（DSP）以及存储器，通常由多个模拟接口模块组成，如 I/O（输入/输出）、D-A（数字-模拟）以及 A-D（模拟-数字）转换器、RF（射频）前端等。因此，移动设备是混合信号系统的一个典型例子，即在一定程度上，系统是模拟电路和数字电路相结合的产物。

互补金属氧化物半导体（CMOS）技术是便携式系统的主要技术，数字电路的每性能价格因数的下降会刺激 CMOS 技术的发展进程，而数字电路的发展速度是由摩尔定律决定的，其主要影响是设备维度（特征尺寸）的不断缩小。为了确保数字电路具有足够的生命周期以及保持功耗处于可接受的水平，这种尺寸-缩小通常伴随着额定电源电压的降低。而 CMOS 技术的发展对于数字电路的定义非常有利，但在模拟电路中情况并非如此。此外，虽然模拟和数字电路的低功耗技术如今已经非常成熟，但是关于混合信号系统的设计仍然存在着一些基本的争议，这些争议值得设计人员慎重考虑。

由于 CMOS 数字电路的平均功耗与电源电压的二次方成正比，因此降低数字电路功耗最有效的方法是减少电源电压。另一方面，电源电压的减少也是因为尺寸的缩小引起，从而保持电场处于可接受的水平。

模拟电路的规则可能与那些应用在数字电路的有所不同。这主要是因为存在这样的事实：模拟电路在给定温度下的功耗基本上由所需的信噪比（SNR）和带宽来设置。

一种非常重要的技术似乎弥合了模拟和数字低功率技术之间的争论，该技术是基于 CMOS 晶体管设备的能力在亚阈值（弱反转）区进行工作，在这个区域中工作的 CMOS 晶体管具有极低的功耗，作为亚阈值工作的固有结果是极低的工作电流密度。亚阈值运行不适合那些需要高性能的应用，但是在能量收集系统中似乎是一种非常有吸引力的解决方案，其中能量收集系统是指一般的可实现的简单系统。

在本章的其余部分，具体的设计选择会对模拟和数字世界中功率性能产生影响，为了使读者对这部分内容有更深入的了解，对数字域和模拟域的低功率的特性设计进行分析。此外，分析并讨论新的设计技术以弥合模拟域和数字域之间的争论，提出一种成功的混合信号且超低功率的设计使其适合在能量收集应用中使用。最后对市场上可用的功率感知电子设计自动化（EDA）软件工具进行简要介绍，以便为读者在模拟和数字低功率设计的可用方法方面提供有价值的指导。

10.2　在能量收集系统中混合信号环境

能量收集系统的典型应用是小型的无线自主设备，例如那些在无线微传感器网络和无线射频识别（RFID）系统中使用的设备。这些类型的应用将在更换电池不切实际或不可能的环境中获得无限的寿命，因为能量收集的概念包括将周围的环境能量转换为电能为电路供电或者为电池再充电。微传感器节点的平均功耗必须保持在 $10 \sim 100 \mu W$ 以便能量收集得以进行[1-3]。将能量收集技术与某种形式的能量存储相结合，在理论上可以无限期地延长系统的寿命。显然这种类型的系统将会更有效，因为当它们的各个组件都应用功率减少设计技术时，大量的功率节省会成为可能。

10.2.1　微传感器无线网络

微传感器节点是指能够提供传感、计算和通信功能的系统。典型的无线微传感器节点的框图如图 10.1 所示。无线微传感器网络由几十到几千个分布式节点构成，这些节点用于传感和处理数据并将结果中继至终端用户。所提出的微传感器网络应用包括栖息地的监测、结构化健康监测和汽车传感[3,4]。

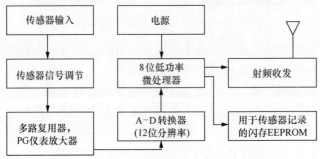

图 10.1　典型的无线微传感器节点的框图

在这些应用中微传感器节点的性能需求非常低。例如在健康监测环境中数据的变化速率以秒到分钟的数量级计，因此即使在亚阈值上可达到的性能是绰绰有余的。在微传感器节点上使用一种常见的技术是占空比或者关闭可能不使用的组件。虽然占空比有助于延长传感器网络的寿命，但是它不能消除电源的能量约束。能量收集技术是这些应用中不可或缺的技术，因为如果在应用中由电池供电，则不可能频繁地为电池再充电或者更换电池。因此微传感器网络是一个非常有趣的平台，它展示了新的低能量设计技术在模拟和数字领域的应用需求。从图 10.1 中也可以明显地看出这一点，在图中可以很容易地识别出经典的混合信号系统。

10.2.2　RFID

RFID 是另一种需要极低能耗的典型应用[4,5]。RFID 技术利用附着在物体上的 RFID 标签自动地识别物体。RFID 标签能够使用射频无线地发送和接收信息。RFID 标签包含有限的数字处理逻辑以及天线和通信电路。

RFID 标签有两种主要类型。有源 RFID 标签通过发送数据与读取器进行通信。有源标签通常需要电源为发送数据提供能量，由于低功率设计技术的应用能够延长处理过程和远程通信，从而节省额外的能量。无源 RFID 标签通过调制读取器本身的负载与读取器进行通信。这种通信方式需要较少的能量，因此无源标签经常利用从接收信号转换的能量进行工作。无源节点往往很小，并且它们的寿命不受能量的限制。

降低功率损耗和利用能量收集技术对这两种类型的标签非常有利。这在有源标签中是显而易见的，因为降低功率损耗意味着发送范围的增加以及电池寿命的延长。对于无源标签而言，功率受到天线转换能量的能力的限制。如果减少数字逻辑的功耗，并且系统可以得到一个额外的辅助能源，则增加了从读取器到标签的距离，因为到达标签的发送功率会变得更小。

如图 10.2 所示，RFID 标签由几个模拟部分和数字部分组成，而这些部分构

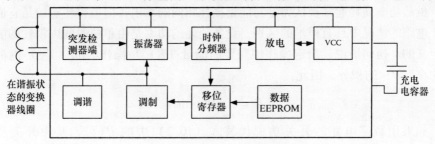

图 10.2　RFID 标签的典型框图

建了一个混合信号环境。为此如果要实现真正的低功率，必须解决系统模拟和数字部分的功率降低问题。

10.3 数字设计的低功率技术

数字型 CMOS 电路的平均功耗比峰值功率更重要，当所有电路的组件都导通时，峰值功率损耗的情况是罕见的。理想情况下，当输出节点进行开关转换时，CMOS 栅极会消耗功率。然而短路和流经设备的漏电流会引起功率损耗的浪费。CMOS 电路消耗的平均功率 P_{avg} 可以用数学式子表示为

$$P_{avg} = P_{switch} + P_{ShortCkt} + P_{lkg} = (C_L \cdot V_{SWING} \cdot V_{DD} \cdot f_{CLK} \cdot \alpha)$$
$$+ (I_{ShortCkt} \cdot V_{DD}) + (I_{lkg} \cdot V_{DD}) \qquad (10.1)$$

式（10.1）右边的第一项，即开关功率 P_{switch} 表示 CMOS 电路的开关电容或负载电容 C_L 所消耗的功率。这是当设备进行 0 ~ 1 转换时在充电型负载电容上消耗的功率。开关功率占总消耗功率的 60% ~ 70%[1]。除了 C_L，开关功率还是电源电压 V_{DD}、逻辑 1 和逻辑 0 之间的电压差 V_{SWING}、时钟频率 f_{CLK} 以及节点转换活动因子 α 的函数。V_{SWING} 通常等于电源电压 V_{DD}，但对于内部节点而言，它可能小于 V_{DD}。

式（10.1）的第二项，短路功率 $P_{ShortCkt}$ 是指在开关切换期间，直接路径上短路电流 $I_{ShortCkt}$ 经静态逻辑电路的 PMOS（p 型 MOS）和 NMOS（n 型 MOS）晶体管所消耗的功率。它占静态电路消耗总功率的 20%，因为预充电的动态设计中不存在短路电流。短路电流是输入和输出信号上升时间和下降时间、电容负载量、CMOS 设备的尺寸以及栅极电容的函数，特别是吸收电容的等效栅极[6]。

式（10.1）的最后一项对应的是漏电流 I_{lkg} 消耗的功率。通常情况下，漏电流占总功率的 2% ~ 3%。虽然，在理想情况下，当 PMOS 和 NMOS 晶体管都处于关闭状态时没有消耗功率，但是由于固有的反向偏置二极管电流 I_{lkg} 和晶体管的亚阈值效应 I_{lkg} 使得功率增加。漏电流是制造技术的函数。

虽然功率损耗通常被认为是与能量损耗相同的术语，但值得注意的是它们在数字电路的情况中具有根本的区别。设备消耗的功率是由单位时间内消耗的能量来定义的。换句话说，给定操作中需要的能量（E）是操作时间（T_{op}）内消耗的功率（P）的积分，因此：

$$E = \int_0^{T_{op}} P(t) \, dt \qquad (10.2)$$

如果用数字电路的开关功率代替式（10.2）中的 $P(t)$，其中开关功率 P_{switch} 是总功率损耗的主要组成部分，假设一次操作需要 n 个时钟周期，则 T_{op} 可以表示为 n/f，因此可以得到

$$E = n \cdot C_{\mathrm{L}} \cdot V_{\mathrm{SWING}} \cdot V_{\mathrm{DD}} \cdot \alpha \qquad (10.3)$$

值得注意的是，每次操作的能量与时钟频率之间相互独立。频率的降低会导致功率损耗的减少，但不会改变完成一次给定操作所需的能量。由于能量损耗决定了电池寿命，则降低能量而不仅仅是功率是非常必要的。然而对于散热的注意事项而言，功率才是需要重视的关键。

10.3.1　降低数字电路的功率

因为开关功率占功率损耗的主要部分，在低功率设计中所做的任何尝试都应该试图使得这部分功率最小化。为此，在每一级的低功率设计方法中[7,8]应以降低这些术语的变量为目标，即 C_{L}、V_{DD}、V_{SWING}、f_{CLK} 以及 α。然而通过以下措施可以显著地减少功率损耗：

1）降低电源电压 V_{DD}：CMOS 设备消耗的功率与电源电压 V_{DD} 的二次方成正比，因此降低电源电压将导致功率损耗以二次方形式减少，尽管设备电流降低只与 V_{DD} 成线性关系。可以证明，在此方式下功率被实际减少至 1/8 ~ 1/2[9]。电源电压减少可以通过一些特殊的电路操作和缩小或放大特征尺寸来实现，但是设计者们在实施过程中应非常小心，因为这些技术往往强加了一系列的限制，例如电路延迟和削减功能的吞吐量。对于计算密集型功能而言，在低电压条件下工作时，修改算法和结构进行并行计算是降低功耗的有效方式之一。结构—驱动电压缩放的关键在于利用执行过程中的并发技术（流水线和并行）。另外将结构优化与阈值电压减少相结合可以使得电源电压降低至 − 1V。为了弥补由于电压缩放造成的速度损失，可以利用快速逻辑结构扩大临界延迟路径上晶体管的规模，或者改变晶体管的大小[10]。

2）降低 V_{SWING}：通过限制输出节点的电压摆幅 V_{SWING}，也可以降低具有固定电源电压 V_{DD} 的 CMOS 逻辑栅极的功率损耗[10,11]。通常栅极的输出节点使得轨 – 轨晶体管进行相互转换（V_{DD} 到 0 或者 0 到 V_{DD}），但是如果使用开关来代替 NMOS 设备，则限制输出摆幅为（$V_{\mathrm{DD}} - V_{\mathrm{T}}$）。在这种情况下，从 0 到（$V_{\mathrm{DD}} - V_{\mathrm{T}}$）所消耗的功率是 $C_{\mathrm{L}} \cdot V_{\mathrm{DD}} \cdot (V_{\mathrm{DD}} - V_{\mathrm{T}})$，功率损耗的减少量（通过轨 – 轨方案）与 $V_{\mathrm{DD}}/(V_{\mathrm{DD}} - V_{\mathrm{T}})$ 成正比。然而这种设计仍然存在一些缺点，例如噪声容限的降低以及后续阶段功率损耗的增加[12]。

3）降低负载电容（C_{L}）：减少 CMOS 设备的尺寸是降低负载电容的一种最为明显的方式，因为 CMOS 设备大小的调整会降低信道和寄生电容[12]。通过有效分区使得逻辑/电路最小化也可以降低负载电容。

4）降低节点转换活动因子 α：转换活动因子的下降有助于降低 CMOS 设备的功率损耗，CMOS 设备只有在转换阶段才消耗功率。从简单的完整电路或其中一部分断电到使用更复杂的方案的不同技术范围使得转换数量最小化[13]，其中更复杂的方案是指时钟门控或者优化电路架构。在电路和结构优化过程中所使用的一个重要属性是数据时间序列的相关性，如果数据正在缓慢变化，则转换数量应该减少，即呈高度正相关，因此关于信号统计的知识可以用来降低转换的次数。降低转换活动因子的技术跨越了系统设计的所有级别，即从物理设计级到逻辑级，其中逻辑最小化和逻辑级断电是关键技术，这些技术使得转换活动最小化[13]。

虽然转换功率在总功率损耗中占据了主要的份额，但短路和泄漏功率通常占总功率损耗的 20% ~ 30%。为了降低短路功率，应减少栅极电容、设备尺寸以及信号的上升和下降时间。另一方面，泄露功率可以通过准确的设备建模和阈值控制来降低。所讨论的各种功率 - 降低参数可以在不同的设计水平上以不同的程度进行优化。

10.4 在模拟设计中的低功率技术

在模拟信号处理电路中所消耗的功率应将信号能量维持在基本的热噪声之上，以达到所需的信噪比（SNR）。不同信号处理系统的代表性品质因数是实现单极所消耗的功率。通过考虑图 10.3 所示的基本积分器来获得实现单极所需的功率最小值，其中图 10.3 中使用的是理想的 100% 电流有效积分器，在某种意义上，从电源电压牵引出的所有电流都用于为积分电容器充电[14]。

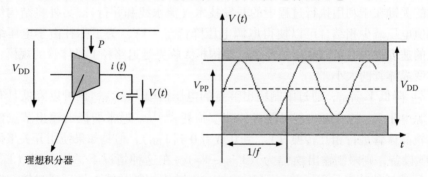

图 10.3 一种理想的单极模拟处理滤波器

为了表示电源电压 V_{DD} 所消耗的功率，有必要考虑建立电容器 C 两端的正弦电压 $V(t)$，其具有峰 - 峰振幅 V_{PP} 和频率 f，则功率可以表示为

$$P = V_{DD} \cdot fCV_{PP} = fCV_{PP}^2 \cdot \frac{V_{DD}}{V_{PP}} \tag{10.4}$$

SNR 由下式给出：

$$SNR = \frac{V_{PP}^2/8}{kT/C} \tag{10.5}$$

结合式（10.4）和式（10.5），可以得到

$$P = 8kT \cdot f \cdot \text{SNR} \cdot \frac{V_{\text{DD}}}{V_{\text{PP}}} \tag{10.6}$$

根据式（10.6），在给定温度下模拟电路的最小功耗基本上由所需的 SNR 和工作频率（或所需的带宽）来设置。由于这个最小功耗与电源电压和信号峰 – 峰振幅之间的比值成正比，则应该设计一种高效的模拟电路从而使得电压摆幅最大化。电路每一极的最小功率可以处理轨 – 轨信号电压（$V_{\text{DD}} = V_{\text{PP}}$），即将模拟电路的功率降低至[15-18]：

$$P_{\text{MIN}} = 8kT \cdot f \cdot \text{SNR} \tag{10.7}$$

这种绝对限制是非常不合理的，因为随着 SNR 每提高 10dB，它需要功率呈 10 倍增加。它适用于任何线性模拟滤波器（连续采样数据[19]）的每一极，并且在简单的无源 RC（电阻 – 电容）滤波器情况下可以实现，而现有最好的有源滤波器消耗大约两个数量级的振幅并且每一极消耗更多的功率。根据式（10.6），在通频带的高 Q 极降低了其他频率上的最大信号振幅，但增加了所需的功率。

在弛缓振荡器中会出现大致相同的结果，而对于增益为 A_{v} 的电压放大器其所需的最小功率可以被证明始终大于或等于：

$$P_{\text{MIN}} = 8nkT \cdot \Delta f \cdot A_{\text{v}} \cdot \text{SNR} \tag{10.8}$$

这意味着最小功率也与 SNR 成正比，根据式（10.7），最小功率是给定限制的 $n \times A_{\text{v}}$ 倍。

10.5　模拟电路和数字电路的功耗比较

如果认为晶体管是理想的，将模拟系统的最小功率与数字系统的功率进行比较，其中数字系统的最小功率对应的是式（10.1）的开关组件 P_{switch}，即

$$P_{\text{min-digital}} = C_{\text{L}} \cdot V_{\text{SWING}} \cdot V_{\text{DD}} \cdot f_{\text{CLK}} \cdot \alpha = E_{\text{tr}} \cdot f_{\text{CLK}} \cdot \alpha \tag{10.9}$$

在式（10.9）中，每个基本操作需要一定数量的二进制逻辑门转换周期，其中每个操作消耗的能量为 E_{tr}。根据奈奎斯特定理，f_{CLK} 至少是信号带宽的两倍，如果将系数（1/2）视为常数 E_{tr} 的一部分时，可以认为 f_{CLK} 是信号的带宽。

转换的数量 m 只与比特数 N 的 m 次方成正比，因此功率损耗受信噪比（本质是对数）的影响较弱[20]：

$$a = N^m \approx \left[\log\left(\text{SNR} \right)^m \right] \tag{10.10}$$

通过估计所需的转换数 α，获得模拟电路和数字电路的比较结果，从而计算出信号的每个周期，单极数字滤波器的 α 大约为

$$a \cong 50 \cdot N^2 \tag{10.11}$$

从式（10.9）中可以得出 $E_{\text{tr}} = C_{\text{L}} \cdot V_{\text{SWING}} \cdot V_{\text{DD}} = C_{\text{L}} \cdot V_{\text{DD}}^2$，其中能量 E_{tr} 在

$10^{-15} \sim 10^{-12} J$ 变化。

结合式（10.9）~式（10.11），可以得到

$$P_{\mathrm{min-digital}} \cong E_{\mathrm{tr}} \cdot f_{\mathrm{CLK}} \cdot 50 \cdot [\log(\mathrm{SNR})]^2 \tag{10.12}$$

因此，开关能量和 SNR 之间的关系呈对数关系。模拟和数字的基本限制之间的比较如图 10.4 所示，图 10.4 清楚地表明模拟系统消耗的功率比它们对应的数字系统少得多，还提供了一个较小的可接受的 SNR。但是对于系统所需的较大 SNR 而言，模拟系统的效率变得很低。

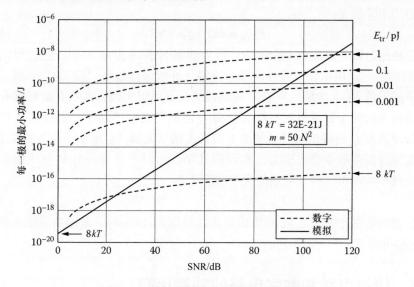

图 10.4　模拟和数字电路的最小功率损耗

10.6　面向低电压混合信号设计的技术组合

与数字电路不同，根据式（10.3），功耗随着电源电压的二次方而减少，降低模拟电路的电源电压，同时保持相同的带宽和 SNR，不会对它们的最小功耗产生根本的影响。然而由于有源设备的有限互导 g_{m}，通过忽略带宽（BW）的可能限制从而获得这个绝对的约束。BW 的最大值与 g_{m}/C 成正比。式（10.5）中将电容器值 C 替换成 g_{m}/C，则 SNR 与 BW 的乘积可以用下式来表达：

$$\mathrm{SNR} \cdot \mathrm{BW} = \frac{V_{\mathrm{pp}}^2 \cdot g_{\mathrm{m}}}{8kT} \tag{10.13}$$

在大多数情况下，按系数 K 对电源电压 V_{DD} 进行缩放时需要信号摆幅 V_{pp} 按比例减少。只有当互导 g_{m} 随系数 K^2 增加时则才能保证带宽和 SNR。如果有源设备是双极型晶体管（或在亚阈值区中偏置的 MOS 晶体管），它的互导随着偏置

电流的增加以相同的系数 K^2 增加，因此功率 $V_{DD} \cdot I$ 也随着 K 增加。

如果有源设备是强反转的偏置 MOS 晶体管，则情况会有所不同。它的互导被证明是与 I/V_p 成正比，其中 V_p 是设备的夹断或饱和电压。因为这个饱和电压也必须随着 V_{DD} 按比例相应降低，g_m 随着系数 K^2 不断增加只需要电流随着系数 K 增加，因此功率保持不变。然而即使在这种情况下，电源电压的减少也会对电路的功能产生严重的影响，因为它会影响操作的最大频率。对于强反转的 MOS 晶体管，当电流下降为统一值时，频率 f_{max} 可以由下式近似得出：

$$f_{max} = \frac{\mu \cdot V_p}{L^2} \tag{10.14}$$

因此，如果这个过程是固定的（信道长度 L 恒定），V_{DD} 和 V_p 随着系数 K 减少会导致 f_{max} 按比例降低。

电源电压的减少也会对模拟处理器的动态范围产生较小的影响。图 10.3 中理想积分器的动态范围（DR）由下式给出[20]：

$$DR_{max} = \frac{CV_{DD}^2}{8kT} \tag{10.15}$$

因此在低电源电压条件下，实现一种具有特定动态范围的模拟信号处理电路为模拟电路设计人员提出了额外的挑战。

不幸的是，在模拟系统中，低电压约束并不限于功率或频率问题。例如降低 V_p 还会增加 MOS 晶体管的互导 - 电流比，反过来，这又增加了电流源的噪声含量，以这种方式在减少 SNR 的同时显著地降低了它们的精度。

10.7　模拟和数字低功耗技术的优化组合

从以上内容可以明显看出，针对数字电路的功耗降低，即电源电压降低，设计人员所采用的主要工具在模拟电路设计中并非是高效的，因为模拟电路的功耗主要取决于 SNR，电源电压通常导致功率损耗的增加。

10.7.1　瞬时压扩技术

在不降低模拟信号处理电路的功耗的前提下，降低电源电压但保持足够动态范围的一种可能方法是使用瞬时压扩技术[21-23]。在这种方法中，当电流转换为电压时被压缩，而当电压转换回至电流时被扩大。输入电流应进行预失真以便保持线性操作。

基本的思路是保证信道中信号始终显著地高于噪声电平。为了达到这个目标，信号通过放大器 g 预先进行放大（预失真），但是为了保持失真处于可接受的水平，重要的是不要过度放大信号。出于这个原因，大信号比小信号应以较小的增益进行放大，按照这种方式，放大的信号总是接近于信道的最大动态范围。信号通过信道后，必须经受逆放大过程以便得以恢复。

从以上过程中可以明显地看出，放大器的增益 g 取决于信号电平，当然它们之间的关系是非线性的。在瞬时压扩技术（见图10.5）中，可以通过利用非线性进行实现，小信号增益的增加与信号电平成反比，如图10.6所示。

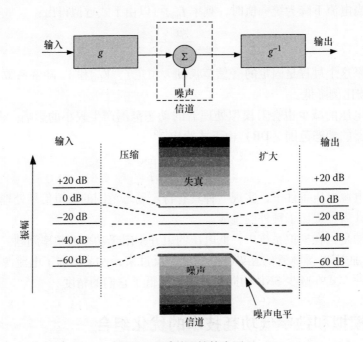

图 10.5 瞬时压扩技术原理

从理论上讲，没有限制放大函数的选择，但是由于信号的预失真需要扩大函数的导数，使用指数函数更容易实现该功能，因为它不会随着微分算子而发生变化，也可以由双极型晶体管或亚阈值 - 偏置 MOS 晶体管的电流 - 电压特性来实现。

对于瞬时压扩电路而言，可以看出以下表达是有效的：

1）与常见的 SNR 取决于信号电平的电路相比，瞬时压扩电路中 SNR 是恒定不变的并且与信号电平相互独立。

2）压扩电路的动态范围大于 SNR 最大值，而常见电路的动态范围等于 SNR。

3）SNR 的最大值不会改变，则功率损耗也保持不变。

因此，在这些电路中，如果 SNR 下降为所需的最小值同时保持必要的动态范围，则可以节省功率。

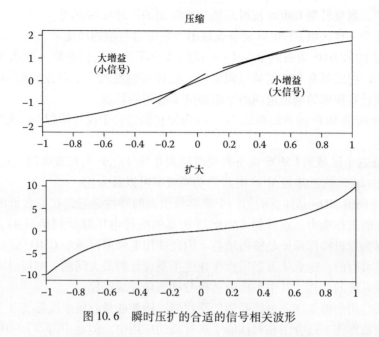

图 10.6　瞬时压扩的合适的信号相关波形

10.7.2　亚阈值 CMOS 设计

一种非常重要的技术似乎能够弥合模拟和数字低功率技术之间的争议，这种技术是基于 CMOS 晶体管设备在亚阈值区域内（或者弱反转）工作的能力。由于极低的工作电流密度，在这个区域的 CMOS 晶体管功能表现出非常低的功耗。

当 CMOS 晶体管的栅极和源极之间的电压 V_{GS} 大于阈值电压 V_T 时，则认为 CMOS 晶体管是在强反转区域上运行。在这个区域中，认为晶体管的漏极电流 I_D 是非零值，而当 $V_{GS} < V_T$ 时，通常认为它具有零值。然而这种从零值到非零值的变化行为本质上并不常见，实际上，即使 $V_{GS} < V_T$，MOS 晶体管也具有非常低的漏极电流。这个工作区域称为弱反转或亚阈值区域，该区域的主要特征是其具有极低的漏极电流。这种行为很好地表征了亚阈值区域，它以 V_{GS} 的指数函数形式变化而不是以 V_{GS} 的二次方，它根据以下关系[24-26]：

$$I_D = \frac{W}{L} I_{DO} e^{(V_{GS} - V_T) l(nV_t)} \tag{10.16}$$

$$I_{DO} \cong \frac{K'2(nV_t)}{e^2} \tag{10.17}$$

式中，K' 是互导参数；$V_t = \dfrac{kT}{q} = 26 \text{mV}$ 是室温；n 是 1~2 的常数。

在此工作区域上典型的电流密度 I_D 是以 pA 为单位。由于这些非常低的电流密度水平，弱反转型 CMOS 使得超低功率应用的设计更加方便。

在这个工作区域，CMOS 设备表现出一些非常有趣的功能：

■ 亚阈值 MOS 设备的指数 $I-V$ 特性提供了实施模拟电流 – 模式电路的机会，其中该电路具有非常宽的可调谐性。这种可能性改变了宽范围的偏置电流，尤其为设计宽频率的调谐范围的电路提供了稳固的基础。

■ 亚阈值 MOS 设备的指数 $I-V$ 行为使它们适合于设计模拟 log 域的瞬时压扩电路。

■ 在这个区域的 CMOS 设备表现出最大互导（g_m）与偏置电流（I_{DS}）的比值，即 g_m/I_{DS}，这意味着 MOS 电路的功率效率可以最大化。

■ 亚阈值 MOS 晶体管的另一个非常吸引人的特性是它们在非常低的电源电压条件下的工作能力。这使得 CMOS 反相器的电源电压降低到接近 $4V_T$ 成为可能，同时为逻辑操作保证足够的增益。因此使用亚阈值区域的 CMOS 逻辑电路深度偏置是可行的。这意味着如果操作速度不是设计的最大问题，则可以降低电源电压以及系统的功耗，其中系统的功耗与动态功耗成正比。

新兴应用使得亚阈值电路受到广泛欢迎，例如能量收集系统需要非常低的功耗。亚阈值操作不适合用在对性能要求过高的应用中，但在中等（1 ~ 10Ms）或低（10 ~ 100Ks）数据吞吐量的系统中似乎是非常具有吸引力的解决方案，其中能量损耗和成本是最重要的参数[25]。

10.8　面向功率的 EDA 工具

正如在本章所指出的，对于能量收集应用而言，功耗是电子电路设计阶段必须考虑的一个非常关键的参数，以便提供适当的能量节省。为了促进低功耗设计，电子设计自动化（EDA）工具是必不可少的，这个工具包括了针对能量消耗的快速准确估计和电路设计以及具有一定功耗约束的系统的有效方法[27-34]。

迄今为止，已经开发的面向功率的 EDA 工具有两个主要的方向：

1）分析和建模；

2）电路和系统功耗的优化（降低）。

如图 10.7 所示，已经在几个抽象级上开发了关于这两个方向的工具（即输入设计描述的水平），如晶体管级、门（逻辑）级、寄存器传送（RT、架构）级以及行为（算法、系统）级[28-35]。互连晶体管的网络列表处于晶体管级，而互连逻辑单元的网络列表在逻辑级。在寄存器传送级，设计使用硬件描述语言（如 VHDL），在行为级，设计的功能使用硬件描述语言（具有更抽象的函数）或高级编程语言来描述，如 C、C++ 以及 System C 语言。

虽然分析、综合和优化数字电路和系统的 EDA 工具的发展是快速的且令人

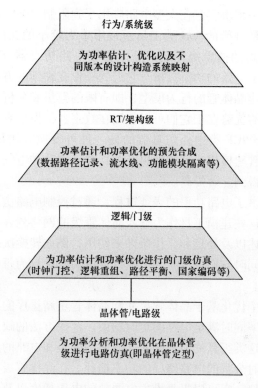

图 10.7　具有功率分析和优化步骤的面向功率设计流程

满意的，但设计自动化的模拟部分一直没能跟上其需求的步伐。尽管在这个领域已经作了一些努力和尝试，但实用的且高效的功率感知分析和优化工具仍然未得到模拟电路设计团体的普遍接受和认可[36,37]。与数字电路 EDA 工具相比，模拟功率感知 EDA 工具的存在成为混合电路和系统设计过程的严重瓶颈。现有的模拟设计自动化方法通过利用广泛的电路（SPICE 类）仿真，在精确的晶体管模型（如 EKV 亚阈值模型[15]）基础上，正在试图优化性能和功率，以调整晶体管的尺寸。确定电路尺寸的另一种可替换方法是基于公式的方法，即基于简化的设备方程和近似计算。另外一种选择是使用模拟/混合信号语音（AMS - HDL）[38]以加速模拟混合信号的电流和功率仿真。虽然 Verilog - AMS 和 VHDL - AMS 等语言具有非常好的功能，但它们实际上只适用于全芯片的功能验证。这些方法不适用于精确的晶体管级功率和混合信号定时分析，因为它们无法准确地建立模拟电路和设备级影响的模型，设备级影响可能会导致漏电。

10.8.1　晶体管级工具

在晶体管级的功率分析工具是最准确的，也最需要耗时分析。它们的运行时间特性应结合这样一个事实：在大型电路应用受到限制之前，整个晶体管级描述对于设计人员而言是可行的。这类工具通常用于为较小的元件（表征）建立功率模型，以便在更高的抽象级使用。晶体管级电路仿真器（SPICE 类仿真器）可以很容易地应用于电路的功率分析。它们的操作在详细的方程基础上进行，从而在不同条件下构建晶体管的行为模型，即有限的容量和分析速度。使用电路仿真器进行功率分析的优势在于它们可以应用在数字、模拟或者混合信号电路以及传输线路分析中。SPICE 类电路仿真器的另一种可替换方法是开关级的功率分析，即将每个晶体管建模成一个非理想开关，并且将几种电气特性考虑在内，使得容量和运行时间得到显著提高。

由建模工具提供了电路功率的表征过程，通过控制电路仿真引擎以产生所需的功率表征数据。这些建模工具作为输入晶体管级的网络列表和需要被表征的每一个单元的功能描述以及处理和操作条件来使用，例如转换次数、输出负载、温度、电源电压等，同时它们进行激励生成以促进仿真并且为每个单元产生功率表征数据。

晶体管级的功率优化基于晶体管尺寸和晶体管重新排序的概念，即采用最小的晶体管实现低功率同时满足电路的定时约束。这些方法的缺点是它们只能应用在定制的设计中。这类工具的输入是晶体管网络列表和电路的定时约束，其目标在于降低具有正定时余量的电路路径的功率损耗。在晶体管级，另一类功率优化工具关注电网分析仪，它可以报告沿着电源轨的电压梯度以及电源轨上不同点处的电流密度，从而对电迁移违规进行提示。

晶体管级功率分析工具的例子有 Synopsy 公司的 HSPICE[39]、Cadence 公司（电路仿真器）的 PSPICE[40]、Synopsy 公司（开关级功率分析仪）的 NanSim[41]以及 Magma Design Automation 公司（晶体管级建模仪）的 SiliconSmart[42]。晶体管级功率优化工具有 Synopsy 公司的 AMPS[43] 和 RailMill[44]。

10.8.2 门级或逻辑级工具

为了提高晶体管级工具的速度和能力，引入逻辑级或者门级 EDA 工具，这类工具在特殊的应用集成电路（ASIC）设计过程中比晶体管级工具更具有兼容性。然而门级工具的容量仍然有限，它表现出的缺点是，在门级工具应用到完整的设计（合成和仿真）之前，可以获得丰富的功率值。

门级功率分析工具基于逻辑仿真节点的活动结果可以计算出每个逻辑器件（逻辑门、触发器、多路复用器等）消耗的功率。它们的输入是设计的结构化网络列表（HDL 代码）、逻辑器件的功率模型以及由逻辑仿真产生的每个逻辑器件的活动信息。门级功率分析工具的准确性低于晶体管级工具。

逻辑合成工具中包含了门级功率优化工具，从而提高了逻辑合成过程的功耗以及定时和区域。为了降低动态电压和漏极功率损耗，这些工具寻求节能的机会并加以改变，如时钟门控、单元隔离、逻辑重组、路径平衡、状态编码、重新定时、双阈值电压或双电源电压单元交换。在不违反定时约束的条件下，可以实现功耗降低量高达 25%。

门级分析工具的例子有 Synopsy 公司的 PrimePower[45]，而在这一级市场上销售的功率优化工具是 Synopsy 公司的 PrimeComplier[46] 和 Cadence 公司的低功率解决方案[47]。

10.8.3　寄存器传输级工具

寄存器传输（RT）或架构级是指完成大部分系统功能的设计的等级水平。正因为如此，这一级的功率分析和优化变得非常重要。RT 级面向功率的工具主要用于设计工具，而门级和晶体管级工具主要作为验证工具，因为当完成设计过程中最具创造性的部分时它们才得到应用。然而在定制的电路设计中（数字、模拟或混合信号），设计人员应使用晶体管工具进行电路设计和表征。

架构级功率估计工具相比前面定义的其他两级不够精确，但它们能够帮助设计人员在早期的设计阶段做出决定并提供更快的运行时间。在速度方面，RT 级工具的速度比门级工具大约快一个数量级，反过来，这类工具比晶体管级工具还快一个数量级，而在精度方面，RT 级功率估计是实际测量的 20%。

架构功率分析工具对硬件描述语言描述的 RT 级设计的功率损耗进行估计。估计过程在合成之前完成，其结果与 RT 级代码相关以表示对设计部分的功率贡献。在这一级，功率分析工具的输入是 RT 级代码，在输入端施加一个推理过程，将 RT – 级代码转换为实例的网络列表，例如加法器、寄存器、解码器以及存储器。之后使用高级别功率模型在特定的实例基础上估计功率损耗。器件尚未出现在设计中，比如时钟分布和布线电容，根据后续设计步骤制定的规范对器件进行评估。

架构功率优化工具作为输入 RT 级的描述来使用，并产生功率优化 RT 级描述，从而实现优化过程，比如时钟门控、数据路径排序、流水线、记忆重组、功能模块隔离和减少、数据路径预先计算以及功能模块的空闲条件监测。

RT 级分析工具的例子有 Apache 设计解决方案的 PowerArtist[48]，而在这一级商用的功率优化工具是 PowerArtist、Synopsy 公司的 PowerCompiler[46] 以及 Magma Design Automation 公司的 Talus PowerPro[49]。

10.8.4　行为级功率和功率仿真

行为级功率分析工具作为输入设计来使用，这类工具用行为硬件描述语言或高级编程语言进行描述，如 C、C ++ 和 System C 语言。它们的显著特点是系统设计人员可以在设计过程最开始的阶段进行功率分析。此外由于在较高的抽象级上功率减少的概率更大，所以在这一级进行功率优化评估是非常有效的。在系统级功率分析工具中，必须进行语言结构和硬件对象之间的映射，以便顺利地实现功率估计。通过分析调度、分配和绑定技术的各种组合，然后产生功耗结果以及性能和面积估计来实现这一目标。

行为级功率优化基于目标设计的不同版本之间的比较，以便选择功率最佳的一种功率分析。每一个设计版本被映射到预先表征（在功耗方面）的对象上。在这一级的优化包括重新调度控制和数据流、降低存储器访问的次数、尽量减少整体的存储需求、使用不同的数据编码、面向功率的存储器分区以及硬件 – 软件映射。

ChipVision 公司的 PowerOpt[50] 是一款商用的行为级功率分析工具，而 IMEC 公司开发的 Atomium[51] 是行为级功率优化的工具。

电路规模和测试台复杂性的增加限制了功率评估工具的能力。功率仿真[52] 利用硬件加速来大幅度提高功率评估的速度。采用的功率仿真是基于这样的观察：通过评估不同的电路组件的功率模型来完成典型的功率估计和分析，基于电路仿真阶段中每一个组件上可视的输入值以及集中各个组件的功率损耗以计算出设计的总功耗。在功率估计和分析（功率模型评估、聚合等）期间完成的功能可以作为硬件组件来实施。因此可以使用"功率估计硬件"来增强任何给定的设计，并将其映射到一个原型平台（即基于 FPGA 的平台），利用任何给定的测试仿真来运行此平台，从而获得功率损耗估计并且支持功率优化行为。

10.9 小结

在本章中，为了让读者更深入地了解特定的设计选择对模拟和数字领域中电路功率性能的影响，已经分析了数字和模拟领域的低功率设计的特殊性。此外对新的设计技术能够弥合模拟和数字领域的争论进行探讨，这种技术是一种成功的混合信号且超低功率的设计，它适用于能量收集应用。最后针对低功率模拟和数字电路的设计，回顾了商用的面向功率的 EDA 工具，为读者进行低功率模拟和数字电路设计提供了一个可参考的且有效的方法。

参 考 文 献

[1] J. Kahn, R. Katz, and K. Pister, "Next century challenges: Mobile networking for smart dust," in *Proc. of the ACM International Conference on Mobile Computing and Networking* (*MobiCom*), August 1999, pp. 271–278.

[2] M. Hempstead, N. Tripathi, P. Mauro, G. Wei, and D. Brooks, "An ultra-low power system architecture for sensor network applications," in *Proc. of the International Symposium on Computer Architecture* (*ISCA*), June 2005, pp. 208–219.

[3] S. Priya, and D. J. Inman (Eds.), *Energy Harvesting Technologies*, New York: Springer, 2009.

[4] L. Schwiebert, S. Gupta, and J. Weinmann, "Research challenges in wireless networks of biomedical sensors," in *Proc. of the ACM International Conference on Mobile Computing and Networking (MobiCom)*, July 2001, pp. 151–165.

[5] R. Weinstein, "RFID: A technical overview and its application to the enterprise," *IEEE IT Professional*, vol. 7, no. 3, pp. 27–33, May–June 2005.

[6] L. Bisdounis and O. Koufopavlou, "Short-circuit energy dissipation modeling for sub-micrometer CMOS gates," *IEEE Trans. Circuits & Systems I: Fundamental Theory and Applications*, vol. 47, no. 9, pp. 1350–1361, September 2000.

[7] J. D. Carothers and R. Radjassamy, "Low-power VLSI design techniques—the current state," *Integrated Computer-Aided Engineering, IOS Press*, vol. 5, no. 2, pp. 153–175, April 1998.

[8] J. Rabaey and M. Pedram (eds.), *Low Power Design Methodologies*, Boston: Kluwer Academic Publishers, 1996.

[9] D. Liu and C. Svensson, "Trading speed for low power by choice of supply and threshold voltages," *IEEE Journal of Solid State Circuits*, vol. 28, no. 1, pp. 10–18, January 1993.

[10] A. P. Chandrakasan and R. W. Brodersen, *Low Power Digital CMOS Design*, Boston: Kluwer Academic Publishers, 1995.

[11] A. P. Chandrakasan and R. W. Brodersen, "Minimizing power consumption in digital CMOS circuits," *Proceedings of the IEEE*, vol. 83, no. 4, pp. 498–523, April 1995.

[12] S. Wolf, *The Submicron MOSFET*, Sunset Beach, CA: Lattice Press, 1995.

[13] M. B. Srivastava, A. P. Chandrakasan, and R. W. Brodersen, "Predictive system shutdown and other architectural techniques," *IEEE Trans. Very Large Scale Integration (VLSI) Systems*, vol. 4, no. 1, pp. 42–55, March 1996.

[14] E. A. Vittoz, "Low-power design: Ways to approach the limits," in *Proc. of the IEEE International Symposium on Circuits and Systems (ISCAS)*, June 1994, pp. 14–18.

[15] C. C. Enz and E. A. Vittoz, "CMOS low-power analog circuit design," in Designing Low Power Digital Systems, Emerging Technologies Tutorial, *Proc. of the IEEE International Symposium on Circuits and Systems (ISCAS)*, May 1996, pp. 79–133.

[16] M. Declercq and M. Degrauwe, "Low-power/low-voltage IC design: An overview," *Advanced Engineering Course on Low-Power/Low-Voltage IC Design*, Lausanne, Switzerland: École Polytechnique Fédérale de Lausanne (EPFL), June 1994.

[17] A. P. Chandrakasan, S. Sheng, and R. W. Brodersen, "Low-power CMOS digital design," *IEEE Journal of Solid-State Circuits*, vol. 27, no. 4, pp. 473–484, April 1992.

[18] T. G. Noll and E. de Man, "Pushing the performance limits due to power dissipation of future ULSI chips," in *International Solid-State Circuits Conference (ISSCC) Digest of Technical Papers*, February 1992, pp. 1652–1655.

[19] R. Castello, and P. R. Gray, "Performance limitation in switched-capacitor filters," *IEEE Trans. Circuits Systems*, vol. CAS-32, no. 9, pp. 865–876, September 1985.

[20] C. Toumazou, G. Moschytz, and B. Gilbert (eds.), *Tradeoffs in Analog Circuits Design, A Designer's Companion*, Boston: Kluwer Academic Publishers, 2003.

[21] Y. Tsividis, "Companding in signal processing," *IEE Electronics Letters*, vol. 26, no. 17, pp. 1331–1332, August 1990.

[22] Y. Tsividis, "Externally linear, time-invariant systems and their application to companding signal processors," *IEEE Trans. on Circuits & Systems II: Analog and Digital Signal Processing*, vol. 44, no. 2, pp. 65–85, February 1997.

[23] E. Seevinck, "Companding current-mode integrator: A new circuit principle for continuous-time monolithic filters," *IEE Electronics Letters*, vol. 26, no. 24, pp. 2046–2047, November 1990.

[24] R. L. Geiger, P. E. Allen, and N. R. Strader, *VLSI Design Techniques for Analog and Digital Circuits*, New York: McGraw-Hill, 1990.

[25] A. Wang, B. H. Calhoun, and A. P. Chandrakasan, *Sub-threshold Design for Ultra Low-Power Systems*, New York: Springer, 2006.

[26] A. Tajalli and Y. Leblebici, *Extreme Low-Power Mixed Signal IC Design*, New York: Springer, 2010.

[27] J. Rabaey, *Low Power Design Essentials*, New York: Springer, 2009.

[28] D. Soudris, C. Piguet, and C. Goutis (eds.), *Designing CMOS Circuits for Low Power*, Dordrecht, The Netherlands: Kluwer Academic Publishers, 2002.

[29] M. Santarini, "Taking a bite out of power: Techniques for low-power ASIC design," *Electronic Design, Strategy & News (EDN) Magazine*, vol. 10, no. 11, May 2007.

[30] L. Benini, and G. De Micheli, "System-level power optimization: Techniques and tools," *ACM Trans. Design Automation of Electronic Systems*, vol. 5, no. 2, pp. 115–192, April 2000.

[31] E. Macii (ed.), *Ultra Low-Power Electronics and Design*, Dordrecht, The Netherlands: Kluwer Academic Publishers, 2004.

[32] C. Piguet (ed.), *Low-Power CMOS Circuits: Technology, Logic Design and CAD Tools*, Boca Raton, FL: CRC Press, 2006.

[33] M. Pedram and J. Rabaey (eds.), *Power Aware Design Methodologies*, Dordrecht, The Netherlands: Kluwer Academic Publishers, 2002.

[34] D. Chinnery and K. Keutzer, *Closing the Power Gap between ASIC & Custom: Tools and Techniques for Low Power Design*, New York: Springer, 2007.

[35] S. Henzler, *Power Management of Digital Circuits in Deep Sub-Micron CMOS Technologies*, New York: Springer, 2007.

[36] C. Toumazou, and C. A. Makris, "Analog IC design automation, Part I—Automated circuit generation: New concepts and methods," *IEEE Trans. Computer-Aided Design of Integrated Circuits and Systems*, vol. 14, no. 2, pp. 218–238, February 1995.

[37] J. Lee, and Y. B. Kim, "ASLIC: A low power CMOS analog circuit design automation," *Integration, The VLSI Journal, Elsevier*, vol. 39, no. 3, pp. 157–181, June 2006.

[38] B. Geden, "Taking power analysis to the transistor level for a full chip," *Electronic Design, Strategy & News (EDN) Magazine* (guest opinion), December 2009.

[39] Synopsys Inc., *HSPICE Simulation and Analysis, User Guide*, Mountain View, CA, 2007.

[40] Cadence Design Systems Inc., *Cadence PSPICE A/D & PSPICE Advanced Analysis, Technical Brief*, San Jose, CA, 2010.

[41] Synopsys Inc., *NanoSim Datasheet*, Mountain View, CA, 2001.

[42] Magma Design Automation Inc., *SiliconSmart Datasheet*, San Jose, CA, 2009.

[43] Synopsys Inc., *AMPS Datasheet*, Mountain View, CA, 1999.

[44] Synopsys Inc., *RailMill Datasheet*, Mountain View, CA, 2000.

[45] Synopsys Inc., *PrimePower Datasheet*, Mountain View, CA, 2002.

[46] Synopsys Inc., *PowerCompiler Datasheet*, Mountain View, CA, 2007.

[47] Cadence Design Systems Inc., *Building energy efficient ICs from the ground up*, White Paper, San Jose, CA, 2009.

[48] Apache Design Solutions Inc., *RTL Design for Power Methodology*, White Paper, San Jose, CA, 2010.

[49] Magma Design Automation Inc., *Talus PowerPro Datasheet*, San Jose, CA, 2008.

[50] ChipVision Design Systems Inc., *PowerOpt Datasheet*. Available online: http://www.chipvision.com/products/index.php

[51] F. Catthoor, *Unified Low-Power Design Flow for Data-Dominated Multimedia and Telecom Applications*, Boston: Kluwer Academic Publishers, 2000.

[52] J. Coburn, S. Ravi, and A. Raghunathan, "Power emulation: A new paradigm for power estimation," in *Proceedings of Design Automation Conference (DAC)*, June 2005, pp. 700–705.

第 11 章 面向低功率的无线传感器能量收集的建模方法和用于智能化能量感知中间件的现实仿真

Philipp M. Glatz、Leander B. Hörmann、Christian Steger 和 Reinhold Weiss

11.1 简介

具有集成的标准化无线收发器和通用 CPU 的低功率嵌入式系统架构使以前不可能的无线和移动设备成为可能。随着新架构的出现，移动娱乐平台、传感系统、自动化以及控制的质量不断提高。虽然高性能领域和低功率嵌入式系统架构已经非常成熟并且提供了许多折衷方案，但能量无线传感器网络（WSN）能量收集的领域从功率感知技术演变而来。

目前，针对各种无线嵌入式设备，已有大量的优化、建模方法和工具。然而仍然存在一些问题，即人们对功率感知和能量收集技术的深入理解有着强烈的需求。首先缺乏电池性能感知的低功率建模方法，其次只有很少的方法可用于评估能量收集架构的成本效益。之所以仍然存在这些悬而未决的问题，是因为在这些领域中用于设计空间的探索方法是非常有限的，其限制因素是系统的复杂度以及验证现实世界实验的模型和假设所需的时间。

本章介绍了无线嵌入式系统的现有设备和解决方案，特别强调了低功率解决方案和能量收集的概率。简要地描述了建模和仿真环境，包括无线通信仿真。将确定缺少合适的工具用于支持集成的低功率芯片、无线电以及能量收集这一问题。然后将讨论缩小至 WSN 领域中最先进的解决方案以及仿真环境。为功率分布和环境仿真提出了一种能量收集方法和插电式电池并将此作为一个案例来研究。另外将展示环境如何被用于描述 WSN 中能量存储 – 感知中间件的优化。通过对能量收集和微粒（传感器节点）硬件测量之间的比较来确定功率分布和能量仿真结果的精度。

11.2 移动和无线嵌入式系统的能量约束

由于普适计算[1]的出现和智能尘埃[2]的可视化，几个不同的科学领域和各种应用域的技术解决方案对人们的日常生活进行定位。

Akyildiz 等人[3]以及 Yick、Mukherjee 和 Ghosal[4]调查研究了 WSN 以及移动自组织网络（MANET），正如 Kahn、Katz 和 Pister[2]以及 Giordano[5]已经发现，这些网络以它们的方式进入了科学、技术和消费者应用中。特别是，当所学知识用于实现端用户应用的新颖优化时，在相关领域的实验中发现的结果已为改革创新铺平了道路。由 Jeffrey Sharkey 在 2009 年谷歌 I/O 开发者会议上的一次演讲中发表了关于从科学领域获得的知识如何促进创新的典型例子。他的演讲的主要议题是"生命编码"，可以引用其介绍性大纲的部分内容进行最好的描述：

> 移动应用的 3 个最重要的考虑因素依次是电池寿命、电池寿命和电池寿命。

这反映了节能问题的一般性质。与其他因素不同的是，通常它会严重地影响移动和分布式系统。演讲还介绍了节能方案，这些方案是首次专门针对 WSN 和 MANET 所做的研究，以便实现一段时间后的端用户应用。一些问题像①使用低功率模式；②估计处理和传输功率的能量损耗；③节能具有机会主义行为；④使用看似很明显的事件驱动范式。然而针对所考虑的应用领域，开发人员的范式在当时还没有转移到这些议题上。

在 WSN 的电池性能感知中可以发现类似的情况。虽然存在具有电池感知能力的仿真环境，并且事实上许多电池的性能模型远远优于线性模型，但是缺乏证据表明，因为来自仿真的功率分布结果没有与电池性能的实际硬件测量值做过比较。这种情况与能量收集的建模和成本－效益硬件的确定是类似的。Wan Du 等人[6]调查研究了不同的 WSN 仿真环境，但是未能成功地实现将功率分布的电压相关性、放电率以及张弛效应或温度依赖进行合并[7]。建模的误差来源于忽略了这些效应和能量收集效率模型的影响，当测量节能优化方法时模型误差使得问题更复杂[8]。

11.2.1　本章结构

本章提出一个观点：如果基于支持它们实施和仿真的理论框架或工具上缺少了某些东西，则从一个领域到另一个领域优化的映射可行方法（例如从 WSN/MANET 研究到智能手机实现）以及单一研究领域内的发展会受到极大地抑制。出于这个原因，本章首先概述了硬件上最先进的低功率高能效的收集支持技术、它的测量和仿真技术以及该领域中主要参与者的可用工具链。总结相关工作，认为缺乏仿真中电池建模的支持以及系统建模环境中收集硬件尺寸的工具，尤其是缺乏不同抽象级的仿真和分析的无缝集成。因为没有这样的工具，系统架构师则选择具有良好特性的能量收集设备（EHD），例如，在相同的设计步骤下探索不同的低压降输出（LDO）调节器模拟设计，在系统级设计能量收集系统（EHS）为 WSN 微尘供电。然而针对不同类型的系统运行或仿真不同类型的应用设置，设计系统的效率可能会发生剧烈变化，即使 Hormann 等人[9]将占空比（DC）的设置作为评估的基本标准。由于 WSN 和 MANET 具有许多相似的特性，但是 WSN 往往更容易受到资源的约束，选择 WSN 平台作为示例以展示新工具和技术。这些技术包括电池模型评估和其对 WSN 仿真集成以及对具有能量效率建模的 EHS 和 EHD 进行表征。然后将这些以能量存储为重点的结果应用到新型优化技术的仿真设置中，其中新型优化技术是针对网络中间件而设计的。WSN 为能量受限的设备提供了良好的示范作用，特别是当涉及低功率、节能、电池性能和能量收集技术方面。11.4 节将讨论功率分析仿真和硬件测量的结果。这些结果的准确性也将被讨论。总之这为后面两节关于 WSN 和嵌入式系统的电池模型实施以及评估提供了基础。最后在本章的小结部分讨论了未来的发展前景和方向。

11.3 能量收集技术的工业工具链及相关工作

本节分为两个部分。首先简要地描述了低功率和能量收集解决方案领域的一些主要参与者的工具链和硬件平台，为此总结现有方法的完整性并确定了缺少的环节。其次介绍了相关工作，为缺失的部分提供了一些背景和相关工作的亮点。它们将作为电池和收集建模及仿真的能量感知考虑的依据。

11.3.1 建模、仿真和实施的工业平台

关于工业能量感知工具链和硬件的简短概述其范围仅限于与 WSN 相关的技术。

11.3.1.1 德州仪器（TI）

最先进的 WSN 平台称为 TelosB[10]，它通过使用 MSP430 系列的中央处理单元（CPU）产品来实现。指令级仿真和仿真引擎适用于 TelosB。此外对于 WSN 而言，现有的仿真工具可以集成为一个嵌入式系统（ES）平台，如 TelosB 的仿真可以跨越不同的抽象级。TOSSIM[11]是一种仿真环境，它允许仿真与信道效应相结合。对于这样的仿真环境，存在像 Power TOSSIM 的扩展以实现功率分析功能。功率分析对不同类型的 TOSSIM 都适用，其中一个示例由 Perla 等人[12]提出，也同样存在其他选项。Avrora[13]和 AEON[14]中的功率分析扩展版本甚至可以在指令级完成功率分析。

11.3.1.2 Atmel

基于 ARM 的 Mica[15]平台，它有几种可用的良好集成的混合仿真方法，这些方法考虑了不同的抽象级。ATEMU[16]给出了一个众所周知的例子：ATmelEMUlator。

对于两种类型的平台——TI 和 ARM，它们的 ES 缺乏集成表现的电池模型，尽管功率仿真是这些平台被很好理解的一个方面。关于电池模型的可能集成的扩

展观点，例如 PAWiS 环境[17]，但是这种观点缺少合适的实现方法。

现有的方法甚至尝试将若干不同的技术进行组合。COOJA[18] 将 Avrora 与 TOSSIM 和 NS‐2 进行集成和互连以涵盖指令级操作系统的注意事项以及网络级的问题。

11.3.1.3　能量收集建模和仿真

随着 EHS 增强型 WSN 的出现，其能量受限领域正在有针对性地得以解决。对于 ARM 和 TI 这两种平台，在 EHS 解决方案中集成了它们最知名的微尘技术。而 Heliomote 和 Prometheus 完全或主要依赖于可再充电电池，其他具有 ARM 和 TI 平台的 EHS 解决方案是由双层电容器（DLC）构成的能量存储结构供电。在 Glatz 等人[19] 提出的 EHS 方案中，提供了一个 Mica2 微尘以及 RiverMote[20] 平台，通过使用相同的处理器和集成的 EHS 实现 TelosB 平台。

与功率分析仿真问题相比，在设计一个具有能量收集作用的系统时，事情就会变得更加复杂。在 NXP 收购 Jennic 或 TI 推出类似于 E2430‐RF2500‐SHE 的设计包中，可以发现更复杂的 WSN 和收集能量的处理需求迹象。随着时间的推移，特别是自 2009 年和 2010 年平台的出现，更多的平台实现了低功率状态和短期高速操作之间的完美平衡。TI CC430 和 ATmega128RFAl 设计很好地满足了高性能和 EHS 低功率的要求。

然而只有少数的工具是针对 EHS 仿真的，此外科学界缺乏一种结合系统级仿真和网络级仿真的集成方法。如 Mateu 和 Moll[21] 提出的方法，该方法受限于单一的硬件实例方面的考虑。针对网络级收集系统的考虑，大多数环境对随机建模采用非常抽象的观点，正如在 Seyedi 和 Sikdar[22] 中所研究的一样。少数集成的解决方案，如 Merrett 等人[23] 和 De Mil 等人[24] 的研究，缺少通用的工具以完成对硬件的准确测量并对仿真的结果进行验证。在 Glatz、Steger 和 Weiss[25] 中提出另一种方法 Tospie2，它集成了功率状态模型（PSM）和 EHS 效率模型（EEM）的准确分析，但该架构是一个非常松散的耦合系统。

11.3.2　WSN 的电池模型和应用

当对低功率 ES 架构的功耗进行建模和仿真时，需要一个坚实的基础，即比较不同功率感知的优化技术。为实现准确的 WSN 功耗分析（即电池效应建模），往往会忽略一些问题，因此对电池特性装置、电池效应建模以及应用的网络优化技术的相关工作进行概述。

当对系统进行调谐时，应考虑不同类型的能量存储设备，其中设备的每个类型意味着其具有特殊的属性。然而由于现有的仿真环境缺乏对不可充电电池的支持，将限制这些类型的描述。可充电电池和它们的影响将不会被考虑，但是为了本书的范围扩展至无电池系统，则考虑具有 DLC 的系统。

11.3.2.1 自动化电池表征装置

在给定时间点的电池性能取决于影响系统的几个因素，也取决于具有存储器的系统。过去存在的温度历史的不同可能性、负载的放电速率、目前的电荷状态（SOC）以及这些值的可能组合，导致电池所处的环境各不相同。因此分析性能特征—如对于碱锰类型的 Duracell 主要单元[26]—可能需要一些时间来准确地测量。一般来说，表征可基于 SOC 测量来进行，该测量方法有化学方法、电流积分方法或电压测量方法。为了找到可以集成在 WSN 微尘上的分析方法，然而化学方法和电流积分方法是不切实际的。

为了分析 SOC，Pop 等人[27]提出了基于电压的测量方法。他们还讨论了健康状况（SOH）测量的可行性，该方法经过扩展之后特别适用于可再充电系统。Schweighofer、Raab 和 Brasseur[28]以及 Abu – Sharkh 和 Doerffel[29]提出了针对不同类型的电池（充电和放电性能）分析装置。Schweighofer、Raab 和 Brasseur[28]提供了电池的简单等效电路图（ECD），即使用内部电阻和两个具有不同时间常数的低通滤波器为电池建模。

11.3.2.2 电池效应建模

电池效应的 ECD 建模在电子和计算机工程领域相当普遍。正如 Rao、Vrudhula 和 Rakhmatov[30]所述，关于充电量的实际电池性能，其理论能力和实际能力的区分主要取决于放电速率、温度条件和老化效应。更好的实际性能意味着在电池截止电压到达之前提取更多的电荷。对于主单元而言，为了提高性能可以利用恢复效应。

由 Salameh、Casacca 和 Lynch[30]给出了 Thevenin 电池模型和具有 ECD 的线性电气模型，而这两种模型提供了不同的简单经验模型，Linden[31]解释了 Peukert 的幂次定律以及 Pedram 和 Wu[32]的模型。所有这些模型的共同点是将电池建模成为具有存储器的非线性系统。尽管模型评估实验具有一个数量级或者低于一个数量级的误差，但仍然需要考虑存在的一些副作用，因为通过使用这些标准模型和改进的模型无法完全应对 WSN 的副作用。

首先，由于组件的电压范围受限，通常无法实现电池到漏极的截止电压以及对转换器能力和效率的要求。根据仿真积分的类型，当首次接近更低的阈值时，应从仿真中移除微尘，如果在弛豫阶段可以假设适当的功能，则应暂时关闭微尘。

其次，在仿真环境中使用的 SOC 效应评估不能直接映射成现实环境的部署。仿真的 SOC 模型可以利用大量的计算功率，而当资源非常有限时运行阶段会出现几个难题。基于电压的 SOC 判定方法的精度取决于测量能力和 ADC（模拟 – 数字转换器）的精度。此外通过将电池模型应用到运行阶段，SOC 的判定则成为计算型要求。特别是收集并准确记录长期的一系列负载特性会增加问题的复杂性。Glatz、Hörmann 和 Weiss[20] 描述了针对 EHS 增强型 WSN 平台测量的精度，在相关领域其测量精度值低于 10%。将这种偏差添加到电池模型的输入端可能会极大地限制模型的性能。最后使用先进的平台使得定时测量和记录结果对应用的 PSM 造成严重影响。

同样地，为了近似地估计电池的性能，EHS 能量存储结构通常不能仅用曲线拟合技术进行建模，因此 EEM 和泄漏用于计算动态和静态能量预算。本章将主要集中介绍电池建模考虑和静态 EHS 的影响。

11.3.2.3 电池技术和网络优化

能量存储特性的相关知识可以应用在功率管理技术和优化上。由 Nuggehalli、Srinivasan 和 Rao[33] 以及 Ma 和 Yang[34] 提出的传输调度和流量调节技术[35] 尤为适用。能量存储性能的建模问题其处理需要负载的测量、分析和有效的算法。这个事实—为证明新的能量存储技术工作所花费的时间—使得电池建模和优化落后于当前的技术能力和应用需求。因此即使新的技术性能可能优于旧的技术，在本章的建模部分是基于技术而考虑的，因为它们可以与一些例子进行比较，如 YEG 组件[36] 和 EPCOS[37] 的超级电容器，以及 White 和 Beeby[38]、Belleville 等人[39] 和 Chu[40] 的电池以及能量收集。最近的发展包括基于石墨烯的超级电容器（Stoller 等人）[41] 和具有碳纳米纤维的锂离子电池（Fan 等人）[42]。

11.4 功率分析的精度和概念性考虑

本章的概念部分从实验和相关功率分析方法开始。对概念的表达和可能的精度进行量化。优化功率分析的不同方面仍然值得考虑。

11.4.1 WSN 功率分析基于功率状态模型的表达

在 Glatz 等人[19] 的研究中提出了 EHS 和 Mica2 微尘，Glatz 等人[8] 提出了 RiverMote 和测量装置用于尺寸标注、建模和测量系统。

图 11.1 用于比较基于仿真的功率分析和硬件测量的结果。虽然在 Tospie2[25] 提出的 Avrora 允许对功率痕迹和主要组件的功率状态开关进行适当地分析，但在应用这些仿真方法时仍然需要注意一些问题。

11.4.1.1 问题与仿真环境

首先当涉及使用无线电时，有几个方面难以准确地建模。这主要是由于不同的输出功率和复杂的信号传播问题以及微尘之间的媒体访问控制（MAC）相互作用造成的。其次它是一项重要的任务，从这些比较结果中为基于仿真的方法推导出校正值，反之亦然。开发人员利用 Tospie2 尝试处理 PSM 数据库，它保存了所有不同功率状态的功率值并允许设置瞬时效应的时间跨度。

11.4.1.2 仿真评估结果

将图 11.1 显示的能量、功率以及定时结果归纳总结在表 11.1 中。几乎所有的 WSN 平台应慎重考虑无线电激活和其功率损耗。为了实现低功率或具有能量中和操作（ENO）能力的 WSN，对低功率监听（LPL）进行评估，因为人们希望长期部署的应用在大部分时间处于休眠状态，与通信或多媒体网络不同，LPL 在它们的 PSM 中应发挥重要的作用。其主要目的不是使得发送过程简单化，而是降低监听成本。另一方面的原因是发送功率在大多数平台上是不断变化的，而监听功率损耗在大部分时间上几乎固定不变。总之 LPL 是一个极其重要的 PSM 部分，用于比较基于仿真、基于测量、分析和具有注释的混合功率分析模型的质量。

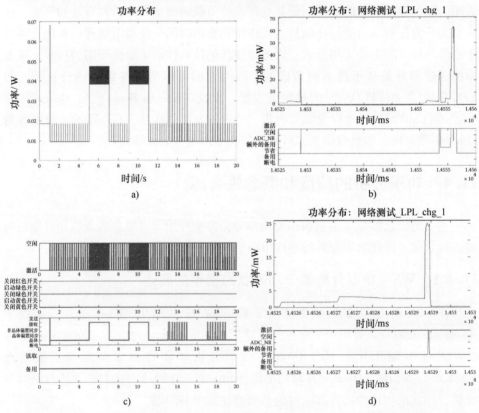

图 11.1　a）~h）基于仿真的方法（Avrora 功率分布，11.1a；功率状态，11.1c；LPL 峰值 11.1e）可以提供较好的估计，就硬件模型和定时精度而言可以认为是不同的问题。当涉及短期无线电激活状态时，硬件测量能够给出更为准确的结果，这可以从功率分布和状态开关图中看出，11.1g；完整的无线电激活过程，11.1b；中断的第一个峰值，11.1d；第二个峰值包括完全的无线电激活，11.1f；测量一个完整的 LPL 周期为 255ms，11.1h

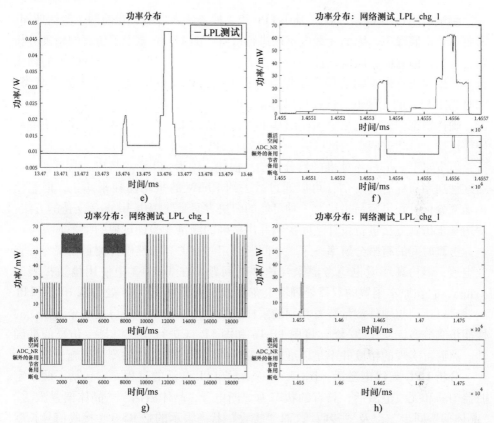

图 11.1　a）～h）基于仿真的方法（Avrora 功率分布，11.1a；功率状态，11.1c；LPL 峰值 11.1e）可以提供较好的估计，就硬件模型和定时精度而言可以认为是不同的问题。当涉及短期无线电激活状态时，硬件测量能够给出更为准确的结果，这可以从功率分布和状态开关图中看出，11.1g；完整的无线电激活过程，11.1b；中断的第一个峰值，11.1d；第二个峰值包括完全的无线电激活，11.1f；测量一个完整的 LPL 周期为 255ms，11.1h（续）

表 11.1　基于测量方法的功率分布与那些使用标准 PSM 从仿真中收集的数据进行比较的主要结果。LPL 使用具有 1/4s 的休眠时间间隔

轨迹类型	平均功率/mW	时间/ms	能量/μJ
NI 第一峰值	2.3322	5.0100	11.680
NI 第二峰值	9.6604	7.0100	67.720
NI 两个峰值	2.6162	32.0100	83.746
NI 完整周期	0.4678	255.0100	119.286
Sim 第一峰值	12.4000	0.1497	1.900
Sim 第二峰值	17.9000	2.9448	52.600
Sim 两个峰值	10.2000	28.2006	288.100
Sim 完整周期	9.4000	252.1088	2372.400

测试应用每 4s 唤醒一次，其中 LPL 用于检查输入传输。在前两个激活期间，需要估计本底噪声，因此无线电不断进行监听。图 11.1c 显示了仿真的精确分析状态开关，而它们相应的硬件测量状态开关如图 11.1g 所示。TinyOS2.1 的错误行为得到纠正。最新的实现方法保持串行外设接口（SPI）总线处于激活状态，同时关闭 LPL 的无线电。这样可以防止 CPU 进入休眠状态。

硬件模型问题—这是单独使用基于仿真方法的第一个大问题：错误的机器或硬件模型。虽然这两个测试以完全相同的（SPI–校正 LPL）可执行的二进制运行，但事实上 Avrora 不能准确地分析功率损耗，因为 SPI 活动超出了其范围。虽然这种功率损耗的过度估计可以通过减去约 10mW 的平均功耗来纠正，但它使得功率分析过程更容易出错。一种可能的解决方案是使用由 Tospie2 支持的方法：使用基于仿真方法进行设计空间探索并用精确的测量来验证重要的结果。

仿真时间的有限分辨率—第二个问题与定时有关。虽然硬件测量需要考虑香农定理，但仿真环境也应考虑采样速率的问题。在 Tospie2 中使用稍微扩展的 Avrora，它在原本闲置的双核处理器上花费 1h，以便在 100 Ks 处仿真 10s 的 LPL 测试，以达到与硬件测量装置相同的采样速率。为了在本章获得更加令人接受的性能仿真分布，使用 20 kS，将图 11.1e 和图 11.1f 进行比较以显示仿真的准确性。然而可实现的精度并不足以准确地分析低功率网络优化的测量措施。

分析 LPL 无线电激活—图 11.1b 显示了 LPL 激活的过程。它包括了两个定时器中断和无线电激活，具有的状态为"断电""晶体激活""晶体偏置激活""晶体偏置同步"以及"接收"，而"接收"状态表示的是 RSSI（接收信号长度指示器）测量。表 11.1 告诉人们，仿真结果精确度还远远不足以跟踪计时器事件的功率损耗。由于机器模型的影响（在图 11.1b 中，时间间隔为 $t = 14.53 \sim 14.55\text{s}$），无法容易地比较两个计时器中断之间的时间间隔。因此将讨论集中在第二个计时器中断和无线电激活阶段，如图 11.1e 和图 11.1f 所示的仿真和测量。表 11.1 中它们的估计值（第二个峰值）显示定时和功率值不断发生变化，导致仿真结果具有大于 22% 的误差。

LPL 的平均功率损耗—本书认为，单独设置 LPL（没有输入的消息）已经占据总能量需求的 70% 以上，超过 22% 的误差是不能接受的。从功率分析角度来看，使用这种方法在开发新协议时对功率优化能力进行性能分析是无益的。虽然仿真环境对表征方法而言是非常重要的工具，但是还需要其他方法，例如测量、分析措施或混合方法。如果没有接收到信息，在整个 LPL 阶段应基于平均功率损耗来进一步计算所需的能量，大约测量得该能量为 $P_{\text{LPL,period}} = 468\mu\text{W}$。

平均收发器功率损耗—发送单个消息所需的能量预算取决于前同步码长度、消息与其本身的有效载荷所需的发送时间以及发送功率。为了实际确定消息是否被另一方接收，还必须考虑它们的天线模型、信道模型以及 MAC 因素。因此在这里不再评估功率分析仿真环境的精度，因为对于实际的任何应用而言，人们可能会发现一个设置会产生整体所需能量的准确值，但只有仿真：在特定的应用中已调整的设置可能在另外的应用中会彻底失败。需要注意的是，这超出了本章的范围，并且提醒读者，虽然可以预料到仿真的功率损耗存在着显著误差，但是不能确定该误差到底是什么。几种仿真条件，特别是水、人类以及粮食作物可能让准确的离线误差分析在真实的部署环境失效。作者认为值得将时间花费在为部署环境（特别是微尘位置、温度依赖性、激活以及重置策略）建立设计规则和最佳的实践指南上。尽管如此，人们认为最好还是使用最大传输功率和简单的开槽网络设计，即使在最坏的情况下也能对功率损耗进行离线分析，而覆盖效率和不确定性以及基于同步的 MAC 协议可能具有更少的能量需求。长期运行的低功率嵌入式系统的特点在它们的设计过程中强加了错误感知和确定性驱动方法的需求。因此在这里不予考虑这些无法确定的方法，尽管它们可能会节省能量。

最坏情况分析是基于测量功率损耗分析的结果。虽然微尘与微尘之间存在着显著的变化，但当微尘发送时，假设有效的功率损耗大约为 65mW。如果发射功率保持恒定，则在传输过程中实际的平均功率损耗会不断变化。为了测量上述 LPL 实验的前同步码长度，还假设消息传输需要 260ms，直到电源状态再次改变为止。因此一次传输所需的平均功率为 16.900mJ。微尘监听输入的消息，经测量微尘消耗的能量大约是 7.575mJ，这是平均发送过程中的第 22309 部分。根据发送器开始发送前同步码和接收器采样 RSSI 的时间偏移，接收器收到一条消息时所需的能量可能在 0.119~15.032mJ 变化，大于 7.575mJ 的预期能量值。因此作者建议引入一个随机变量并针对所需能量的上限和下限进行网络评估。这可能为调整网络机制，特别是微尘同步来获得能量指明了方向。

选择合适的前同步码长度—根据网络部署的密集程度，对整体网络节能进行优化时，不同的 LPL 前同步码长度可能是最优的。假设能量感知或能量管理协议是有效的，其中微尘可以相应地平衡它们的能量或它们的工作量。

比较两种情况，并说明具有完全邻接矩阵的九节点网络之间的权衡，如图 11.2 所示：8 个微尘上传它们的数据到如图 11.2a 所示的根节点或簇头，另一个微尘下载信息到图 11.2b 的网络（如网络控制）。平面图假设 RiverMote 的 DLC 能量预算，并进一步假设负载均衡或能量管理是可用的，这样可以对整个网络的能量预算进行建模而不是单个微尘的能量。使用同样的方式对单个微尘的能量预算进行建模，但所建立的模型仅能够提供少量的知识而这将使目前的讨论复杂化。建模结果表明，网络连接或密度会严重影响能量模型。图 11.2c 更详细地显示了最坏情况下 MAC 同步的不同网络设置和图 11.1 中最大的仿真误差分析。可以看出，LPL 前同步码长度的选择可能受到扩展性、实时或者信道容量的限制，如果选择较短的 LPL 阶段则会影响所需的整体网络能量。当使用小的前同步码

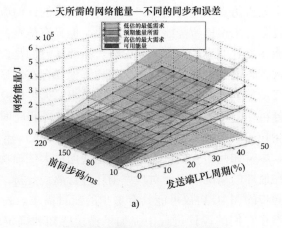

a)

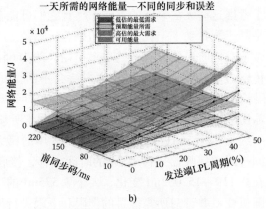

b)

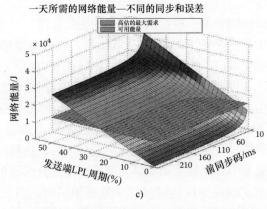

c)

图 11.2　能量预算和 9 个节点网络的需求，其中所有的微尘位于彼此的通信
范围内。与可用的能量预算相比，在不同的 LPL 设置、传输速率、MAC 同步、建模误差
以及发送者的数量情况下显示不同的结果

时，网络消耗超过 50% 的能量；例如在图 11.2b 中 5ms 和 255ms 的 LPL 周期所需的低估、预期以及高估的能量分别是 10100J 而不是 2500J；是 13310J 而不是 23940J；是 28570J 而不是 42620J。最大持续数据传输速率随着可用能量而线性增加；LPL 周期的 0~50% 用于发送数据。在 9 个微尘中有 8 个微尘用于发送数据（见图 11.2a），对于 1686 J 的可用能量，最大持续数据速率是 2%（高估）~ 5%（低估）。

CPU、传感器和数据记录的能量需求—图 11.3 显示了 Mica2 微尘上光传感器的采样过程。从图中可以看出读取 TinyOS2 传感器所需的时间间隔为 9ms，而 ADC 上实际转换值只需 260μs。ADC 被赋予的时间间隔较长，其目的是让时间值固定下来。在初始化阶段，当 CPU 处于活跃状态时，预期的最大功率损耗约为 48mW。必须将时间测量考虑在内，包括具有硬件抽象的软件以及访问次数。

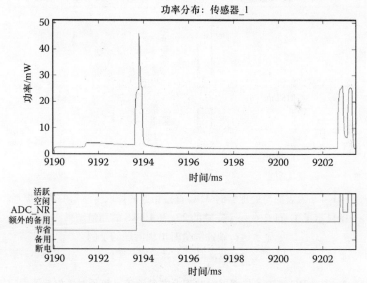

图 11.3　在具有 Mica2 微尘的 MTS300 传感器板上光传感器的读取 – 完成读取

图 11.4 显示了硬件测量装置的功率分布，这与之前在图 11.1 中无线电测量相似。其余的图是指实际操作传感器的第二个峰值，它由图 11.3 单独显示。最后图 11.5 显示了校正后的测量结果。将所测量的结果总结在表 11.2 中，事实证明，对传感器采样所消耗的能量（43μJ）与 LPL 传感信道消耗的能量（83μJ）相似。这里指出，对传感器读数的功率损耗建模是非常困难的，实际上更难以给出仿真环境的准确估计。在这里介绍这部分内容是因为当前的文献缺乏示范性传感器的详细比较。其他平台和传感器可能会以其他方式运行，但这里给出的例子完全呈现了准确建模、定量讨论和估计 WSN 优化措施所需的方法。对于同一平台，在 Glatz、Steger 和 Weiss[43] 的研究中可以找到其他精确的传感器和驱动器配

置，其中将它们放置在被优化的背景下以满足低成本和精确测距方案的要求。

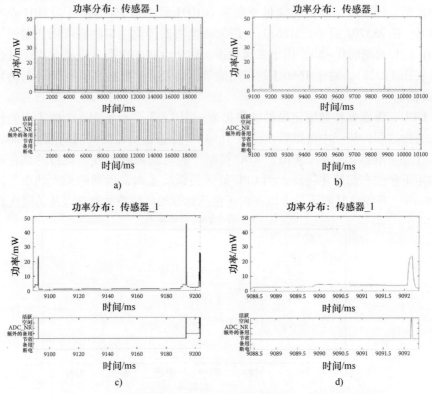

图 11.4　为表征与处理器的 ADC 直接相连的读取传感器的功率损耗，
a 图显示了 Tospie2 在一个完整的 20s 和 100kS 的测量结果。这是一个
显示运行硬件测量时出现问题的示例

a）传感器功率分布　b）传感器读数周期　c）传感器—两个峰值　d）传感器—第一峰值

表 11.2　与 ADC 直连的传感器的功率分布关键值。每秒对该传感器进行采样

轨迹类型	平均功率/mW	时间/ms	能量/μJ
NI 第一个峰值	40.189	3.9500	15.875
NI 第二个峰值	4.0471	13.5200	54.717
NI 两个峰值	1.4617	115.0500	168.164
NI 整个周期	1.0727	1012.7500	1086.331
Sim 第一个峰值	2.0930	4.3900	9.1881
Sim 第二个峰值	1.7959	26.0555	14.5100
Sim 两个峰值	0.3701	116.0400	42.9520
Sim 整个周期	0.1362	1013.7100	138.0976

　　现有的其他传感器比那些与 ADC 直连而没有特殊控制电路的采样传感器需要更多的时间和功率。例如在 MTS300 传感器板的加速计数据表中，可以看到设置时间为

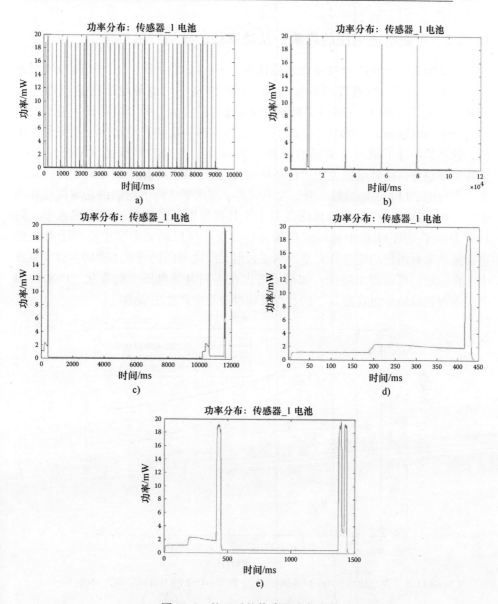

图 11.5　校正后的传感器功率分布

a）传感器功率分布　b）传感器周期　c）传感器—两个峰值

d）传感器—第一个峰值　e）传感器—第二个峰值

16.5ms。当模块工作时，TinyOS 设置自己的休眠时间为 17ms。接下来，根据服务质量（QoS），现有的模块要求决定组件采用多长时间以及何种方法发现最佳的功率损耗以进行 QoS 权衡。Glatz、Steger 和 Weiss[43] 给出了有关功率感知方面的概述，并提出了使用 MTS300 发声器和送话器实施定位时如何对它们进行优化。

11.4.2 可变电池电压的影响：从功率状态模型到阻抗模型

不幸的是，单独的 PSM 不足以描述 WSN 微尘的能量预算。当处理 PSM 时必须考虑来自测量、仿真以及建模的误差，当涉及不同电源电压时应重新考虑 PSM 的概念[9]。图 11.6 显示了每隔 30min 进行的实验。两个金霸王+电池组成的电池组的电量被不断地消耗。图 11.6 绘制了归一化的平均功率、电流和电压值，这些值超过了第一个实验的结果。在 6h 里，平均功率损耗下降超过 8%。这种下降趋势持续到电压无法运行系统组件为止。Mica2 微尘的不同组件—处理器、无线电、LED、传感器—分析在不同的电压水平条件下它们的功率损耗和功能。转换电路允许将这些组件降低至小于其指定电压范围的电池电压水平。图 11.7 显示了与图 11.6 中相同应用的分析结果。这次的实验室电源用于微尘供电。虽然未对组件功能进行完整的测试，但无线电通信仍然在小型的实验室装置上工作。最后可以得出结论：如果不考虑在不同电源电压上的变化，PSM 的误差可以很容易地超过在测量、仿真以及建模过程中产生的误差。

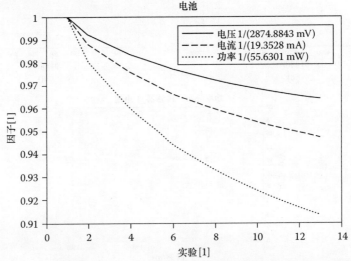

图 11.6　在电池组供电的不同电压下分析 TinyOS2 的 RadioCount2Leds 应用

11.4.3 电池建模概念

为了在 Tospie2 中 Avrora 的功率分析中实现电池感知，在 SimScape 的 Matlab® 中实施了扩展的标准 ECD 模型，并且已经对这些模型进行了大量的硬件测量。图 11.8 显示了金霸王+电池组的整体性能。Mica2 微尘作为负载使用。修改后的 RadioCount2Leds 应用与 LPL 以及 50% 的应用 DC 一起运行。图 11.9 描述了主要

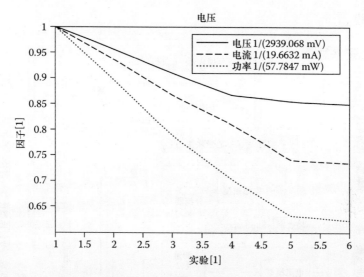

图 11.7　在实验室电源的不同电压下分析 TinyOS2 的 RadioCount2Leds 应用

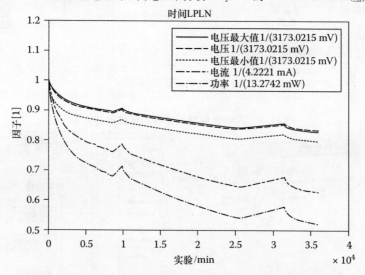

图 11.8　在 25 天和两个弛豫效应周期之间的电池性能分析

建模概念的核心部分。子组件如图 11.10 所示。其思想是建立不同复杂度的 Sim-Scape 模型。这些电池和负载模型可以与如图 11.8 所示的测量进行比较。负载可以用阻抗值进行表示,电池可以由部分可充电电容器表示。它们的电容值和相关的电阻值应通过合适的梯度方法来计算,以获得正确的时间常数。当仿真开始时,高阶电容器重新充电而低阶电容器不包含任何电荷,类似于与主电容和微尘串联。微尘的建模参数可以通过硬件测量进行分析。并联的一阶电容器主要负责长期的放电速率和弛豫效应。二阶电容器可以方便地用于具有不同时间常数的短期偏差建模。

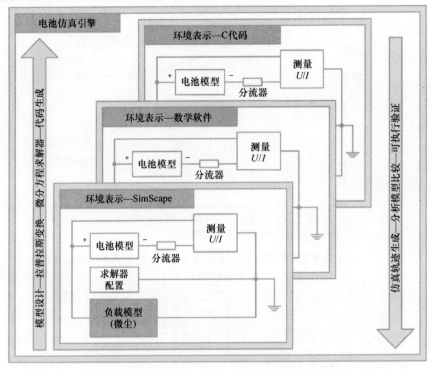

图 11.9　为电池模型编译和测试设置的流程

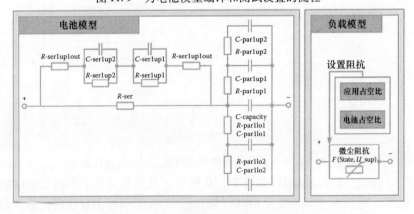

图 11.10　电池模型和负载模型的内部零件

所有微尘的状态都是由分析系统自动获取的。这些状态包括处理器状态、LED 状态以及无线电激活状态精确的定时测量。图 11.11 给出了一个示例。跟踪哪个组件负责负载变化的能力对于建立准确的阻抗模型至关重要。这也揭示了为什么 PSM 不能像阻抗模型一样正确表达的原因。图 11.11 所示的功率损耗曲线代表着这里使用的测试应用。修改的 TinyOS2 与 50％ 的 DC 一起使用。LPL 在所有时间里一直处于激活状态。在一半时间里，LED 开启并发送一条消息。

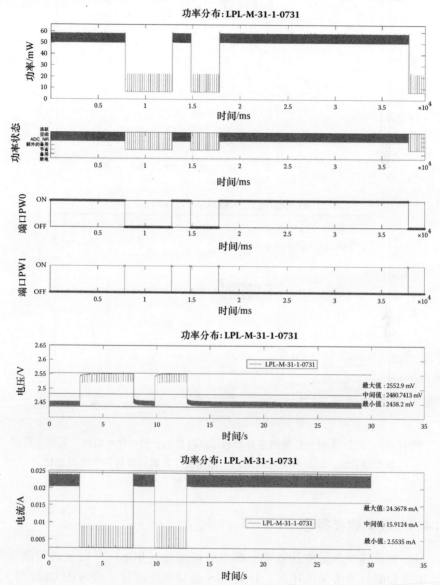

图 11.11　为跟踪功率状态和产生的负载，详细的测量单元的输出

11.4.3.1　能量预算设计的阻抗模型

图 11.12 显示了处理器阻抗值和 LED 功率状态与电源电压的直接相关性。功率密集型发送过程的阻抗在 25 天内保持不变。

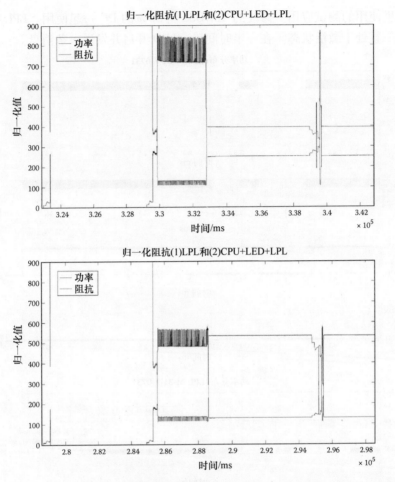

图 11.12　在 25 天电池性能测量开始和结束时显示了归一化电阻值。从图中可以
清楚地看出，LED 和处理器的归一化阻抗计算值随着电源电压而变化，
而 CC1k 的相应值保持不变

11.4.4　收集建模概念

EHS 的最佳概念是由其效率、断电可持续性（BOS）[44] 以及必须满足的电压、电流和能量阈值来描述的。针对 BoS 感知系统设计，应考虑 Glatz 等人[44] 给出的 RiverMote 平台基础知识的详细描述。

BOS 特性取决于 DLC 泄漏和 EHS 组件的效率。特别是，应考虑能量存储结构平衡机制的性能以防止系统被物理损坏。图 11.13 显示了平衡电流评估的结果。平衡电流限制了系统的最大充电电流。为了启动具有空 DLC 的充电过程，平均充电电流应不超过 200mA。然而该值是完全充电过程的极限，同时假设

DLC 具有 0.2V 的相当高的电压差。这样就可以对来自 EHD 的最大电流进行
建模。

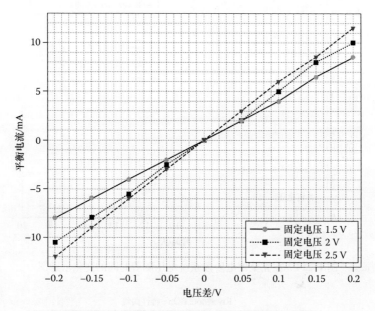

图 11.13　平衡电流的测量取决于 DLC 的电压差

　　虽然仔细地评估了 DLC 泄漏和平衡电路，但结果不能被直接映射成 River-
Mote 的整体泄漏和 BOS 的完整描述。因此在附加的太阳电池充电过程之后，对
系统的整体泄漏和 BOS 进行估计。RiverMote2 由太阳电池充电至 4.40V，River-
Mote3 充电至 3.55V。假设在苛刻的条件下，在无稳定的 DLC 充电过程之后立即
开始系统泄漏测量。图 11.14 显示了整体 EHS 性能的结果，包括 DLC 泄漏、
EHS 泄漏以及电路效率。在这两种情况下，EHS 与几天的 BOS 表现良好。在关
机电压处，EHS 完全切断了来自 EHS 本身的消耗。

　　图 11.14 仅仅显示了两个测试的结果，而图 11.15 描绘了平台的完整 BOS
特性曲线。该图仍然是基于苛刻的条件下测量的结果，并在充电过程之后立刻
启动停电实验。绘制的实验的结果也可以作为参考。从图中可以看出 BOS
为系统完全充电的时间可长达 3 周。如果系统能够知道临近停电的时间，降
低负载以稳定 DLC 并延长 BOS 的充电时间。关于 RiverMote 持续停电的时间
的本地信息可以通过局部评估特性曲线生成函数来计算。所需的能量用于在
线确定 BOS 和发送错误信息，但这些能量可能在总能量预算中是微不足道
的或者可以忽略不计。

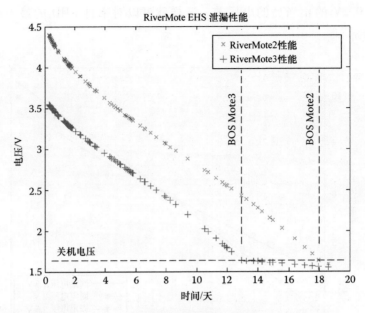

图 11.14　在完全停电阶段系统电压随着时间的变化示意图

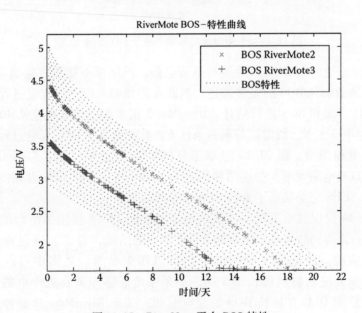

图 11.15　RiverMote 平台 BOS 特性

11.5　实现

为了能够在 ECD 中局部地建立预先充电的电容器模型，已经用电容器替换了模型中的并联电容器，并加入一个电压源使得该模型适用于拉普拉斯变换。

图 11.16 描述了一个可行的实施选项，用于实验中已经分析的电池性能轨迹的近似表示。为了获得不同领域中模型的解析表达式，如图 11.9 所示，需要建立每个网格和每个节点的电流方程和电压方程。式（11.1）~式（11.11）显示了获得结果的过程。

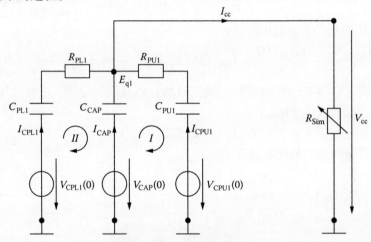

图 11.16　电池模型的电路

11.5.1　模型方程的分析推导

节点 1 的基尔霍夫电流定律：

$$I_{CC}(t) - I_{CAP}(t) - I_{CPL1}(t) - I_{CPU1}(t) = 0 \tag{11.1}$$

网格 I 的基尔霍夫电压定律：

$$V_{CPU1}(0) - V_{CAP}(0) + V_{CAP}(t) - V_{RPU1}(t) - V_{CPU1}(t) = 0 \tag{11.2}$$

网格 II 的基尔霍夫电压定律：

$$V_{CAP}(0) - V_{CPL1}(0) + V_{CPL1}(t) + V_{RPL1}(t) - V_{CAP}(t) = 0 \tag{11.3}$$

这些方程可以借助拉普拉斯变换直接进行转换，并通过欧姆定律减少未知量的个数。

节点 1 的基尔霍夫电流定律：

$$I_{CC}(s) - I_{CAP}(s) - I_{CPL1}(s) - I_{CPU1}(s) = 0 \tag{11.4}$$

网格 I 的基尔霍夫电压定律：

$$\frac{V_{CPU1}(0)}{s} - \frac{V_{CAP}(0)}{s} + V_{CAP}(s) - I_{CPU1}(s) \cdot R_{PU1} - V_{CPU1}(s) = 0 \quad (11.5)$$

网格 II 的基尔霍夫电压定律：

$$\frac{V_{CAP}(0)}{s} - \frac{V_{CPL1}(0)}{s} + V_{CPL1}(s) + I_{CPL1}(s) \cdot R_{PL1} - V_{CAP}(s) = 0 \quad (11.6)$$

现在可以使用拉普拉斯变换将电容器的电流 - 电压关系进行转换从而进一步简化网格方程。

网格 I 的基尔霍夫电压定律：

$$\frac{V_{CPU1}(0)}{s} - \frac{V_{CAP}(0)}{s} + \frac{I_{CAP}(s)}{C_{CAP} \cdot s} - I_{CPU1}(s)\left(R_{PU1} + \frac{1}{C_{PU1} \cdot s}\right) = 0 \quad (11.7)$$

网格 II 的基尔霍夫电压定律：

$$\frac{V_{CAP}(0)}{s} - \frac{V_{CPL1}(0)}{s} + I_{CPL1}(s)\left(R_{PL1} + \frac{1}{C_{PL1} \cdot s}\right) - \frac{I_{CAP}(s)}{C_{CAP} \cdot s} = 0 \quad (11.8)$$

借助式（11.4）、式（11.7）、式（11.8）以及欧姆定律，进而推导出 V_{CC} 的解决方案，它只取决于 R_{Sim}：

$$V_{CC}(s) = f(R_{Sim}(s), s) \quad (11.9)$$

拉普拉斯模型的最终解决方案为

$$V_{CC}(s) = \left(R_{Sim}(s) \left(\frac{C_{PL1} V_{CAP}(0)}{C_{CAP}s\left(C_{PL1} R_{PL1s+1}\right)\left(\frac{C_{PL1}}{C_{CAP}(C_{PL1} R_{PL1s+1})} + \frac{C_{PU1}}{C_{CAP}(C_{PU1} R_{PU1s+1})} + 1 \right)} \right. \right.$$

$$+ \frac{C_{PU1} V_{CAP}(0)}{C_{CAP}s\left(C_{PU1} R_{PU1s+1}\right)\left(\frac{C_{PL1}}{C_{CAP}(C_{PL1} R_{PL1s+1})} + \frac{C_{PU1}}{C_{CAP}(C_{PU1} R_{PU1s+1})} + 1 \right)}$$

$$- \frac{C_{PL1} V_{CPL1}(0)}{C_{CAP}s\left(C_{PU1} R_{PU1s+1}\right)\left(\frac{C_{PL1}}{C_{CAP}(C_{PL1} R_{PL1s+1})} + \frac{C_{PU1}}{C_{CAP}(C_{PU1} R_{PU1s+1})} + 1 \right)}$$

$$- \frac{C_{PU1} V_{CPU1}(0)}{C_{CAP}s\left(C_{PU1} R_{PU1s+1}\right)\left(\frac{C_{PL1}}{C_{CAP}(C_{PL1} R_{PL1s+1})} + \frac{C_{PU1}}{C_{CAP}(C_{PU1} R_{PU1s+1})} + 1 \right)}$$

$$\left. \left. - \frac{V_{CAP}(0)}{s} \right) \right) \bigg/ \left(-\frac{1}{C_{CAP}s\left(\frac{C_{PL1}}{C_{CAP}(C_{PL1} R_{PL1s+1})} + \frac{C_{PU1}}{C_{CAP}(C_{PU1} R_{PU1s+1})} \right)} - R_{Sim}(s) \right)$$

$$(11.10)$$

在拉普拉斯逆变换的帮助下，能够得出 V_{CC} 的解决方案：

$$V_{CC}(t) = L^{-1}(V_{CC}(s)) \tag{11.11}$$

使用相同的方式计算V_{CPU1}和V_{CPL1}以实现该模型的完全求解。为了以解析形式求解系统的微分方程组，可以使用允许提供代码输出的数学方法。这个输出的后处理 bash 脚本导致 C 代码编程，为运行该模型建立免费许可证可执行的环境，这种环境自动包含了 C 代码。

虽然设置所有的方程并使用数学方法进行解析，然后用 C - 代码实施根 - 解析程序是一项非常繁琐的任务，但是如果可以创建任意数量的免费许可证实例，在模型参数上执行梯度下降，从而优化所测量的数据痕迹的需求，则这项任务是值得的。

11.6　电池感知仿真的应用到负载均衡

首先，从仿真结果和电池模型的 ECD 设置来看，它们有效地捕获了测量结果的特性。在给定的 DC 阶段和平均放电速率条件下，电池模型符合具有 Mica2 负载的电池性能，用于仿真程序的电池模型表明其具有相同的基本 DC 和放电特性。

11.6.1　使用梯度下降调整电池模型

最佳的模型误差可以通过模型映射到设计流程的所有阶段来实现，如图 11.17 所示，其中包括模型参数的设置。梯度下降方法试图优化多峰值仿真曲线的 RMSE（方均根误差），该仿真曲线包含应用级 DC 效应以及与平均测量曲线（参考性能）比较的结果。

11.6.2　WSN 项目的评估

WSN 的目标通常包括均匀地消耗微尘能量库使其寿命最大化。这样做的标准方法是均匀地平衡负载以完成在整个网络或集群中微尘之间给定的终端 - 用户性能的任务。考虑到电池的影响，如果负载均衡机制仍然按照预期均匀地消耗能源库以此使得网络寿命最大化，则这个问题必须得以解决。

工作负载的 TinyOS 实现示例是由 Glatz 等人[45] 提出的基于代理的多应用中间件 MAMA，其中工作负载用于平衡 WSN 的中间件。图 11.18 和图 11.19 显示了 MAMA 如何通过使用虚拟组织（VO）概念同时处理几种应用，其中代理在 TinyOS 协议栈中实现。事实证明，负载均衡和最先进的功率分析仿真并不是问题的最有效的解决方案，这些问题包括代理应当如何分组以及它们在微尘之间如何进行迁移。针对能量感知仿真，通过将 Avrora 扩展和接口施加到上述建模工具中，对正在进行的能量存储感知仿真项目进行采样评估，将这个评估示例与简

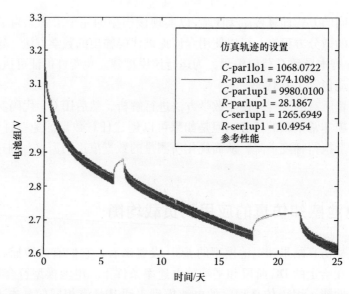

图 11.17　该模型与测量轨迹近似，可以作为电池组参考的最佳性能

单的负载均衡例子一起完成，其中负载均衡例子中出现电池效应并影响功率感知的优化。

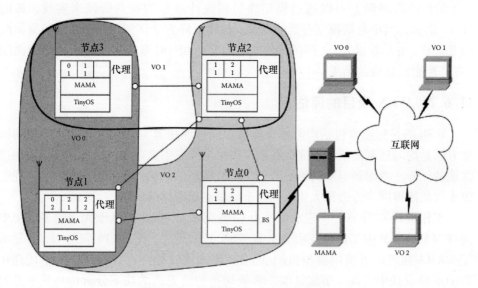

图 11.18　概述 MAMA 中间件的概念

PC 后台	具有占空比的功率控制台
MAMA	具有高效的工作负载均衡的代理
	网络功率感知路由
TinyOS	MAC 层 – B – 具有 LPL 的 MAC

图 11.19　在 MAMA 中的功率管理层

假设应用场景是一个线性拓扑的（为了便于讨论）WSN，其具有负载均衡功能。可能的应用场景包括一小簇微尘负责监控给定区域内每个集群特定空间的采样速率并且将结果反馈给接收器。图 11.20 显示了每个节点的任务，其中无线电激活（发送指令和反馈的结果）用灰色条块表示，传感器和处理器激活状态用黑色条块表示。两种不同类型的负载均衡应用于简化的 nesC 程序，采样评估包含电池模型中已修改的 Avrora。

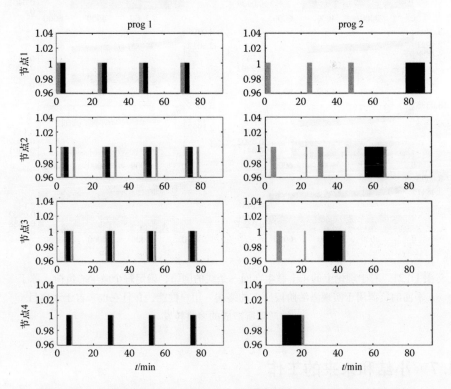

图 11.20　负载均衡机制的"粗粒度"分辨率越高，得到的平均结果更好

首先（prog1），每 100min 时间段内每个微尘将任务分为 4 个较小的数据包。假设无线电消耗 50% 的能量，另外 50% 的能量用于能源密集型传感器或算法，

这一假设对使用 GPS 传感器是合理的，因为它自带 RiverMote 或 Cyclops 照相机[46]，这些设备也可以用在 WSN 中。第二种类型的负载均衡（prog 2）平均具有相同的负载应用。电池性能之间可能存在的差异来自于负载的不同时间间隔以及电池的弛缓时间。在微尘之间应用相同的负载均衡，但是这次的负载被分成每100min 时间段的单个数据包，而不是之前的 4 个数据包。

图 11.21 中的结果表明，每 100min 时间段上具有单个激活的策略比将它分成更大数量的负载数据包会产生更好的结果。可以直观地解释这个结果，即负载足够小以致处于激活状态的微尘接近线性下降，但如果为弛豫效应提供更多的时间，则这种方法是值得的（见图 11.21）。

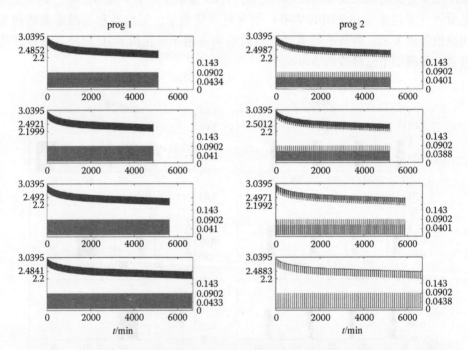

图 11.21 对于理论上的 4 个微尘在同一条线的网络，确定每个微尘的负荷。源于平衡的负荷用于实现激活阶段所需的终端－用户性能，并且它也来自于远离目的微尘所造成的多跳转发

11.7　小结和未来的工作

本章描述了低功率的能量收集无线嵌入式系统的建模方面以及能量预算仿真和功率分析硬件测量。旨在研究现有的技术和建模方法，同时提供新颖的见解，尤其是在电池和收集建模相关的问题方面。

对 WSN 领域的几个案例进行概述。本章的范围跨越了不同的方面，从功率分析和网络优化的不同抽象级到相关方面。其主要的结果是，在通常的指令级上显示了目前最先进的 EHS – WSN 平台的 BOS 建模，将功率分析仿真环境扩展成为新的电池效应建模和仿真环境。本章的重点是 LPL 的细节描述的精度和中间件级的网络优化的表达。

未来的工作将包括测量装置的进一步自动化以分析能量存储特性的测量。此外计划完成一个先进的、高性能和低功率多核的 DSP – FPGA 板使其具有自己的 PSM。然后将 PSM 转换为本章在 WSN 中所描述的阻抗模型。这将允许在板上实施一种自适应的电池建模环境，平台将从中受益。

参 考 文 献

[1] D. Saha and A. Mukherjee, "Pervasive computing: A paradigm for the 21st century," *Computer*, vol. 36, no. 3, pp. 25–31, Mar. 2003.

[2] J. M. Kahn, R. H. Katz, and K. S. J. Pister, "Next century challenges: Mobile networking for "smart dust," in *Proceedings of the 5th annual ACM/IEEE International Conference on Mobile Computing and Networking*, ser. MobiCom '99. New York: ACM, 1999, pp. 271–278. Online at: http://doi.acm.org/10.1145/313451.313558

[3] I. F. Akyildiz, W. Su, Y. Sankarasubramaniam, and E. Cayirci, "Wireless sensor networks: A survey," *Computer Networks*, vol. 38, no. 4, pp. 393–422, 2002.

[4] J. Yick, B. Mukherjee, and D. Ghosal, "Wireless sensor network survey," *Comput. Netw.*, vol. 52, no. 12, pp. 2292–2330, 2008.

[5] S. Giordano, Mobile Ad Hoc Networks, in *Handbook of Wireless Networks and Mobile Computing*. New York: John Wiley & Sons, 2002, chap. 15.

[6] W. Du, D. Navarro, F. Mieyeville, and F. Gaffiot. Towards a taxonomy of simulation tools for wireless sensor networks. In *Proceedings of the 3rd International ICST Conference on Simulation Tools and Techniques (SIMUTools '10)*. ICST (Institute for Computer Sciences, Social-Informatics and Telecommunications Engineering), ICST, Brussels, Belgium, Article 52, 2010. Online at: http://dx.doi.org/10.4108/ICST.SIMUTOOLS2010.8659

[7] R. Rao, S. Vrudhula, and D. Rakhmatov, "Battery modeling for energy aware system design," *Computer*, vol. 36, no. 12, pp. 77–87, 2003.

[8] P. M. Glatz, L. B. Hörmann, C. Steger, and R. Weiss, "A system for accurate characterization of wireless sensor networks with power states and energy harvesting system efficiency," in *IEEE International Workshop on Sensor Networks and Systems for Pervasive Computing*, March 2010, pp. 468–473.

[9] L. B. Hörmann, P. M. Glatz, C. Steger, and R. Weiss, "Energy efficient supply of WSN nodes using component-aware dynamic voltage scaling," in *European Wireless 2011 (EW2011)*, pages 147–154, Vienna, Austria, 2011.

[10] J. Polastre, R. Szewczyk, and D. Culler, "Telos: Enabling ultra-low power wireless research," in *Fourth International Symposium on Information Processing in Sensor Networks (IPSN)*, 2005.

[11] P. Levis, N. Lee, M. Welsh, and D. Culler, "TOSSIM: Accurate and scalable simulation of entire tinyOS applications," in *SenSys '03: Proceedings of the 1st International Conference on Embedded Networked Sensor Systems*. New York: ACM, 2003, pp. 126–137.

[12] E. Perla, A. O. Cath'ain, R. S. Carbajo, M. Huggard, and C. McGoldrick, "PowerTOSSIM z: Realistic energy modelling for wireless sensor network environments," in *PM2HW2N '08: Proceedings of the 3rd ACM Workshop on Performance Monitoring and Measurement of Heterogeneous Wireless and Wired Networks*. New York: ACM, 2008, pp. 35–42.

[13] B. Titzer, D. Lee, and J. Palsberg, "Avrora: Scalable sensor network simulation with precise timing," in *Fourth International Symposium on Information Processing in Sensor Networks, 2005. IPSN* 2005, pp. 477–482.

[14] O. Landsiedel, K. Wehrle, and S. Gotz, "Accurate prediction of power consumption in sensor networks," in *EmNets '05: Proceedings of the 2nd IEEE Workshop on Embedded Networked Sensors*. Washington, D.C.: IEEE Computer Society, 2005, pp. 37–44.

[15] J. Hill and D. Culler, "A wireless embedded sensor architecture for system-level optimization," in Technical report, Berkeley, CA: Computer Science Department, University of California at Berkeley, 2001.

[16] J. Polley, D. Blazakis, J. McGee, D. Rusk, and J. Baras, "ATEMU: A fine-grained sensor network simulator," in *2004 First Annual IEEE Communications Society Conference on Sensor and Ad Hoc Communications and Networks, 2004 (IEEE SECON)*, 2004, pp. 145–152.

[17] S. Mahlknecht, J. Glaser, and T. Herndl, "PAWiS: Towards a power aware system architecture for a soc/sip wireless sensor and actor node implementation," in *Proceedings of 6th IFAC International Conference on Fieldbus Systems and Their Applications*, 2005, pp. 129–134.

[18] F. Osterlind, A. Dunkels, J. Eriksson, N. Finne, and T. Voigt, "Cross-level sensor network simulation with Cooja," in *Proceedings 2006 31st IEEE Conference on Local Computer Networks*, 2006, pp. 641–648.

[19] P. M. Glatz, P. Meyer, A. Janek, T. Trathnigg, C. Steger, and R. Weiss, "A measurement platform for energy harvesting and software characterization in WSNs," in *IFIP/IEEE Wireless Days*, Nov. 2008, pp. 1–5.

[20] P. M. Glatz, L. B. Hörmann, and R. Weiss, "Designing perpetual energy harvesting systems explained with RiverMote: A wireless sensor network platform for river monitoring," *Electronic Journal of Structural Engineering*, Special Issue: *Wireless Sensor Networks and Practical Applications*, pp. 55–65, 2010.

[21] L. Mateu and F. Moll, "System-level simulation of a self-powered sensor with piezoelectric energy harvesting," *International Conference on Sensor Technologies and Applications*, vol. 0, pp. 399–404, 2007.

[22] A. Seyedi and B. Sikdar, "Modeling and analysis of energy harvesting nodes in wireless sensor networks," in *46th Annual Allerton Conference on Communication, Control, and Computing*, 2008, pp. 67–71.

[23] G. Merrett, N. White, N. Harris, and B. Al-Hashimi, "Energy-aware simulation for wireless sensor networks," in *6th Annual IEEE Communications Society Conference on Sensor, Mesh, and Ad Hoc Communications and Networks, 2009. (SECON)*, 2009, pp. 1–8.

[24] P. De Mil, B. Jooris, L. Tytgat, R. Catteeuw, I. Moerman, P. Demeester, and A. Kamerman, "Design and implementation of a generic energy-harvesting framework applied to the evaluation of a large-scale electronic shelf-labeling wireless sensor network," *EURASIP J. Wireless Commun. Netw.*, vol. 2010, pp. 7:1–7:14, February 2010. Online at: http://dx.doi.org/10.1155/2010/343690

[25] P. M. Glatz, C. Steger, and R. Weiss, "Tospie2: Tiny operating system plug-in for energy estimation," in *IPSN '10: Proceedings of the 9th ACM/IEEE International Conference on Information Processing in Sensor Networks*. New York: ACM, 2010, pp. 410–411.

[26] Duracell, "Entire mno2 technical bulletin collection." Online at: http://www1.duracell.com/oem/Pdf/others/ATB-full.pdf

[27] V. Pop, H. Bergveld, P. Notten, and P. Regtien, "State-of-the-art of battery state-of-charge determination," *Measurement Science and Technology*, vol. 16, no. 12, pp. R93–R110, 2005. Online at: http://doc.utwente.nl/62192/

[28] B. Schweighofer, K. Raab, and G. Brasseur, "Modeling of high power automotive batteries by the use of an automated test system," *IEEE Transactions on Instrumentation and Measurement*, vol. 52, no. 4, pp. 1087–1091, 2003.

[29] S. Abu-Sharkh and D. Doerffel, "Rapid test and non-linear model characterisation of solid-state lithium-ion batteries," *Journal of Power Sources*, vol. 130, no. 1–2, pp. 266–274, 2004. Online at: http://www.sciencedirect.com/science/article/B6TH1-4BK2FX3-1/2/4938d1b3771bb71f4989b7010f4d160a

[30] Z. Salameh, M. Casacca, and W. Lynch, "A mathematical model for lead-acid batteries," *IEEE Transactions on Energy Conversion*, vol. 7, no. 1, pp. 93–98, Mar. 1992.

[31] D. Linden, *Handbook of Batteries*, 3rd ed. New York: McGraw-Hill, 2002.

[32] M. Pedram and Q. Wu, "Design considerations for battery-powered electronics," in *Proceedings of the 36th annual ACM/IEEE Design Automation Conference*, ser. DAC '99. New York: ACM, 1999, pp. 861–866. Online at http://doi.acm.org/10.1145/309847.310089

[33] P. Nuggehalli, V. Srinivasan, and R. Rao, "Energy efficient transmission scheduling for delay constrained wireless networks," *IEEE Transactions on Wireless Communications*, vol. 5, no. 3, pp. 531–539, March 2006.

[34] C. Ma and Y. Yang, "Battery-aware routing for streaming data transmissions in wireless sensor networks," *Mob. Netw. Appl.*, vol. 11, pp. 757–767, October 2006. Online at: http://dx.doi.org/10.1007/s11036-006-7800-2

[35] C.-F. Chiasserini and R. Rao, "Improving battery performance by using traffic shaping techniques," *IEEE Journal on Selected Areas in Communications*, vol. 19, no. 7, pp. 1385–1394, July 2001.

[36] YEG Components, "HC power series ultracapacitors datasheet," Maxwell Technologies, San Diego, CA.

[37] EPCOS, "Ultracap single cell 5 F/2.3V B49100A1503Q000 data sheet." Online at: http://www.epcos.com/inf/20/35/ds/B49100A1503Q000.pdf

[38] N. White and S. Beeby, "Energy Harvesting for Autonomous Systems," Boston: Artech House, June 2010.

[39] M. Belleville, E. Cantatore, H. Fanet, P. Fiorini, P. Nicole, M. Pelgrom, C. Piguet, R. Hahn, C. V. Hoof, R. Vullersand, and M. Tartagni, "Energy autonomous systems: Future trends in devices, technology, and systems," Paris: Cluster for Application and Technology Research in Europe on Nanoelectronics (CATRENE), 2009.

[40] B. Chu, *Selecting the Right Battery System for Cost-Sensitive Portable Applications While Maintaining Excellent Quality,* Chandler, AZ: Microchip Technology Inc.

[41] M. D. Stoller, S. Park, Y. Zhu, J. An, and R. S. Ruoff, "Graphene-Based Ultracapacitors," *Nano Letters,* vol. 8, no. 10, pp. 3498–3502, 2008.

[42] Z.-J. Fan, J. Yan, T. Wei, G.-Q. Ning, L.-J. Zhi, J.-C. Liu, D.-X. Cao, G.-L. Wang, and F. Wei, "Nanographene-Constructed Carbon Nanofibers Grown on Graphene Sheets by Chemical Vapor Deposition: High-Performance Anode Materials for Lithium Ion Batteries," *ACS Nano,* vol. 5, no. 4, pp. 2787–2794, 2011.

[43] P. M. Glatz, C. Steger, and R. Weiss, "Design, simulation and measurement of an accurate wireless sensor network localization system," in *The 5th ACM International Workshop on Performance Monitoring, Measurement and Evaluation of Heterogeneous Wireless and Wired Networks (PM2HW2N 2010),* Bodrum, Turkey, October 2010.

[44] P. M. Glatz, L. B. Hörmann, C. Steger, and R. Weiss, "Designing sustainable wireless sensor networks with efficient energy harvesting systems," in *IEEE WCNC 2011– Service and Application (IEEE WCNC 2011),* Cancun, Mexico, March 2011.

[45] P. M. Glatz, L. B. Hörmann, C. Steger, and R. Weiss, "MAMA: Multi-application middleware for efficient wireless sensor networks," in *2011 18th International Conference on Telecommunications (ICT 2011),* pp. 1–8, Ayia Napa, Cyprus, May 2011.

[46] M. Rahimi, R. Baer, O. I. Iroezi, J. C. Garcia, J. Warrior, D. Estrin, and M. Srivastava, "Cyclops: In situ image sensing and interpretation in wireless sensor networks," in *Proceedings of the 3rd International Conference on Embedded Networked Sensor Systems,* SenSys '05. New York: ACM, 2005, pp. 192–204. Online at: http://doi.acm.org/10.1145/1098918.1098939

第 12 章　WSN 的能量损耗

T. V. Prabhakar、R. Venkatesha Prasad、H. S. Jamadagni 和 Ignas Niemegeers

12.1　简介

　　设备的通信和计算能力上的小型化和改进导致无线通信设备的大幅增加。设备数量的爆炸式增长随之而来的紧迫任务是为它们供电，因此能量收集已成为一个重要方面。从能源中收集能量，例如太阳电池板、振动和热交换器等能源提供了不断变化的瞬时功率。我们关注的是能量收集嵌入式传感器的性能，并且对与应用相关的问题进行研究，其中假设该应用具有恒定的能量收集。从一个简单的环境监测应用开始我们本章的内容，并在恒定功率可用的简单假设下显示它的基准性能。然后提出专门针对无线传感器节点收集能量的简单机制，根据输入的能量分布不断调整它们的运行时间表。在初始部分，从系统相关的节点操作开始，并进一步将其扩展到无线传感器节点的网络中。即使使用相似的收集方法，在网络中节点两端的可用能量仍然是不同的，因此网络装置和节点之间的相互协作也是一项不容忽视的任务。同时在收集能量过剩的情况下，节点之间的合作是必要的，这是令人兴奋的，但也带来了新的挑战。需要如监测、计算、存储和通信这样的操作以实现任何传感器网络的共同目标。

　　本章介绍了由决策引擎辅助的"智能应用"例子，其中决策引擎将"智能应用"转换为"能量匹配"的应用。本章还解释了这种决策引擎的架构。这里提供了这种应用的一些性能结果。这些结果是基于使用 Crossbow 的 IRIS 微尘[1]以及运行在太阳能上的定制微尘的测量结果。为了准确地测量能量损耗，去掉电池，相反使用低泄漏的超级电容器存储所收集的能量。本章的最后一节描述了"分布式智能应用"的结果，其中将网络相关的信息作为附加输入为相关网络提供决策。

12.2　能量收集

　　能量收集设备花费大量的时间从能源中捕获少量能量，如环境光、风、振动、直线运动、温差、射频（RF）能等。将这些所收集的能量转换为电荷并存储在储能设备中，如电池和超级电容器。虽然能量收集的现代定义意味着能量从一种形式转换为电能，但这在更广的范围内并不一定也是如此。例如，众所周知的机械表和以前的挂钟，它们产生机械能并将其存储在一个螺旋弹簧中。并不存在必须将机械能转换为电能的要求。此外，虽然有很多可收集的能源，但并非所有能量可视为"免费"能源。例如从能源中收集能量，如工业厂房产生的废热、在大型工业制造厂的机械振动以及汽车和飞机的温差，这些都是能量收集的次级来源的例子。人们可以把它们看作能源，因为所产生的能量可以进行重复工作[2]。其他的一些特别奇特的例子是那些使用人体能量转换为电能的设备。从人类活动产生的能量，例如普通的跑步、散步、骑自行车、举重和按压等。人们可能见过很多人，特别是小孩子，他们穿着带有发光装置的鞋，每走一步鞋子里的灯就会发亮。其他的例子有自行车发电机、少量电池绕组的收音机以及手摇曲柄手电筒。一般地，环境能转换为电能需要两个步骤。以 1~2m/s 风速的风带为例，它可以产生振动能。将振动能转换为电能足以为无线传感器节点供电。在目前情况下，对能量从一种形式到电能的转换方法进行研究。这里特别专注于驱动嵌入式通信设备的能量需求，从而实现环境的监测和控制。人们认为电是最纯净的能量形式，将它从环境中进行高效地收集是非常必要的，以缓解由人类使用的日益增长的嵌入式设备的耗电问题。在最近的一项调查中，据预测，到 2017年全世界 70 亿人口将拥有 7 万亿个嵌入式设备[3]，因此寻找其他方法来为这些设备供电显得非常重要。此外在本章中，只限于对几百毫瓦（mW）级以及足以驱动嵌入式应用中低功率电子设备的能量进行讨论，这样的嵌入式应用可以是医疗保健、工业监控、安全、农业、结构监测、汽车和娱乐。

12.2.1 能量收集的动机

上面已经提到了到 2017 年人类将使用上万亿个设备[3]，暂时假设这种估计是真实的，然后必须解决几个问题。首先是什么相关技术来支持数量如此庞大的设备？例如每个设备应具有唯一的地址，以便随时随地访问每个设备。尽管地址问题似乎适合大规模的 IPv6（互联网协议版本 6）部署，但电池技术只能支持长期或永久操作而不能为所有设备供电。在传感器设备中使用著名的市售二氧化锰二极管电池 2450（使用和丢弃），其成本略高于 2 美元，支持大约 600mA/h 的额定容量。在室温条件下其保质期为 5 年。但是这个数字不具有可信度，因为传感器节点可能部署在室外环境中，因此它们会受到较大的温度波动影响。如果假设有 70 亿个电池安装到设备里，它们的更换和处理可能花费巨额的成本并对环境产生影响。如果现在使用可充电的锂电池来更换，则需要考虑支持过电压、短路保护的复杂的电子设备以及电池温度监控的设计，以防止电池爆炸。此外需要为电池充电提供能量，这种手工活动本身就非常麻烦。而且这种电池也具有有限的充放电周期，一般不超过 500 个周期，最大充放电周期为 1000。这些电池的更换成本也是一个问题。另外最近的一项调查表明，到 2020 年，欧盟致力于减少 20% 的碳排放量。因为信息通信技术（ICT）的大力使用，预计这一数据是可能达到的。同时，全球超过 17% 的电力需要为 ICT 供电[4]。总之，即使假设每人的电子设备数量（大约 100 个）增速缓慢，但到 2017 年设备的激增以及为每个设备配备电池的需求也是一个严峻的考验。鉴于这种情况，本章重点介绍如何保证传感器设备的寿命支持。

12.2.2　能量收集：一种可行的解决方案

为了解决电池供电和更换的限制，并保证传感器节点的长期运行，设想通过能量收集方法来确保节点的自供电。由 Borca - Tasciuc 等人[5]提出了针对微发电机的一项最先进的调查，其中该发电机为无线传感器网络（WSN）供电。这项调查的初始部分介绍了几种将机械能转换为电能的转换器，比如电磁、压电和静电转换器，下半部分提出了介电电泳（DEP）为基础的静电收集器。这种基于电容的最新收集器可以切换空气和液体之间的介电常数，有望在能量转换效率上提高至少 4 个数量级。因此收集效率有待大幅提升而不失其应用的完整性。如果假设环境能源（太阳能和风能）是永恒的这一假设合理，那么传感器节点也能常年供电。最近的研究认为从振动中收集能量是最有前景的能量收集技术。康奈尔大学的研究人员[6]已经创建了"压电树"技术，在低风速情况下也足以将风能转换为振动能。由于树中几个部分和周围土壤的 pH 值失衡产生生物能量，来自麻省理工学院的研究人员正对此进行探索[7]。收集的能量足以为温度和湿度传感器组成的网络供电，这些传感器预计有助于消防管理。由于电池的更换是价格昂贵且不切实际的，因此更换电池是努力的动机。项目的标题是早期火灾警报网络（EWAN）。市售的生物能量收集器也是来自目前的商业供应商，如 Voltree 公司。图 12.1 描述了一个随时间变化的设备收集能量的组成图。例如在夏季的中午期间，光伏板上太阳能的昼夜循环最大。同样地，在给定时间内所收集的风能取决于风速。可以将类似的变化归因于其他来源，例如热能发生器（TEG）中不断变化的温度差产生随时间变化的电压。

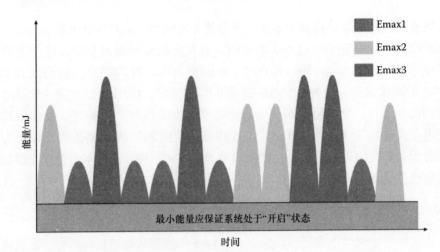

图 12.1　所收集的能量随时间变化的示意图。最小能量应保证无线传感器节点的功能

12.3　能量收集：除了太阳能收集器—它是一种可行的选择吗

现在看看能量收集技术作为驱动 WSN 选择的可行性。在这一点上，因为两个原因而不考虑太阳能收集器：首先如果太阳电池板尺寸合适，则太阳能收集具有一定的可能性；其次研究人员和供应商都将注意力集中在许多室内应用上，则太阳能不是一种可行的解决方案。此外太阳电池板的制造成本过于昂贵。

为了找到超越太阳能收集的方法，看看其他方法的能量收集能力。表 12.1[8] 显示了不同能量收集器的功率密度。它表明，与太阳能相比，热电发生器提供更多的功率密度。振动收集器也是一种很有前景的能量收集器，在足够长的一段时间内（15～20min），超级电容器收集来自振动收集器的电荷，振动收集器所收集的能量足以驱动嵌入式通信设备。

表 12.1　不同能量收集器的功率密度

3V 柔性太阳电池 1000lx	7mW/kg
3V 柔性太阳电池 10000lx	280mW/kg
振动发生器（60Hz）$a = 0.24\text{m/s}^2$	2.78mW/kg
振动发生器（60Hz）$a = 0.98\text{m/s}^2$	37mW/kg
热电发生器 $\Delta T = 10\text{K}$	8W/kg
热电发生器 $\Delta T = 40\text{K}$	131W/kg

注：引用自 Becker, et al. Power Management for Thermal Energy Harvesting in Aircrafts, from the Proceedings of IEEE Sensors, 2008。

因此，现在将注意力转向次级能量收集来源以及它们驱动嵌入式无线通信设备的可行性。能量收集源可以向几个供应商购买。Micropelt[9] 提供了一个基于塞贝克效应的 TEG 收集器。塞贝克效应是指当两个不同金属端施加一个温度差会产生电压的现象，如碲和铋。MPG - 0751 是一种流行的基于薄膜技术的 TEG。图 12.2 显示了受温度差影响的 TEG 装置。半包装的 TEG 一端与达到 50℃ 的加热器相连接。TEG 的另一端与冰块填充的容器相连以产生热梯度。输出功率随着低启动的 DC - DC 转换器以及其他的最大功率点控制功能进行调节，以收集最大的能量。DC - DC 转换器是一种高效（大于 90%）的电路，它能够从非常低的收集电压中提供所需的负载电压。例如当输入电压为 1.8V 时，经配置的 DC - DC转换器（德州仪器公司 TPS 63031）可以提供所需的输出电压。所收集的能量用于 15mF 的超级电容器充电。一旦电容器两端的输出电压超过某一临界值，则发送器发送一个数据包。这个数据包具有约为 128B 的典型长度。如图 12.2 所示的系统是由 16bit RISC（精简指令集计算机）微控制器 MSP430 和德州仪器公司的无线电收发机 CC2520 构成。无线电符合 IEEE 802.15.4 标准，该标准为低速率无线个人区域网络（LR - WPAN）定义了较低层（MAC 和 PHY 层）。

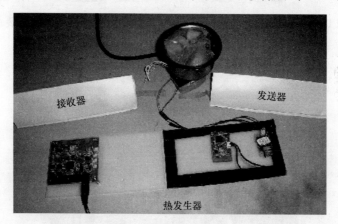

图 12.2　Micropelt MPG - 0751 TEG

来自 Mide Volture 公司[10] 的振动收集器 V21BL 非常具有吸引力，因为它们具有两个串联或并联封装的压电纤维，并联提供 20V 的峰值。图 12.3 显示了安装在盒子里的压电纤维，这个盒子可以容纳一个发电机和凸轮以产生振动。为了保证系统与源端有效地谐振，则在系统中施加一个合适的倾斜台质量。压电纤维谐振时产生峰值功率。

Enoceon[11] 为无线开关应用提供了 ECO - 100 直线运动收集器。图 12.4 显示了机械开关一次操作产生 2.3ms 脉冲。虽然时间短暂，但电流峰值达到 50mA。从图 12.4 中可以看到产生的能量足以发送 3 个大小为 50B 的数据包。

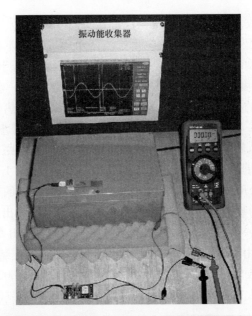

图 12.3 来自 Mide Volture 公司的 V21BL 压电纤维其振动能发生装置

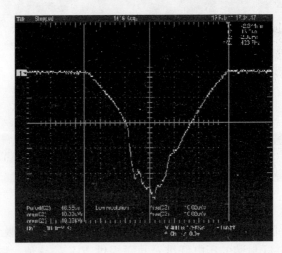

图 12.4 Enoceon 的 ECO - 100 直线运动收集器的电流波形（负号仅表示方向）

12.4 存储收集的能量

除了太阳能收集器外，现在还增加了许多能量收集源，接下来的问题是探讨能量存储选择。正如前面所述，充放电循环次数是电池存储的最大缺点之一。若超出这些循环次数，则电池会成为能量泄漏的来源，而不是呈现理想的存储特性。在最近的一段时间内，供应商已经开始提供薄膜电池以存储所收集的能量，然而其额定容量与普通电池并不匹配。来自 Cymbet 公司[12] 的 Enerchip CBC -050 可充电固态电池提供 50mA/h 容量，如果放电深度约为 10%，则该电池具有5000 个充 - 放电周期。Excellatron[13] 公司的薄膜电池提供 1mA/h 和 10mA/h 电池。STMicroelectronics 公司[14] 的 EnFilm 是另一种薄膜电池。

超级电容器的最新进展提供了另一种存储能量的替代方案。对于电池而言，极低的能量密度的问题或许是电容器最大且最著名的缺点之一。目前随着在这些超级电容器中使用双电层电容器，其能量密度足以为 WSN 收集能量，因此将它们作为一种可行的选择是合理的。一个 10F 的电容器可以很容易地安装在印制电路板（PCB）上。但是超级电容器具有高泄漏的特点，因而导致放电率较高。据观察，电容器在充电之后的前几个小时内显著放电。然而存储效率是超级电容器的主要优点之一，而且理想型电容器具有无限个充放电周期。这些优点大于所讨论的缺点。如果现在考虑一个具有相关的收集电子设备和超级电容器存储的嵌入式通信系统，那么怀疑这是否是一个可行的系统？如果不是，则使该系统可行的方法和途径是什么？在更高级别上证明这个问题，然后讨论可行的方法使得传感器节点在不同的能量分布情况下是可持续的。

12.4.1　能量收集系统

图 12.5 显示了典型的收集电子设备的框图。由于所收集的能源提供可变的功率输出，因此有必要在最大功率可用点处操作该系统。然而从图 12.5 中可以很容易看出，为了执行最大功率点跟踪（MPPT），需要为收集能量的电子设备供电。因此电子设备首先执行功率调节并存储少量的能量以生成它们自己的功率。一旦这种功率可用，则存储的输入功率被成功调节并存储在超级电容器中。小型输入电路与能源的阻抗相匹配，在必要时对电压进行整流并将功率传输至超级电容器。输出电压用 V_{sc} 表示。DC - DC 转换器的输出是将功率反馈至负载的电压稳压器，用 V_{dc-dc} 表示。MPPT 算法必须确保由于变化的输入功率和负载阻抗而引起的源阻抗变化，使得源阻抗和负载阻抗匹配，从而将最大功率从源传输到存储设备。鉴于电子设备与 DC - DC 转换器的效率问题，输入功率应超过临界点，从而使得负载可以长期运行。图 12.6 显示了 DC - DC 转换器和超级电容器两端的电压（见图 12.5）以及通信系统在低输入功率场景下的电流（I_{load}，负载电流）。初始启动电流大约是 23mA，如图 12.6 所示。每次开启输出 DC - DC 转换器时，负载试图绘制由电压波形所示的 I_{load}。存储设备两端的电压增加，超级电容器也说明了这一点。一旦超级电容器两端的电压增加至 DC - DC 转换器的最小输入电压（TPS63031 的电压为 1.8V），启动输出端（3.3V），则可立即加载输入收集器。只要输入功率较低，则上述行为就会重复因而导致大量的能量浪

费，否则可以将这些能量累积以备后用。这是系统设计人员需足够重视的典型问题，现在一项重要的任务是寻找简单的解决方案。假设系统暂时通电，人们试图找到如何确保传感器节点进行可持续操作。

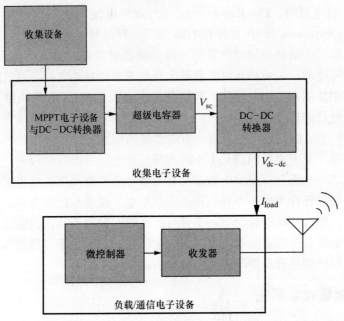

图 12.5 能量收集型嵌入式通信系统的框图

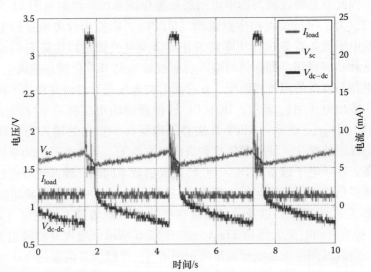

图 12.6 嵌入式通信设备试图通电的电流和电压波形

许多芯片制造商和供应商最近已经解决了这个具体问题。例如 Linear Technologies 公司[15]的 LTC 3180 是一款 DC – DC 转换器，它非常适合用于能量收集应用，尤其是当收集器的输出大约为 20mV 的范围。另外 IC 提供了一个"功率良好"的信号。这个信号是一种逻辑高电平信号，它可以与任何中央处理单元（CPU）通用输入/输出（GPIO）或中断引脚进行连接。每当输出电压增加约 92% 的目标值时，功率良好的信号就会变为逻辑高电平。随之当一个特定活动中存在能量时，这个信号可以用于在准确的时间将 CPU 退出深度休眠模式。功率良好信号表示从收集器的电子设备中输出的电压在调节范围内。

$$E_{tot} = P_{tot}\Delta t = C_{tot} V_{dd}^2 f\Delta t + V_{dd}I_{leak}\Delta t \qquad (12.1)$$

式（12.1）表明系统所消耗的总能量由两部分组成：第一部分是动态功耗，它与工作频率、电源电压以及具体技术的设备电容有关；第二部分是每个电子元件消耗的静态泄漏功率。这意味着通过监测和改变电源电压以及系统的工作频率使得系统必须超出低功率模式[16]。这是系统的可用功率适应时间变化的两个重要的处理方式。几乎所有的低功耗微控制器都运行在工作频率范围内，包括实验中使用的 MSP430[17]。在通信实验中使用的无线电（CC2520）符合 IEEE 802.15.4 标准。正如式（12.1）中可以观察到，较高的工作电压和频率使得功率损耗增加。当改变这些系统参数时会出现另外一个问题。从式（12.1）中看出，由于在给定任务时 $f*t$ 的乘积是一个常数，通过改变电压来降低功耗。然而如果处理器长时间处于唤醒模式，也许改变频率才是正确的方法。几个 IC 制造商提供了电源和时钟门控技术选项以确保处理器子系统的动态和静态功率最小化。时钟门控的示例是指微控制器和其外围设备之间的串行外围接口（SPI）时钟，例如无线电收发机。只有当数据可用时时钟电路才会启动。其他的例子包括照相机时钟，当没有照片需要处理时则可能不需要照相机时钟。同样地，当系统无需通信时不需要 USB 时钟。因此为具有能量收集的嵌入式通信系统供电使得系统参数得以动态优化，其远远超出了系统的简单线性偏振模式（LPM）。

12.4.2　实验测量

针对不同的频率和工作电压，将实验室测量的能量损耗结果记录并显示在图 12.7 中。在微处理器上运行的应用程序是一个快速排序算法，将 10 个数字反复排序约 7000 次。利用电流探针放大器计算能量。式（12.1）与图 12.7 共同表明，当工作频率固定时，系统的总能耗随着工作电压的增加而增加。此外与较低的工作电压相比，随着频率的降低，在较高的电压处消耗的能量呈指数型增长。现在说明系统工作电压"实时"变化的概率。目前用于收集能量的电子设备可以按照微处理器的输入指令产生多个输出。LTC3588 利用接收微处理器的输入来设置其输出电压。图 12.8 显示了电路的框图，其中微处理器的 GPIO 引脚 D0 和 D1 可以接收来自收集器的电子设备所需的输出电压。微处理器基于 D0 和 D1 逻辑电平组合来选择4种输出电压，分别是1.8V、2.5V、3.3V和3.6V。平版印制测试芯片（LTC）能够提供100mA的连续电流。

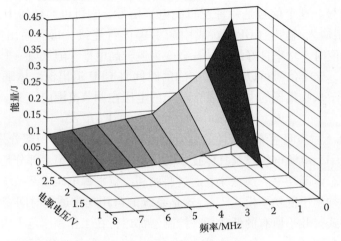

图12.7　能量随频率和电压的变化示意图

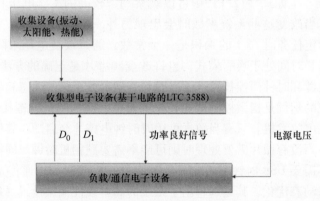

图12.8　能量收集通信系统根据指令产生特定的输出电压的示意框图

　　之前提到将超级电容器作为储能缓冲器。尽管电容值决定了能量的存储量，但运行在超级电容器的嵌入式通信系统必须等待较长的时间，以得到较高的电容值从而建立所需的输出电压。为了加快电容器的构建速度，以较低的频率来运行系统是选择之一。为了说明无线传感器节点的频率缩放对可持续运行的影响，测量在不同工作频率条件下超级电容器从1.8V的突变电压达到3V的工作电压所需的时间。图12.9显示了在不同频率下超级电容器的电压达到3V工作电压时所花费的时间。节点以2s的采样间隔运行简单的模拟－数字转换器（ADC）传感应用。图12.9清晰地显示了动态调整频率对来自收集源的输入功率所带来的好处。

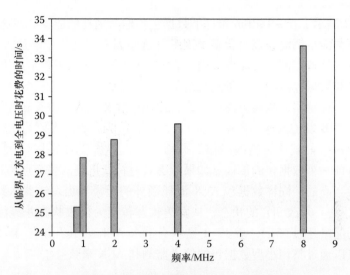

图 12.9　频率缩放对收集功率产生的影响

12.5　能量预算：系统和网络运营

到目前为止，已经讨论了能量收集技术和这些能量在商用嵌入式通信系统的可行性。现在来看看如何使得能量损耗最小化以便所收集的能量一直保持在足够高的阈值上，从而确保系统能够永久操作。

为了完成数据包传输，节点必须消耗一定量的能量。该能量需确保数据包传输成功而不会与来自其他能源的数据发生任何空中冲突。因此目标是尽量避免数据包重传，这就要求在确认信道空闲之后再发送数据包。这里进行一项实验，以研究在诸如具有和不具有信道监测的情况下以及是否在得到接收器的应答条件下数据包传输的能量需求。表 12.2 显示了测量的结果。事实证明，由于启用应答确认，发送器大部分能量消耗在等待应答消息上。从这个意义上而言是完全可以理解的，因为传输很快完成（小于 4ms），然后系统切换至接收模式并等待确认消息。因此接收状态下的等待应答是高耗能阶段，应用程序应该谨慎使用。例如可能有一些信息并不要求高度可靠性，发送这样的数据包可以不需要确认消息。

表 12.2　信道监测和确认的能量需求

操作	能量/μJ
A：无需信道监测时传输 30B（-18dBm）	65.0
B：信道监测所需的能量（没有补偿机制）	3.2
C：没有启用 ACK 情况下传输 30B（-18dBm）	65.0
D：有 ACK 情况下传输 30B（-18dBm）	110.5
额外的能量用于确认：（D-C）	45.5

表 12.2 显示了在 −18dBm 条件下数据包传输所消耗的能量。在这个测量中，这里认为评估能量消耗应该包含多个因素。这些因素包括用于确认（ACK）、补偿以及传输的信道监测和可靠性开销。表 12.2 显示了在启用和不启用 ACK 时进行信道监测和数据包传输的能量测量结果。

假设一个传感器监测两个环境参数，比如温度和压力，报头和有效载荷的通信大概需要 30B 以传输这个数据，表 12.2 显示了信道监测需要约 3.2μJ 的能量以执行"每次"的载体－监测操作。平均而言，必须启动至少 4 个信道监测闪光灯，以保证一个数据包的传输。如果考虑具有补偿机制的多节点场景，则这个值可以是相当高的。同样数据包 ACK 消耗额外的能量。当发送器从其目的地请求 ACK 时，它必须改变它的状态，从发送状态转变为接收状态并等待 ACK。数据包传输的能量超过 65μJ，表 12.2 显示当请求 ACK 时其开销是 45.5μJ。能量收集节点可以通过禁用小型数据包的信道监测和 ACK 来获益。

12.5.1 能量收集应用：挑战

与电池驱动的系统相比，具有能量收集能力的网络是完全不同的，因为人们必须考虑可利用的能量的最大速率，而不受限于可用能量的来源[19]。在嵌入式通信设备上设计的应用应保证它们了解系统的可用能量，因此应用必须具有"智能"特性以确保数据采集和应用功能的长期进行。举例而言，假设一个基本的应用，如图 12.9 所示。这个应用必须监测到两个环境参数，即光和声音。节点如何管理所有的活动，如监测、计算、存储以及数据传输？为了回答这个问题，建议在传感器节点上运行决策引擎以便成功地完成这项任务。

决策引擎（DE）的目标是操作数量的最大化。这里已经废弃了电池，相反使用低泄漏的超级电容器来收集能量。将电容器（其充当能量缓冲器）分为两半部分：能量的下半部分用于日常活动，例如发现邻居节点、建立路由、信道监测以及其他内务管理活动；能量的上半部分用于应用和决策引擎。第一个步骤是发现能量是否高于所选择的较低阈值。将时间分为固定时隙，一个时隙内所收集的能量通过使用引擎提供其建议。DE 利用两个数据来提供其建议。首先一个时间序列的能量评估模型有助于确定如何收集能量。第二个步骤是能量预算所需操作的数据库能量成本。这个数据库是为实际测量而构建的。图 12.10 显示了引擎的设计架构。与基本应用相关联的所有操作如图 12.10 所示。其中基本的应用由监测数据的两个环境参数组成，例如光和声音。由于执行从闪存读取"R"并将"W"写入闪存的操作需要较长的一段时间，所以图 12.10 对它们进行分别显示。虽然要求对光数据加密，但声音数据可以以明文方式进行传输。多个传感器的转发节点具有聚合声音数据的附加功能。在基本应用的每一块使用一个定时触发器以完成一项活动。能量感知 DE 计算每个时隙的总能量需求，并通过"启发式规则"进行辅助，从而决定操作的优先级。最后系统建议与当前时隙收集的能量相匹配的最佳的一组操作。

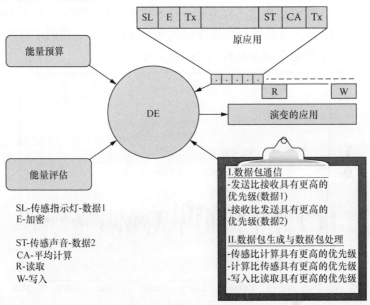

图 12.10　DE 的架构示意图

DE 使用的另一个工具是能量预算计算器，它通过基于 Atmel 公司的微控制器 IRIS微尘从而查找每个操作所消耗的能量值列表。实验装置包括与示波器连接的电流探针放大器，用于测量节点操作时所消耗的电流。实验结果记录在表 12.3 中。可以看出，与其他操作相比，通信操作和写入闪存显然需要更高的能量。每当定时器到期以进行预先设定操作时，计算下一个操作消耗的总能量。只有当预先估计的能量高于所需能量时才执行预先设定的操作。如果预先估计的能量低于所需的能量，则忽略预先设定的操作而安排执行其他操作。为了在多个匹配之间做出选择，则使用启发式规则决定其优先级。在下一个预先设定的定时器触发时，节点检查之前忽略的操作，如果在这段时隙所收集的能量足够，则返回执行它们。

表 12.3　IRIS 微尘消耗的能量

操作	能量
平均 50 个样本	7.056μJ
在 50 个样本之间寻找峰值	7.392μJ
一次 ADC 传感	16.128μJ
写入 1B 到闪存	0.136μJ
从闪存中读取 1B	28.224μJ
一次发送@0dBm 28B	0.784mJ
一次接收 28B	0.672mJ

图 12.11 显示了指数型加权移动平均数（EWMA）时间序列预测的操作。EWMA 时间序列是由 Raghunathan 等人[20] 提出。从图 12.11 中可以看出估计值似乎适应于实际测量值的变化。权重 $\alpha = 0.5$ 也能够保证平滑曲线作为校正的测量噪声。图 12.12 所示是超级电容器存储的能量曲线图，并说明了对所收集能量的应用响应。其下限防止超级电容器的能量耗尽。

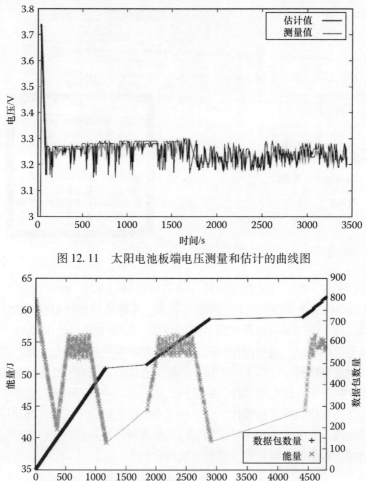

图 12.11　太阳电池板端电压测量和估计的曲线图

图 12.12　当所收集的能量消耗和补充时数据包传输的变化

在明媚的阳光下进行所有的户外实验。在实验过程中，为了模拟弱光条件，阻挡太阳光进入太阳电池板。在 $0 \sim 350\text{s}$、$935 \sim 1450\text{s}$ 以及 $2600 \sim 3770\text{s}$ 的时间，这种阻挡效果是明显的。在强光条件下，节点执行与基本应用紧密匹配地操作。

在弱光条件下，节点修改其操作状态，当超级电容器能量水平超过阈值到达"无光"条件时节点会停止所有的操作。当能量再次可用时，节点允许在恢复与能量相匹配的操作之前积累一定量的能量。图 12.12 中每个点代表了一个数据包传输。在能量收集期间发现的振荡行为都归因于 heliomote 的影响。图 12.12 也显示了节点已发送的数据包数量（右边的"*Y*"轴）。从图中可以观察到 3 个不同的斜坡，表示从 2s 到 4s 和 5s 传输间隔的修改。这 3 个斜坡可以归因于能量可用性的波动。

图 12.13 说明了应用的行为。进行具体的实验来研究当能量过量、能量被不断补充和其他情况下的应用响应。对传感器节点在两种情况下的操作进行比较：①节点所收集的能量足够；②节点未收集能量，而超级电容器中存储大量的能量。图 12.13a 显示了整个实验中超级电容器在两种情况下所存储的能量，而图 12.13b 显示了节点在每一种情况下执行的操作次数的累积数量。从图 12.13 中可以看出，在情况②中，应用对其进行修改并且执行比情况①操作次数较少。超级电容器的能量水平在情况①中保持恒定不变，这清楚地表明节点可以执行与能量匹配的操作，例如查看在 $t = 200 \sim 300s$ 的应用行为。节点在情况①中所执行的操作数量是 165，然而在同样的时间间隔下，情况②中节点执行 108 次操作。在情况①的 165 次操作中，传感和计算操作单独占 54 次，其余的 111 次操作是发送操作。然而在情况②中，传输操作数量下降至 57，传感和计算操作数量为 51。与情况②相比，应用在情况①中寻找机会以传输尽可能多的数据包，而在情况②中应用持续操作并缓慢地消耗缓冲器存储的能量。通过人工操作发现，在可用能量中计算能耗能够验证应用的行为。

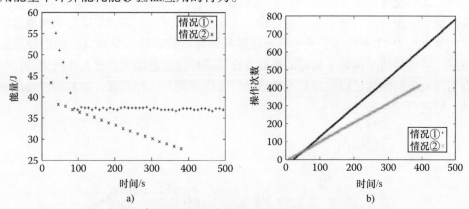

图 12.13 应用的行为在高能量流和低能量流条件下的比较

a) 超级电容器存储的能量 b) 操作执行的次数

12.5.2 存储和系统状态检索

观察表 12.3，数据写入到非易失性闪存是一次能量密集型操作。同时，能量收集源的不可预测性会突然关闭系统，从而导致数据的丢失。RF 能量收集在极低的功率水平下，如 −20dBm，以及离散能源，如线性开关，这些例子中所收集的能量可看作离散源。除了数据丢失，在传感器活跃状态过程中可能动态地设置某些参数。例如要求一个传感器节点改变其采样间隔，即从 "x" min 变为 "y" min。因此当节点遭受突然关机时其设定值也会丢失。存储和系统状态检索的这个问题对于能量收集节点网络而言是一个挑战。路由发现信息是重要的数据，如聚合器的地址，而且重新发现 "能量困难"。Mikhaylov 和 Tervonen[21] 详细描述了这个问题，并分析了当节点发生关机时存储数据和系统状态存储且成功恢复的条件。因此对快速且可靠的数据存储和检索进行研究是必需的，特别是因为最近非易失性存储器技术在速度和能量需求方面是非常有前景的，如铁电随机存取存储器（FRAM）。

12.5.3 面向分布式智能应用：挑战

在不久的将来，由能量收集无线节点处理嵌入式传感器网络通信会成为现实。正如前面所讨论的，这同时也为应用带来了所需的智能化。然而设想这样一种情况：网络中的节点从不同的收集源中收集能量。但问题是节点应该如何调度它们的数据包。Moser 等人[22] 表明，传统的调度算法不能直接适用于能量收集型传感器节点。

图 12.14 显示了一个由能量收集型传感器节点建立的典型网状拓扑，并说明并列的太阳能收集型传感器节点不能假设来自相邻的热能收集节点的能量可用性。鉴于这种情况，需要确保运行在系统函数和数据包上的应用能够顺利地达到目的节点。表 12.4 显示了关于可用能量和链路质量，建立节点应用的四种可能情况。第一种情况保证了良好的性能，而第四种情况迫使节点进入休眠状态，只有当所收集的能量足以完成基本的活动时才能够恢复这种模式，如监测传感器领域、信道等。

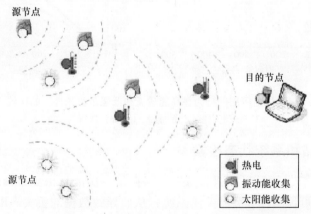

源节点

目的节点

源节点

- 热电
- 振动能收集
- 太阳能收集

图 12.14 由太阳能、热能以及振动收集器供电的能量收集传感器节点网络

表 12.4　可用能量和链路质量对应用性能的影响

可能情况	节点的能量	父节点的能量	与父节点的连接
情况①	良好	良好	良好
情况②	良好	良好	差
情况③	良好	差	良好
情况④	差	不能确定	不能确定

应足够重视这个系统的处理过程，因为这会影响应用的性能。图 12.15 显示了 3 个过程组：紧急、定期以及随机时间。紧急组的例子包括传感或者读取，其次是计算和发送。由于紧急事件使得这个过程成为一个紧急过程。

例如，像火灾探测、入侵者监测、子系统故障等事件必须实时进行处理。图 12.15 显示了当紧急过程启动时，其完成的优先级最高，因此对能量的优先抢占是必需的。选择用于中继这些数据包的路由应当确保数据包不会在中间节点处丢失或者放到队列中处于等待状态。因此中继的选择以及执行协作通信可能是保证节点的能量收集网络成功地运行分布式智能应用的方式。

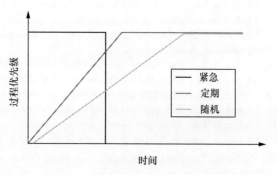

图 12.15　3 种类型的过程优先级设置

12.6　小结

本章针对 ICT 设备提供了各种能量收集方法和途径，还讨论了每种类型的收集源所能提供的能量水平。结果表明，不同的能量水平可能会引发节点尤其是 WSN 在使用方面的严峻挑战。能量收集型设备组成的网络是非常重要的。它要求几种算法其在开销方面具有低成本，这对能量监测而言也同样需要。然而当输入能量随时间变化时，可以通过使用必要的干预手段来避免这些问题。本章解释了具有能量收集功能的系统以及如何在 WSN 中使用不同的能源。提供了针对能量收集型 WSN 的基本方法以及测量结果。虽然提出的想法是最基本的，但它在可用能量和所需的数据包传输方面表现良好。在本章提出的方法不仅适用于研究人员，而且对于能量收集型设备和网络的现实实施也同样有效。将输入功率调整软件策略与硬件选择相结合，使得其以较低的时钟频率运行，这足以完全让能量收集技术得到认可。

参 考 文 献

[1] Crossbow IRIS motes. Online at: http://www.xbow.com/Products/productdetails. aspx?sid=264

[2] David Lindley, The Energy Should Always Work Twice. *Nature*, vol. 458, March 12, 2009.

[3] Nigel Jefferies, "Global vision for a wireless world," *18th Meeting of WWRF*, Helsinki, Finland, June 2007.

[4] Online at: http://www.eubusiness.com/topics/internet/ict-low-carbon/

[5] D.-A. Borca-Tasciuc, M. M. Hella, and A. Kempitiya, "Micro-power generators for ambient intelligence applications," *4th International Workshop on Soft Computing Applications*, Arad, Romania, June 15–17, 2010.

[6] Online at: http://www.news.cornell.edu/stories/May10/VibroWind.html

[7] Online at: http://web.mit.edu/newsoffice/2008/trees-0923.html

[8] T. Becker, M. Kluge, J. Schalk, T. Otterpohl, and U. Hilleringmann, "Power management for thermal energy harvesting in aircrafts," *Proceedings of IEEE Sensors,* 2008.

[9] Online at: www.micropelt.com/

[10] Online at: www.mide.com/products/volture/v21bl.php

[11] EnOcean, The EnOcean GmBH, Germany. Online at: http://www.enocean.com/en/home/

[12] Online at: www.cymbet.com/

[13] Online at: www.excellatron.com

[14] Online at: http://www.st.com/stonline/products/literature/ds/17370/efl700a39.pdf

[15] Online at: www.linear.com/

[16] Amit Sinha, Energy Aware Software, master's thesis, Massachusetts Institute of Technology, Cambridge, MA, December 1999.

[17] Texas Instruments, MSP430. Online at: http://focus.ti.com/docs/prod/folders/print/msp430f1612.html

[18] IEEE 802.15.4-2006 Standard. Online at: http://standards.ieee.org/getieee802/download/802.15.4-2006.pdf

[19] A. Kansal, J. Hsu, S. Zahedi, and M. B. Srivastava, "Power Management in Energy Harvesting Sensor Networks," *ACM Transactions on Embedded Computing Systems*, vol. 6, no. 4, September 2007.

[20] Vijay Raghunathan, Aman Kansal, Jason Hsu, Jonathan Friedman, and Mani Srivastava, "Design considerations for solar energy harvesting wireless embedded systems," *Proceedings of 4th International Symposium on Information Processing in Sensor Networks (TPSN)*, April 15, 2005, Los Angeles, California.

[21] Konstantin Mikhaylov and Jouni Tervonen. "Energy efficient data restoring after power-downs for wireless sensor networks nodes with energy scavenging," *Proceeding of the 4th IFIP International Conference: New Technologies, Mobility and Security (NTMS)*, Paris, France, February 2011.

[22] Clemens Moser, David Brunelli, Lothar Thiele, and Luca Benini, "Real time scheduling for energy harvesting sensor nodes," *ACM Real Time Systems*, vol. 37, no. 3, December 2007.

第 13 章　WSN 的 RF 能量收集和管理

Adamu M. Iungeru、Li－Minn Ang、S. R. S. Prabaharan 和 Kah Phooi Seng

13.1　简介

射频（RF）能量收集对于产生少量功率以驱动无线通信电子设备中部分电路而言具有光明的前景。降低功耗已经成为无线传感器网络（WSN）中的主要挑战。作为影响系统成本和寿命的一个重要因素，WSN 的能量损耗是一种新兴的且富有活力的研究领域。本章提出了一种实用的方法用于 RF 能量收集，而且将改进的基于蚁群的高效路由算法（IEEABR）作为提出的算法，以管理 WSN 所收集的可用能量。本章着眼于 RF 功率密度的测量、接收功率的计算、所收集功率的存储以及 WSN 功率的管理。路由算法使用能量管理的 IEEABR 技术。使用 Powercast™ 收集器进行 RF 能量的实时实施，并利用 Libelium Waspmote 能量模型进行仿真以验证 RF 能量收集方法。

本章按以下形式进行组织：13.2 节是本章的第 1 部分，其涵盖了本章的基本观点和目标；13.3 节回顾了能量收集系统以及 WSN 的功率损耗；13.4 节详细描述了使用 Powercast 收集器的 RF 能量收集方法；13.5 节对 WSN 中所收集能量的管理进行研究；13.6 节给出实验装置和结果，同时还查看了仿真结果及其环境；最后 13.7 节小结了本章的一个开放的研究问题和今后的工作，并且使用 EEABR 算法与 Ad Hoc 按需距离矢量（AODV）的结果进行比较，其中 AODV 构成高效的能量管理协议。

13.2　RF 能量收集

有限的电池寿命是鼓励企业和研究人员提出新的思路和技术的动力，从而驱动无线移动设备运行很长的一段时间。电池尺寸的增加和处理会加重环境的污染。对于移动微型电子设备而言，从外部环境源中收集和存储可用能量是一种非常有前景的解决方案，将这种方案称为能量收集技术。该技术的其他名称是功率收集、能量采集以及自由能量，这些都来自于可再生能源[1]。近年来，在许多应用中不断增加了无线设备的使用，如手机和传感器网络[2]。无线应用的增加导致电池使用量的大幅增长。许多研究小组正在致力于通过降低设备的损耗以延长电池的寿命。其他小组选择回收利用环境的能源，如机电系统（MEMS）[3]。移动设备的充电是非常方便的，是因为用户可以很容易做到这一点，手机也是如此。但是对于其他应用，像无线传感器节点通常位于很难直接进入的环境，则电池的充电仍然是一个主要问题。当设备的数量较大，而且它们分布在一个广阔的区域或者位于人迹罕至的地方时，这个问题会变得愈加严重。RF 能量收集的研究提供了克服这些问题的合理的技术。

在大功率发送的背景下，已经提出并研究了微波信号到直流功率的整流。已经有直升机供电[4]、太阳能卫星[5]以及 SHARP 系统[6]。直流功率取决于可用的 RF 功率、天线选择以及频带。使用电磁能量，特别是 RF 功率的能量收集技术是本章的重点。通信设备通常具有在大多数方向上传播 RF 能量的全向天线，这使得移动应用的连接性最大化。从无线源传输的能量非常高，在 10GHz 频率条件下能量高达 30W[7]，但是在实际环境中只能收集少量的能量。其余的能量被热量消耗或者其他材料吸收。射频功率收集技术还用在射频识别（RFID）标签和植入式电子设备中。最常用的无线传感器节点在休眠模式消耗几微瓦的能量，而在活跃状态时消耗的能量高达数百微瓦。促进能量收集研究和发展的一个重要因素是超低功率组件。

利用基于蚁群的路由方法[8-16]使得传感器节点中可用功率的管理在一定程度上得以解决，其中这些路由方法利用真实的蚂蚁通过信息素沉积寻找食物的行为来处理到达目标的路径问题。蚁群的模拟行为导致 WSN 中路由处理网络参数的优化，以提供最大的网络寿命。

本章的主要目标是提出使用 Powercast 收集器的 RF 能量的实际收集方法，同时使用所提出的方法（IEEABR）对已收集的传感器网络的可用能量进行管理，这有助于可用功率的优化。目标是在不降低性能的情况下，为具有/不具有电池的传感器网络进行高效供电，以保证网络寿命达到最大值。

13.3 能量收集系统以及 WSN 功率损耗的回顾

为了保证传感器网络的正常运行，可靠的能量收集技术是必不可少的。多年来，无论是学术界还是工业研究人员对来自各种可再生能源的大规模能量已经作了大量的研究。尽管相当多的研究是关于 WSN 能量收集方面的，小型能量收集技术却得到极少数研究人员的关注。高效的远场能量收集[17]使用在 906MHz 频率上运行的无源 RF–DC 转换电路，以实现高达 5.5μW 的能量。在相关的研究[18-21]中，它们都考虑了少量的可用的 RF 能量，同时利用该能量为传感器网络供电。Bouchouicha 等人[2]研究了在两种系统中收集环境 RF 能量，这两种系统是指无匹配的宽带系统以及窄带系统，它们用于恢复 RF 能量。无线传感器的可用能量收集系统包括以下系统但并不是全部：太阳能、电磁能、热能、风能、盐场梯度、动能、生物医药、压电、焦热电、热电、静电、血糖和树代谢能。这些能量系统可以进一步分为 3 类[22]：热能、辐射能以及机械能。基于这些系统，表 13.1 和表 13.2 列举了不同的常见能量收集技术的比较。

表 13.1　WSN 能量收集源的比较（一）

能源	类别	性能（功率密度）	劣势	优势
太阳能	辐射能	$100mW/cm^3$	需要暴露在光照条件下，如果设备在建筑物内则效率低	能够无限使用
RF 波	辐射能	从 5km 的 AM 无线电处 $0.02\mu W/cm^2$	在建筑物内效率低	能够无限使用
RF 能量	辐射能	在 10m 处 $40\mu W/cm^2$	如果超出视野之外，则效率低	能够无限使用
体温	热能	在 5℃时 $60\mu W/cm^2$	只有当温度差较高时可用	使用热电偶很容易建立
外部热量	热能	在 10℃时 $135\mu W/cm^2$	只有当温度差较高时可用	使用热电偶很容易建立

表 13.2　WSN 能量收集源的比较（二）

能源	类别	性能（功率密度）	劣势	优势
人体活动	机械能	$800\mu W/cm^3$	取决于活动	高功率密度不局限于内部和外部
血液流动	机械能	在 100mmHg① 时 0.93W	能量转换效率低	高功率密度不局限于内部和外部
空气流	机械能	$177\mu W/cm^3$	在建筑物内效率低	高功率密度
振动	机械能	$4\mu W/cm^3$	在环境中必须存在	高功率密度不局限于内部和外部
压电	机械能	$50\mu J/N$	在环境中必须存在	高功率密度不局限于内部和外部

①1mmHg = 133.322Pa。——译者注

除了传感器网络中所收集的能量外，在选择能量收集源之前应查看网络在不同模式下对已收集能量的消耗。在 Gilbert 和 Balouchi[23] 的研究中可以发现一些选择的传感器节点的功率损耗方面的概述。对于一些商用的传感器网络节点而言，节点的功率损耗随着制造商的不同而不同，见表 13.3。

表 13.3　一些商用的传感器网络节点的功率损耗的比较

工作条件	制造商			
	Crossbow MICAz[24]	Waspmote[25,26]	Intel IMote2[27]	Jennic JN5139[28]
无线电标准	IEEE 802.15.4/ZigBee	IEEE 802.15.4/ZigBee	IEEE 802.15.4	IEEE 802.15.4/ZigBee
典型的范围	100m（室外），30m（室外）	500m	30m	1 km
数据速率/(kbit/s)	250	250	250	250

（续）

工作条件	制造商			
	Crossbow MICAz[24]	Waspmote[25,26]	Intel IMote2[27]	Jennic JN5139[28]
休眠模式（深度休眠）/μA	15	62	390	2.8
处理器消耗	8mA 活跃模式	9mA	31～53mA	(2.7 + 0.325)mA/MHz
发送/mA	17.4（+0dBm）	50.26	44	34（+3dBm）
接收/mA	19.7	49.56	44	34
电源电压（最小值）/V	2.7	3.3	3.2	2.7
平均功率/mW	2.8	1	12	3

13.3.1　环境 RF 能源和可用功率

　　一种可用的能源可能来自无处不在的无线电发送器。无线电波是电磁频谱的一部分，它由磁性和电感组件构成。无线电波通过改变频带内幅度、频率以及波形相位的组合来携带信息。一旦与导体连接，如天线，电磁（EM）辐射在导体表面产生电流，称为趋肤效应。通信设备使用天线通过在 10～30Kz 的不同频谱进行数据发送和接收。对于 40m 的自由空间距离，在 2.4GHz 和 900MHz 频率条件下，可用的 RF 能量收集的最大热功率理论值分别是 7.0μW 和 1.0μW。信号的路径损耗与自由空间环境不同[29]，虽然利用 Powercast 收集器作为研究对象，对于运行在 915MHz 的频率和距离为 0.6m 条件下，P2110 的可用功率在转换之前为 3.5mW，在转换之后为 1.93mW，而在距离为 11m 处其可用功率为 1μW[30]。

13.4　RF 能量收集和 Powercast 收集器的使用

　　RF 功率收集是由功率源发送 RF 能量的过程，其中功率源产生高电磁场，如电视信号、无线广播网和蜂窝电话塔，通过发电电路与接收天线连接来收集能量并将其转换为可用的直流电压。RFID 标签是最常见的应用，在标签中的传感设备将无线电频率无线地发送到供电充足的收集设备中，并将标识信息反馈给特定的目的设备。电路系统接收经天线收集已检测的 RF 信号，电路系统的数量级是微米，但是它们能够在距离高达 100m 的范围内将传播的电磁波转换为低电压直流功率。根据一天的浓度水平可能不同，将功率转换电路与电容器相连接，当没有足够的输入能量供应时，电容器会提供传感器和电路所需的固定电压。大多数电路使用浮置栅极晶体管作为二极管，它可以将信号转换为生成的功率，但是它与晶体管的漏极连接，第二个浮置栅极晶体管与第二个电容器相连，一旦电容器发挥更大潜能，则会生成较高的输出电压[31]。

能量收集的有效性在很大程度上取决于能源的数量和可用性，无论是无线电波、热梯度、太阳能或者是光源，还是振动源。有 3 类可用的环境能量：有意的、预期的以及未知的能源，如图 13.1 所示。

有意的能源   预期的能源   未知的能源

图 13.1 有意的、预期的和未知的能源的示意图

这里的研究基本上依赖于 Powercast 收集器的有意使用。

13.4.1 有意的能量收集

这种设计依赖于系统的有源组件，如 RF 发送器可以明确地提供设备所需的环境能量的类型。Powercast 公司支持能源为 3W、RF 发送器的频率为 915MHz 的方法，P1110 和 P2110 与它一起作为接收器使用。这种有意能量的收集方法也适用于其他类型的能量，如将能量收集器放置在一块工业设备中，当它运行时设备发生振动。利用有意的能源使得设计人员能够提出一致的能量解决方案。下面将对发送器和接收电路的基本操作的快速浏览进行讨论。

13.4.2 Powercast 公司的 TX91501 型 Powercast 发送器

Powercast 公司的 TX91501 型是一款专门设计的 RF 功率发送器，它能够为终端设备提供功率和数据，终端设备包括 Powercast 公司的 P2110 或 P1110 功率收集接收器[30]。将发送器放置在带有安装孔的耐用的塑料壳中。它由稳压的 5V 直流电压供电，该电压主要来源于 240V 的交流功率源，从其内置的内部电路经过整流和稳压转换为与它相匹配的 5V 直流电压。发送器具有出厂设置、固定的功率输出但没有用户可调设置。此外一个良好的控制特性是 LED 状态，它提供有关功能状态的反馈，而且它还提供 3 W 的最大 EIRP（等效或有效全向辐射功率）。发送器的侧视图以及实际视图及其发送状态如图 13.2 所示。

Powercast 发送器以直接序列扩频（DSSS）和在幅移键控（ASK）调制的数据形式发送功率，中心频率为 915MHz。功率输出是 3 W 的 EIRP，并且进行垂直

a) b)

图 13.2   TX91501 Powercast 发送器在其发送状态的侧视图（a）和实际视图（b）

极化以达到最佳传输。对于数据通信，它具有一个 8bit 的出厂设置，TX91501 标识（ID）号使用 ASK 调制以高达 10ms 的随机间隔进行广播。DC 5V/1A 的输电干线上，它的操作温度为 −20 ~ 50℃。

13.4.3   Powercast 功率收集接收器

Powercast 接收器能够直接收集定向或环境 RF 能量并将其转换为直流功率，为电池或无电池设备远程充电。这里研究的两个模块是 P1110 和 P2110，它们的应用领域具有相似点和不同之处，见表 13.4。

Powercast 公司的 P2110 功率收集接收器是一种 RF 能量收集型设备，它能够将 RF 能量转换为直流电压。它具有宽泛的 RF 工作范围，并且为无电池微功率设备提供 RF 能量收集以及功率管理。它将 RF 能量转换为直流电压并将其存储在超级电容器中，将该电压升高以达到设定的输出电压电平并输出该电压。

表 13.4   两个 RF 能量 Powercast 接收器的比较

接收器	不同点	相同点
P2110	1）为电池充电和直接功率应用设计 2）提供间歇/脉冲功率输出 3）配置的调节输出电压高达 5.25V 4）为系统优化进行功率管理和 I/O 控制	1）收集范围为 850 ~ 950MHz 2）与标准的 50Ω 天线一起工作
P1110	1）为电池充电和直接功率应用设计 2）配置超过电压防护，高达 4.2V 3）直接与可再充电电池相连接，包括碱性电池、锂电池以及镍氢电池	1）收集范围为 850 ~ 950MHz 2）与标准的 50Ω 天线一起工作

13.4.4   接收的 RF 功率测量和增益

在这里的实验中，使用功率计以提供任何类型的 RF 测量设备其 RF 功率的最精确测量，简化的 Friis 公式提供了接收和可供使用的功率量的合理估计。

13.4.4.1　Friis 传输公式

Friis 传输公式仅用于研究 RF 通信链路[32]。这个公式可以用在两个天线之间的距离是已知的情况中，而且需要找到合适的天线。使用 Friss 传输公式可以解决在发送器端或接收器端的天线增益以满足特定的设计规范。

$$\frac{P_{\mathrm{r}}}{P_{\mathrm{t}}} = G_{\mathrm{t}}\,G_{\mathrm{r}}\left(\frac{\lambda}{4\pi R}\right)^2 \tag{13.1}$$

式中，P_{r} 是接收的功率，单位为 W；P_{t} 是发送功率；G_{t} 是发送天线的增益；G_{r} 是接收天线的增益；λ 是发送和接收信号的波长，单位为 m；R 是两个天线之间的距离，单位为 m。

天线的增益通常以分贝测量，可以转换为功率比值：

$$G = 10^{\frac{G_{\mathrm{DB}}}{10}} \tag{13.2}$$

$$\lambda = \frac{c}{f} \tag{13.3}$$

式中，c 是光速，单位为 m/s，c 等于 $3\times10^8\,\mathrm{m/s}$；$f$ 是频率，单位为 Hz。

为了快速且容易地计算出电子表格，Powercast 公司提供了 Friis 公式的简化版本[33]，在电子表格中可以计算生成、接收和可供使用的功率量的合理估计。

13.4.4.2　功率密度

将电磁波通过或沿着介质的传播定义为 RF 传播。对于大约在 100MHz ~ 10GHz 的 RF 传播，无线电波同它们在自由空间中传播一样，并以直接视线方式传播，空气和自由空间的介电常数存在细微的差别[34]。对于空气而言，在海平面上的介电常数是 1 ~ 1.000536。在天线理论中，各向同性辐射器理论上是一种无损的全向（球形）天线[34,35]。也就是说，它均匀地向四面八方辐射。从全向天线辐射的发送器功率具有各个方向上均匀的功率密度（每单位面积的功率）。从全向天线辐射的功率密度在任何距离上都是发送功率与球体表面积（$4\pi R^2$）的比值。球体的表面积随着半径的二次方而增加，因此功率密度 P_{D}（W/m^2）随着半径的二次方而减少：

$$P_{\mathrm{D}} = \frac{P_{\mathrm{t}}}{4\pi R^2} \tag{13.4}$$

式中，P_{t} 是峰值或平均功率；P_{D} 是功率密度；R 是发送天线与接收天线之间的距离。

雷达使用定向天线在特定的方向上传输主要的辐射功率。天线的增益（G_{t}）是指在所期望的方向上辐射的功率与各向同性天线辐射功率的比值：

$$G_t = \frac{\text{实际天线的最大辐射强度}}{\text{各向同性天线在相同功率输入情况下的辐射强度}} \tag{13.5}$$

距离雷达较远的点其功率密度和天线增益 G_t 是各向同性天线的功率密度与雷达天线增益的乘积。雷达的功率密度为

$$P_D = \frac{P_t G_t}{4 \pi R^2} \tag{13.6}$$

13. 4. 5 能量存储

在传感器节点中所使用的最常见的能量存储设备是电池，要么是不可充电电池，要么是可再充电电池。不可充电电池（如碱性电池）适合于具有非常低功耗（如 $50 \mu W$）的微传感器。另外可再充电电池（例如锂离子电池）广泛用在能量收集技术的传感器节点中[36]。电池不仅存储收集型设备生成的能量，而且还用于调节传感器节点的电源电压。无线传感器节点由耗竭型电池供电[37]。一些因素影响了这些电池的质量，但其主要因素是成本。在大规模的部署中，成千上万的电池其成本是严重制约部署的问题。电池由额定电容 C 表示，单位为 Ah。它描述了在不显著影响规定的电源电压（或者电势差）情况下电池的放电速率。实际上，随着放电速率的增加，额定容量减少。大多数便携式电池的额定容量是 $1C$。这意味着 1000mAh 的电池在 1h 内提供的电流为 1000mA，如果它按照 $0.5C$ 的速率放电。理想情况下，相同的电池以 $0.5C$ 的速率放电，在 2h 内提供的电流是 500mA，以 $2C$ 的速率放电，在 30min 内可提供 2000mA 的电流，以此类推。$1C$ 通常称为 1h 放电，同样 $0.5C$ 是 2h 放电，$0.1C$ 是 10h 放电。在现实中，电池以小于规定的速率运行。通常 Peukert 公式用于量化容量偏移（即电池实际的持续时间）：

$$T = \frac{C}{I^n} \tag{13.7}$$

式中，C 表示电池的理论容量，单位为 Ah；I 是电流，单位为 A；T 是放电时间，单位为 s；n 是 Peukert 数，它是与电池内部电阻直接相关的一个常数。

Peukert 数表示电池在连续高电流条件下的执行情况，接近于 1 的值表示电池表现良好；数值越大，则表示电池在高电流放电时损失的容量越多。可以根据经验确定电池的 Peukert 数。例如对于铅酸电池，其 Peukert 数通常是 $1.3 \sim 1.4$。当大于放电速率产生的电流时，会导致损耗速率高于电解质中有源元件的扩散速率。如果这个过程持续很长的一段时间，即使电解质尚未耗尽其活性材料，电极也会从活性材料中溢出。这种情况可以通过间歇地从电池中产生电流来克服，也可以通过恰当的功率管理技术来解决。

13.5 WSN 的能量管理

尽管可以采用能量收集机制为电池充电，例如通过 Powercast 收集器[30]、太阳电池板[2]或者压电声学换能器[21]，但能量毕竟有限，还是应该谨慎使用。因此必须在传感器节点中设计高效的能量管理策略以尽可能地延长网络的寿命。许多路由功率管理和数据分发协议是专门针对 WSN 而设计的[38]。EAGRP（能量感知地理路由协议)[39]、增强型 AODV（Ad Hoc 按需距离矢量)[40]以及用于WSN 的 EEABRA，开发不同的协议以便管理 WSN 中可用的能量。在相关工作中，Alippi 等人[42]使用高耗能传感器试图管理 WSN 中可用的能量。降低功率损耗已经成为 WSN 的一个主要挑战。作为影响系统成本和寿命的一个重要因素，WSN 的能量消耗是一个新兴的且活跃的研究领域。由于可用能量是有限的，则WSN 的能量消耗应备受关注。然而在每一个无线设备中能量是一种稀缺资源，由于以下原因使得 WSN 的问题变得更加严重[37]：

1）与它们执行的任务复杂性相比，如传感、处理、自主管理以及通信，节点的尺寸非常小以适应大容量的电源供应。

2）虽然研究团队正在探索可再生能源和自主充电机制的贡献，但节点的尺寸仍然是一个制约因素。

3）在理想情况下，WSN 由大量的节点组成。这使得手动更改、替换或为电池充电几乎是不可能的。

4）几个节点的故障可能会导致整个网络过早破坏。

功耗的问题可以从两个角度加以处理。一个是开发高效的节能通信协议（自组织、介质访问和路由协议）并将 WSN 的特性考虑在内。另外一个角度是确定网络中既浪费能量又不必要的活动以减轻它们的影响。将浪费且不必要的活动可以描述为本地（不限于一个节点）或者全球（具有整个网络范围内）活动。在这两种情况下，这些活动可以进一步被认为具有偶然的副作用或者非最佳软件和硬件实施（配置）的结果。例如基于现场部署的观察表明一些节点过早地耗尽它们的电池电量，是因为不可预期的通信量串音导致通信子系统比原来预期的要运行更长的一段时间[43]。

同样地，一些节点过早地耗尽它们的电池电量是因为它们漫无目的地试图建立与网络的连接，而该网络已经变得无法访问。然而大多数低效的活动是硬件和软件组件中非最佳配置的结果，例如空闲的处理过程或者通信子系统会浪费相当大的能量。无线电漫无目的地监测介质或者偷听相邻节点之间的彼此通信会消耗大量的功率。动态功率管理（DPM）控制策略旨在适应系统与其负载之间的功率或性能。具有本地或者全球范围或者两者兼有的 DPM 目的是通过为每个子系统提供一定量的功率，从而最大限度地减少各个节点的功耗，其中为每个子系统提供的功率足以执行即将到来的任务[37]，因此它没有考虑相邻节点的剩余能量。正如之前提出的 IEEABR 算法，将节点的可用功率和每一条路径上的能耗作为路由选择的依据。这种算法提高了内存使用效率并利用蚁群系统的自组织、自适应性和动态优化能力找到最佳路径和从源节点到目的节点的多条备选路径。该协议避免耗尽最佳路径上节点的能量，延长网络寿命的同时保持了网络连接。对于任何的 WSN 协议设计而言，这是必要的，由于存在研究的网络具有严格的功率要求这一事实，使得能量效率是基本算法的重要问题。

Kalpakis、Dasgupta 和 Namjoshi[44]已经提出将前向蚂蚁直接发送到目的节点，路由表只需要保存目的节点方向上的相邻节点。这种方法显著地减少了路由表的大小，从本质上讲，即减少了节点所需的内存。由于最大限度地增加网络的寿命是 WSN 主要关注点之一，这意味着节省尽可能多的能量，使得更优的路由算法在网络节点中执行尽可能多的处理过程，而不是处理经蚁群发送到目的节点的所有数据。事实上，在大型传感器网络中，节点数可以很容易达到成千上万，蚁群的内存如此之大，使得通过网络发送蚂蚁是行不通的。为了实现这些想法，将每个蚂蚁的内存M_k减少到只有两个记录，即最后的两个访问节点[41]。因为蚂蚁走过的路径不再存储到内存中，因此在每一个节点处应建立内存以保存接收和发送的每个蚂蚁的记录。每一个内存记录保存前一个节点、转发节点、蚂蚁识别信息以及超时值。每当接收到前向蚂蚁时，节点查看它的内存并搜索可能循环的蚂蚁识别信息。如果没有找到记录，节点保存所需的信息，重新启动计时器，并将蚂蚁转发至下一个节点。如果发现记录包含有蚂蚁的识别信息，则淘汰这只蚂蚁。当节点收到后向蚂蚁时，它搜索其内存找到下一个节点并发送该蚂蚁。在本节中，修改 EEABR 以提高 WSN 节点的能耗，同时改善网络的性能和效率。本章的重点是关于 WSN 的 IEEABR 功率管理策略。

这里提出的功率管理技术的算法如下：

1）初始化具有均匀概率分布的路由表：

$$P_{ld} = \frac{1}{N_k} \tag{13.8}$$

式中，P_{ld}是从节点 l 跳跃到节点 d（目的）的概率；N_k是节点的数量。

2）每隔一定的时间，从每一个网络节点，发起前向蚂蚁 k 寻找到目的节点的路径。每个访问节点的标识符保存在内存 M_k 中并由蚂蚁携带。

令 k 是任一网络节点，它的路由表将具有 N 个条目，其中一个条目用于可能的目的节点。

令 d 是 k 的路由表中一个条目（可能的目的节点）。

令 N_k 是节点 k 的邻居节点的集合。

令 P_{kl} 是当目的节点为 d（$d \neq k$）时，一个蚂蚁或数据包从节点 k 跳到节点 l 的概率，$l \in N_k$。然后对于在节点 k 的路由表中 N 个条目而言，n_k 个 P_{ld} 值应该满足以下条件：

$$\sum_{l \in N_k} P_{ld} = 1 \qquad d = 1, \cdots, N \qquad (13.9)$$

3）在每个访问节点处，一个前向蚂蚁为目的节点 d 分配一个较大的概率，使得它在相邻节点之间开始向目的地前进，$d \in N_k$。因此在节点 k 的路由表中其初始概率为

$$P_{dd} = \frac{9 N_k - 5}{4 N_k^2} \qquad (13.10)$$

此外，对于其余的相邻节点 m，$m \in N_k$ 的概率为

$$P_{dm} = \begin{cases} \dfrac{4 N_k - 5}{4 N_k^2} & N_k > 1 \\ 0 & N_k = 1 \end{cases} \qquad (13.11)$$

当然，式（13.10）和式（13.11）满足式（13.9）。但是如果邻居节点中没有目的节点，则式（13.8）适用于所有的邻居节点。

4）前向蚂蚁利用 ACO（蚁群优化）启发式方法选择下一跳节点：

$$P_k(r,s) = \begin{cases} \dfrac{[\tau(r,s)]^{\alpha} \cdot [E(s)]^{\beta}}{\sum_{u \notin M_k} [\tau(r,u)]^{\alpha} \cdot [E(s)]^{\beta}} & s \notin M_k \\ 0 & 其他 \end{cases} \qquad (13.12)$$

式中，$P_k(r,s)$ 是指蚂蚁 k 选择从节点 r 移动到节点 s 的概率；τ 是每个节点的路由表存储在连接（r，s）上信息素的数量；E 是由 $\dfrac{1}{(c - e_s)}$（c 是节点的初始能量水平，e_s 是节点 s 的实际能量水平）给出的能见度函数；α 和 β 分别是控制信息素与能见度相对重要性的参数。

选择概率是能见度（表示具有更高能量的节点应以高概率被选择）和实际的信息素强度［表示如果在连接（r，s）上存在大量的信息素，则使用该连接是非常可行的］之间的折衷。

5）当前向蚂蚁到达目的节点时，它就变成了后向蚂蚁，其任务是更新到达目的节点路径的信息素并将其存储在内存中。

6）在后向蚂蚁 k 开始返回之前，目的节点计算该蚂蚁在其路径上信息素下降的数量：

$$\Delta \tau = \frac{1}{C - \left[\dfrac{\text{EMin}_k - \text{Fd}_k}{\text{EAvg}_k - \text{Fd}_k} \right]} \qquad (13.13)$$

此外式（13.13）可用于更新每个节点的路由表：

$$\tau(r,s) = (1 - \rho) * \tau(r,s) + \left[\frac{\Delta\tau}{\phi.\, B\, d_k}\right] \tag{13.14}$$

式中，ϕ 是系数；Bd_k 是后向蚂蚁 k 移动到节点 r 的距离（访问节点数）。

这两个参数迫使蚂蚁在到达源节点的路途上失去一部分信息素。这种行为背后的思想是建立更好的信息素分布（在目的节点附近的节点将具有更大的信息素水平）并且使得远程节点找到更好的路径。当目的节点能够移动时，这样的行为是非常重要的，因为信息素适应速度将变得更快[41]。

7）当后向蚂蚁到达其创建的节点时，它的任务已完成而且淘汰该蚂蚁。

通过若干次迭代中执行此算法，每个节点能够知道哪些节点是最佳的邻居节点 [根据式（13.14）表示的最优函数]，从而向特定的目的节点发送数据包。图13.3所示的流程描述了根据这里所提出的算法前向蚂蚁的运动轨迹。后向蚂蚁采用与流程相反的方向。

13.5.1 算法操作

在路由表初始化之后，设置一个前向蚂蚁从一个节点跳跃到另一个节点以搜索目的节点，在每一个时间点，节点成为源节点，在其堆栈或者内存中保存自己（邻居节点）的事件信息。借助作为中继器的邻居节点，将聚集在它的内存中的信息转移或传播至目的节点。在每个源（节点）上产生的相关原始数据分为 M 段，称为数据部分。整数值 M 还表示在每项路由任务中涉及的蚂蚁代理的数量。由源节点提供的原始数据是关于一个包含信息的事件，如源节点标识、事件标识、事件以及有关事件的数据。根据传感器节点的部署以及缓冲区的大小来选择数据的大小。在分割原始数据之后，每个数据部分与路由参数有关，从而构建准备传输的数据包。这些参数是代码标识，用于描述下一个代码数据、错误或者确认：C_{ID}。接下来是节点标识：N_{ID}，用于确认传输的数据包。数据包数量由蚂蚁代理数 k 表示；S_N 是序列号，N_k 包含到目前为止的访问节点的数量和第 k 个数据部分，如图13.4所示。在图13.4中，前4个字段命名为数据头。当所有的数据包交付完成时，基站（BS）将它们组合成原始数据。

当参与路由的节点收到一个给定代理数量的数据包后，它做出关于该数据包的下一个目的节点的决定。对于这个数据包所做的关于下一个节点或目的地的决定应取决于式（13.10），否则取决于具有最高概率的式（13.12）。邻居节点的信息素水平是第一决定因素，其次是邻居节点的能量水平，这两者都是应遵循的最重要的决策规则。为了选择任意一个邻居节点，应更新节点的 N_{ID} 场，然后对数据包进行广播。在已选择的节点之间其余的邻居节点也应收听广播，它们检查 N_{ID} 场以确定该消息不是针对它们的。然后它们在收听数据包的 N_{ID} 场之后立即快

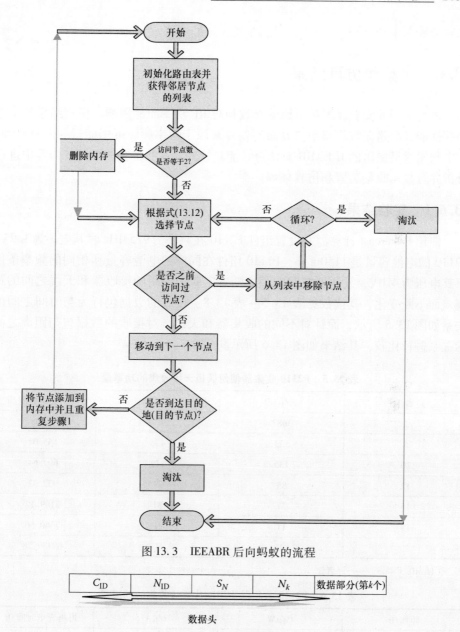

图 13.3 IEEABR 后向蚂蚁的流程

C_{ID}	N_{ID}	S_N	N_k	数据部分(第k个)

数据头

图 13.4 数据包内容

速地丢弃数据包。在确保S_N不是已选择节点的路由表之后，N_k随着节点的增加而更新。通过执行相同的操作确定下一个节点以更新N_{ID}场，正如之前第一个节点执行的，这种序列一直继续直到数据包到达目的节点。对于后向蚂蚁而言，执行相反的操作以确认到达源节点：现在后向蚂蚁在最后的站点，它在到达源节点之后会被淘汰。

13.6 实验和仿真结果

进行不同的实验已测量电路的参数和对 RF 功率源的影响。仿真结果基于电路的性能，电路在收集器距离方面的差异来源于功率源、可用能量和能量管理，其中利用这里提出的 IEEABR 算法进行能量管理，这些都会在下面的内容中进行分析并且显示收集装置和仿真环境。

13.6.1 实验结果

使用 Powercast 计算器并设置组件 P2110 在频率为 915MHz 时其电压为 1.2V，P2110 的电池容量是 1150mAh，P1110 组件在同样的电池容量和相同的频率条件下其电压为 4.0V，发送器之间的距离随着实验中所用的接收器和天线之间的距离差而不断变化，其读数见表 13.5 ~ 表 13.8。接收的数据包行为与时间之间的关系如图 13.5 所示，而针对不同的收集器和天线，对接收的数据包与距离之间的关系进行比较，其结果如图 13.6 所示。

表 13.5　P2110 收集器使用偶极天线收集的功率量

距离/ft[①]	$P/\mu W$	$I/\mu A$	可再充电时间/h
2	3687	3073	22.08
5	523	436	155.04
10	135	112	602.64
12	85	71	952.32
15	37	31	2169.12
18	11	9	7360.56
20	1	1	68339.28

①1ft = 0.3048m。——译者注

表 13.6　P2110 收集器使用贴片天线收集的功率量

距离/ft	$P/\mu W$	$I/\mu A$	可再充电时间/h
5	1925	1604	42.24
10	386	322	210.50
15	189	158	429.40
18	131	109	618.5
20	102	85	797.50

（续）

距离/ft	$P/\mu W$	$I/\mu A$	可再充电时间/h
25	50	41	1369.00
30	19	16	4353.00
35	5	4	15517.00
36	1	1	70019.00

表 13.7　P1110 收集器使用偶极天线收集的功率量

距离/ft	$P/\mu W$	$I/\mu A$	可再充电时间/h
2	3688	922	62.40
4	1085	271	211.92
6	259	65	888.72
7	86	22	2659.92

表 13.8　P1110 收集器使用贴片天线收集的功率量

距离/ft	$P/\mu W$	$I/\mu A$	可再充电时间/h
2	16115	4029	14.16
4	3070	768	74.88
6	1551	388	148.30
8	810	203	283.90
10	366	92	627.60
12	93	23	2475.00
13	26	7	8750.00

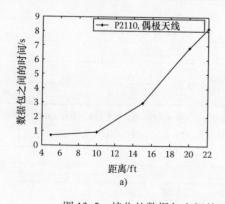
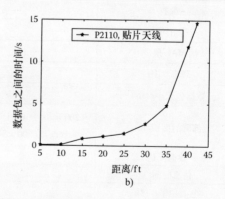

图 13.5　接收的数据包之间的时间随收集器的距离变化的示意图

a）TX91501 - 3W EIRP, 915MHz 功率发送器　b）TX91501 - 3W EIRP, 915MHz 功率发送器

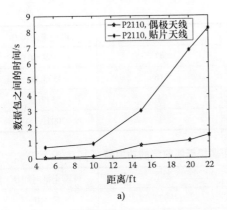
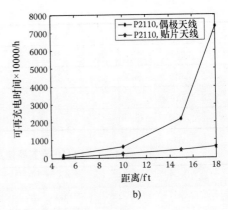

图 13.6　P2110 使用偶极和贴片天线进行功率收集的比较

a) 使用不同的天线接收数据包与距离之间的比较　b) 使用偶极天线和贴片天线时电池可再充电时间

13.6.2　仿真结果

基于网络拓扑，使用事件驱动网络仿真器 – 2（NS – 2）[45] 对所提出的能量管理协议的实施情况进行评估。该软件为无线通信提供了高仿真环境以及详细的传播、MAC（媒体访问控制）和无线电层。将蚁群优化的 NS – 2 模块（Ant-Sense）[46] 用于 EEABR。仿真参数见表 13.9。假设所有的节点都没有移动性，由于节点在大多数的 WSN 应用中是固定的。仿真运行的时间为 60min（3600s），每次仿真开始时，消耗所有节点的剩余能量并且在每次仿真结束时进行记录。在计算平均能量的同时还应注意节点的最小能量。这有助于记录管理协议对网络能耗的性能表现。

表 13.9　仿真参数

参数	值
路由协议	AODV、EEABR、IEEABR
MAC 层	IEEE 802. 15. 4
频率/GHz	2.4
数据包大小/Mbit	1
部署的面积/m²	（200×200）（10 个节点），（300×300）（20 个节点），（400×400）（30 个节点），（500×500）（40 个节点），（600×600）（50～100 个节点）
数据流量	恒定比特率（CBR）
仿真时间/s	3600
电池功率/mAh	1150，3.7V
传播模型	两个射线地面反射
数据速率/（kbit/s）	250

（续）

参数	值
休眠模式的电流/μA	62
发送模式的电流/mA	50.26
接收模式的电流/mA	49.56
空闲模式的电流(处理器)/mA	9

当设计功率管理协议时，能量是理应考虑的关键参数，以延长传感器网络的最大寿命，因此使用：

1）最小能量表示所有节点在仿真结束时的最低能量；

2）平均能量表示所有节点在仿真结束时的平均能量；

3）仿真在静态的 WSN 上进行，其中随机部署传感器节点，目的是监测静态环境。

节点负责监测和发送相关传感器的数据到目的节点，其中附近的节点存在容易消耗能量的现象，因为它们被迫定期发送数据。仿真运行时间为 60min（3600s），每次仿真开始时，消耗所有节点的剩余能量并且在每个仿真结束时进行记录。在计算平均能量的同时还应注意节点的最小能量。图 13.8 显示了参数的仿真结果：平均能量，AODV、EEABR 和 IEEABR 的最小能量。从图 13.8 中的结果可以看出，无论是节点的平均能量还是节点在仿真结束时得到的最小能量，IEEABR 协议都具有较好的结果。与 EEABR 相比，AODV 在所有情况中表现最差。就网络的平均能量水平而言，IEEABR 与 EEABR 相比，其平均能量值在 2%~8% 变化，而 AODV 的平均能量范围在 15%~22%，节点的最小能量也是如此。图 13.7 显示了仿真环境其 NAM 窗口的屏幕截图，其中仿真环境是指将 10 个节点进行随机部署，而仿真结果如图 13.8 所示。

13.6.3　RF Powercast 能量收集器的实时实现

对经 Powercast 收集器收集的 RF 能量进行实时实现并使用 IEEABRA 进行功率管理，如图 13.9 所示。实验的设置和可用功率的测量随着接收器和发送器之间的距离而变化。注意并记录每个数据包传输的时间，即收集期。在 Waspmote 中可以发现 Waspmot 的功耗：技术指南—Libelium[25] 和 ZigBee 协议[26]。当电压为 3.7V 时，Waspmote 的电池容量为 1150mAh，这足以为每个节点在持续发送或接收情况下单独供电 19.39h。对于应用的管理协议而言，发现最大的能耗占总能量的 23%，相当于 1h 内产生的总电流为 264.5mA。它意味着电池的最小能量可以为节点充分供电 4.35h 而无需再充电。对于 15ft 的电池的充电，见表 13.6，需要花费 429.4h 为无电量的电池进行完全充电，并且花 91.9h 将电流

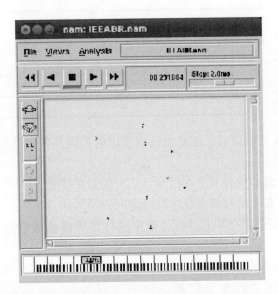

图 13.7　在 NS – 2.34 中 10 个节点的仿真环境的图形表示

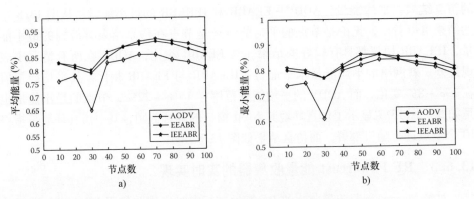

图 13.8　AODV、EEABR 和 IEEABR 能量管理协议的性能分析

a）网络节点的平均能量　b）节点的最小能量

增加至 264.5mA。然而随着持续收集能量，意味着电池的总能量依然没有减少，从而维持网络长期监测所需的能量。快速浏览一下处于接收状态和转换状态的接收器应用，其中接收器与偶极天线和贴片天线连接，并从 Powercast 发送器上收集能量，距离发送器 3ft（0.914m）远的接收器的收集模式分别如图 13.9a ~ c 所示。P2110 Powercast 收集接收器分别与以下图中所示的设备相连接：图 13.9a 是偶极（全向）天线；图 13.9b 是接线（定向）天线；图 13.9c

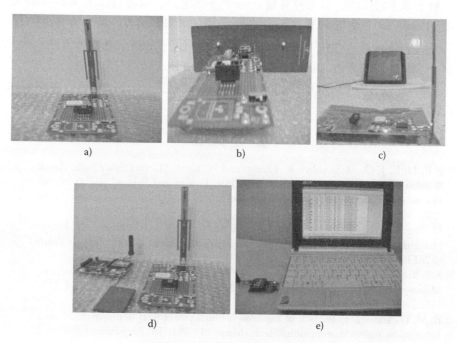

a)　　　　　　b)　　　　　　c)

d)　　　　　　e)

图 13.9　实时实现的硬件设置

是在收集模式的 TX95101 Powercast 发送器；图 13.9d 是 Waspmote；图 13.9e 是与目的节点连接的网关。所收集的 RF 能量测量结果分别显示在表 13.5 ~ 表 13.8 和图 13.5 中。

13.7　小结和未来的工作

在本章中，在 RF 能量收集应用的基础上，对 Powercast 收集器进行研究以支持 WSN 的有限的可用能量，并使用蚁群优化启发式方法对其管理。在这项工作中，提出了一种改进的基于路由算法的节能蚁群能量管理技术，从而提高传感器网络的寿命。IEEABR 利用路由表中均匀概率分布的初始化，尤其将未能到达目的地的相邻节点考虑在内，为目的节点的搜索节约了时间，使得节点的能量消耗降低。实验结果表明该算法在不同的 WSN 中会发挥非常好的效果。也可以看到所收集的能量显著地减少了电池为传感器节点充电的时间，只需 91.9h 的时间间隔为电池再充电。该协议考虑了在每次仿真期之后网络中节点的剩余能量。基于 NS - 2 仿真，IEEABR 方法有效地平衡了无线传感器节点的功耗还使得网络寿命得以增加。因此这里提出的算法在没有降低性能的前提下有效地延长了网络的寿命。这种算法主要关注的是 WSN 的能量管理和寿命。

对于未来的工作，本书打算建立一个连接电路，以便直接为 Waspmote 电池充电，Powercast 收集器从 Waspmote 收集无用的能量，研究一种双管齐下的方法。如果在目的节点的选择和后向蚂蚁的自我毁灭之间存在着一条故障链路，就可以找到一个可替代的方法以获得后向蚂蚁携带的信息，从而避免信息的丢失。本书也试图设计一种 MPPT，以便为 Waspmote 双重供电，并且建立传感器网络永久运行的两个能量模型。

参 考 文 献

[1] F. E. Little, J. O. McSpadden, K. Chang, and N. Kaya, "Toward Space Solar Power: Wireless Energy Transmission Experiments Past, Present and Future." *AIP Conference Proceedings of Space Technology and Applications International Forum*, vol. 420, pp. 1225–1233, 1998.

[2] D. Bouchouicha, F. Dupont, M. Latrach, and L. Ventura, "Ambient RF Energy Harvesting," *International Conference on Renewable Energies and Power Quality* (ICREPQ'10), Granada (Spain), March, 2010.

[3] S. P. Beeby, M. J. Tudor, and N. M. White, "Energy Harvesting Vibration Sources for Microsystems Applications," *Measurements Science and Technology*, vol. 17, pp. 175–195, 2006.

[4] R. M. Dickinson, "Evaluation of a microwave high-power reception-conversion array for wireless power transmission," Tech. Memo 33-741. Jet Propulsion Laboratory, California Institute of Technology, Pasadena, CA, Sept. 1975.

[5] H. Hayami, M. Nakamura, and K. Yoshioka, "The Life Cycle CO_2 Emission Performance of the DOE/NASA Solar Power Satellite System: A Comparison of Alternative Power Generation Systems in Japan," *IEEE Transactions on Systems, Man, and Cybernetics Part C: Applications and Reviews*, vol. 35, no. 3, August 2005.

[6] T. W. R. East, "Self-Steering, Self-Focusing Phased Array for SHARP," *Antennas and Propagation Society International Symposium*, 1991, AP-S, Digest 24–28, pp. 1732–1735, vol. 3, June 1991.

[7] RF HAMDESIGN Microwave equipments and parts. Online at: http://www.rfham-design.com/products/parabolicdishkit/1682909a390cc1b03/index.html

[8] Y. Zhang, L. D. Kuhn, and M. P. J. Fromherz, "Improvements on Ant Routing for Sensor Networks," Ant Colony, in *Optimization and Swarm Intelligence*, Lecture Notes Computer Science, 2004, 3172, pp. 289–313.

[9] P. X. Liu, "Data Gathering Communication in Wireless Sensor Networks Using Ant Colony Optimization," *2004 IEEE International Conference on Robotics and Biomimetics*, 2004, pp. 822–827.

[10] Y.-Feng Wen, Y.-Quan Chen, and M. Pan, "Adaptive ant-based routing in wireless sensor networks using Energy*Delay metrics," *Journal of Zhejiang University SCIENCE A*, vol. 9, Mar. 2008, pp. 531–538.

[11] R. GhasemAghaei, M. A. Rahman, W. Gueaieb, and A. El Saddik, "Ant Colony-Based Reinforcement Learning Algorithm for Routing in Wireless Sensor Networks," *2007 IEEE Instrumentation & Measurement Technology Conference (IMTC)*, May 2007, pp. 1–6.

[12] X. Wang, L. Qiaoliang, X. Naixue, and P. Yi, "Ant Colony Optimization-Based Location-Aware Routing for Wireless Sensor Networks," in *Proceedings of the Third International Conference on Wireless Algorithms, Systems, and Applications* (WASA'08), Springer-Verlag, Berlin, Heidelberg, vol. 5258, 2008, pp. 109–120.

[13] M. Paone, L. Paladina, M. Scarpa, and A. Puliafito, "A multi-sink swarm-based routing protocol for Wireless Sensor Networks," in *IEEE Symposium on Computers and Communications,* July 2009, pp. 28–33.

[14] G. De-Min, Q. Huan-Yan, Y. Xiao-Yong, and W. Xiao-Nan, "Based on ant colony multicast trees of wireless sensor network routing research," *Journal of iet-wsn.org,* vol. 2, 2008, pp. 1–7. Online at http://www.iet-wsn.org/webeditor/UploadFile/201062611395470472. pdf.

[15] S. Xia and S. Wu, "Ant Colony-Based Energy-Aware Multipath Routing Algorithm for Wireless Sensor Networks," in *2009 Second International Symposium on Knowledge Acquisition and Modeling,* Nov. 2009, pp. 198–201.

[16] G. Wang, Y. Wang, and X. Tao, "An Ant Colony Clustering Routing Algorithm for Wireless Sensor Networks," in *2009 Third International Conference on Genetic and Evolutionary Computing,* Oct. 2009, pp. 670–673.

[17] T. Le, K. Mayaram, and T. Fiez, "Efficient Far-Field Radio Frequency Energy Harvesting for Passively Powered Sensor Networks," *IEE Journal of Solid-State Circuits,* vol. 43, no. 5, pp. 1287–1302, May 2008.

[18] H. Jabbar, Y. S. Song, and T. D. Jeong, "RF Energy Harvesting System and Circuits for Charging of Mobile Devices," *IEEE Transaction on Consumer Electronics,* Jan. 2010.

[19] C. Lu, V. Raghunathan, and K. Roy, "Micro-Scale Harvesting: A System Design Perspective," in *Proceedings of the 2010 Asia and South Pacific Design Automation Conference* (ASPDAC'10), IEEE Press: Piscataway, NJ, 2010.

[20] L. Tang and C. Guy, "Radio Frequency Energy Harvesting in Wireless Sensor Networks," in *Proceedings of the 2009 International Conference on Wireless Communications and Mobile Computing* (ICWCMC'09): Connecting the World Wirelessly, ACM: New York, 2009.

[21] J. A. Hagerty, T. Zhao, R. Zane, and Z. Popovic, "Efficient Broadband RF Energy Harvesting for Wireless Sensors," Colorado Power Electronics Center (COPEC), Boulder, CO, 2003.

[22] W. Seah and Y. K. Tan, "Review of Energy Harvesting Technologies for Sustainable Wireless Sensor Network," in *Sustainable Wireless Sensor Networks,* Y. K. Tan (ed.), pp. 15–43. Tech Publishing, Rijeka, Croatia, Dec. 2010.

[23] J. M. Gilbert and F. Balouchi, "Comparison of Energy Harvesting Systems for Wireless Sensor Networks," *International Journal of Automation and Computing,* vol. 5, no. 4, pp. 334–347, Oct. 2008.

[24] MICAz Datasheet. Online at: http://courses.ece.ubc.ca/494/files/MICAz_Datasheet. pdf

[25] Waspmote: *Technical Guide-Libelium.* Online at: http://www.libelium.com/documentation/waspmote/waspmote-technical_guide_eng.pdf

[26] Zigbee Protocol. Online at: http://wiki.kdubiq.org/kdubiqFinalSymposium/uploads/Main/04_libelium_smfkdubiq.pdf

[27] Imote2 Documents—WSN. Online at: http://www.cse.wustl.edu/wsn/images/e/e3/Imote2_Datasheet.pdf

[28] JN5139—Jennic Wireless Microcontrollers. Online at: http://www.jennic.com/products/wireless_microcontrollers/jn5139

[29] T. T. Le, "Efficient Power Conversion Interface Circuits for Energy Harvesting Applications," PhD disser., Oregon State University, Corvallis, 2008.

[30] Powercast Documentation. Online at: http://Powercastco.com/

[31] B. Dixon, "Radio Frequency Energy Harvesting." Online at: http://rfenergyharvesting.com/

[32] J. A. Shaw, "Radiometry and the Friis Transmission Equation." Online at: http://www.coe.montana.edu/ee/rwolff/EE548/sring05%20papers/Friis_Radiometric_2005Feb9.pdf

[33] Wireless Power Calculator. Online at: http://Powercastco.com/wireless-power-calculator.xls

[34] Power Density. Online at: http://www.phys.hawaii.edu/~anita/new/papers/military-Handbook/pwr-dens.pdf

[35] R. Struzak, "Basic Antenna Theory." Online at: http://wirelessu.org/uploads/units/2008/08/12/39/5Anten_theor_basics.pdf

[36] N. Dusit, H. Ekram, M. R. Mohammad, and K. B. Vijay, "Wireless Sensor Networks with Energy Harvesting Technologies: A Game-Theoretic Approach to Optimal Energy Management," *IEEE Wireless Communications*, vol. 14, no. 4, pp. 90–96. September 2007.

[37] D. Waltenegus and P. Christian, *Fundamental of Wireless Sensor Networks: Theory and Practice*, New York: Wiley Series on Wireless Communication and Mobile Computing, pp. 207–213, 2010.

[38] A. Kansal, J. Hsu, S. Zahedi, and M. B. Srivastava, "Power management in energy harvesting sensor networks," in *Proceedings of ACM Transactions on Embedded Computing Systems*, vol. 6, September 2007, pp. 32–66.

[39] A. G. A. Elrahim, H. A. Elsayed, S. El Rahly, and M. M. Ibrahim, "An Energy Aware WSN Geographic Routing Protocol," *Universal Journal of Computer Science and Engineering Technology*, vol. 1, no. 2, Nov. 2010, pp. 105–111.

[40] W. Li, M. Chen, and M-M. Li, "An Enhanced AODV Route Protocol Applying in the Wireless Sensor Networks," *Fuzzy Information and Engineering*, vol. 2, AISC 62, pp. 1591–1600, 2009.

[41] T. C. Camilo, Carreto, J. S. Silva, and F. Boavida, "An Energy-Efficient Ant Based Routing Algorithm for Wireless Sensor Networks," In *Proceedings of 5th International Workshop on Ant Colony Optimization and Swarm Intelligence*, Brussels, Belgium, pp. 49–59, 2006.

[42] C. Alippi, G. Anastasi, M. D. Francesco, and M. Roveri, "Energy management in Wireless Sensor Networks with Energy-Hungry Sensors," *IEEE Instrumentation and Measurements Magazine*, vol. 12, April 2009, pp. 16–23.

[43] X. Jiang, J. Taneja, J. Ortiz, A. Tavakoli, P. Dutta, J. Jeong, D. Culler, P. Levis, and S. Shenker, "Architecture for Energy Management in Wireless Sensor Networks," *ACM SIGBED Review*, Special issue on the workshop on wireless sensor network architecture, vol. 4, no. 3, pp. 31–36, July 2007.

[44] K. Kalpakis, K. Dasgupta, and P. Namjoshi, "Maximum Lifetime Data Gathering and Aggregation in Wireless Sensor Networks," *in Proceedings of IEEE International Conference on Networking*, vol. 42, no. 6, August 2003.

[45] NS2 installation on Linux. Online at: http://paulson.in/? p=29

[46] NS-2 Module for Ant Colony Optimization (AntSense). Online at: http://eden.dei.uc.pt/~tandre/antsense/

图书在版编目（CIP）数据

绿色移动设备和网络：能量优化和收集技术／（印）瑞诗凯施・文卡塔拉曼，（爱尔兰）加布里埃尔米罗・蒙泰安主编；薛建彬等译 . —北京：机械工业出版社，2017.4

（国际信息工程先进技术译丛）

书名原文：Green Mobile Devices and Networks：Energy Optimization and Scavenging Techniques

ISBN 978-7-111-56063-0

Ⅰ.①绿… Ⅱ.①瑞… ②加… ③薛… Ⅲ.①移动通信－通信设备－研究②移动网－研究 Ⅳ.①TN929.5

中国版本图书馆 CIP 数据核字（2017）第 029024 号

机械工业出版社（北京市百万庄大街22号 邮政编码100037）

策划编辑：顾 谦 责任编辑：顾 谦

责任校对：张晓蓉 封面设计：马精明

责任印制：李 昂

北京中兴印刷有限公司印刷

2017 年 4 月第 1 版第 1 次印刷

169mm×239mm・20.25 印张・374 千字

0 001— 3 000 册

标准书号：ISBN 978 - 7 - 111 - 56063 - 0

定价：89.00 元

凡购本书，如有缺页、倒页、脱页，由本社发行部调换

电话服务 网络服务

服务咨询热线：010 - 88361066 机 工 官 网：www.cmpbook.com

读者购书热线：010 - 68326294 机 工 官 博：weibo.com/cmp1952

010 - 88379203 金 书 网：www.golden - book.com

封面无防伪标均为盗版 教育服务网：www.cmpedu.com